城市与生态文明丛书

俞孔坚 主编 **陆小璇** 副主编

最后的景观

[美国] 威廉 · H. 怀特 著

王华玲 胡 健 译

译林出版社

图书在版编目（CIP）数据

最后的景观／（美）威廉·H. 怀特（William H. Whyte）著；王华玲，胡健译．—南京：译林出版社，2024.9
（城市与生态文明丛书／俞孔坚主编）
书名原文：The Last Landscape
ISBN 978-7-5753-0171-8

Ⅰ.①最…　Ⅱ.①威…②王…③胡…　Ⅲ.①景观设计－作品集－美国－现代　Ⅳ.①TU983

中国国家版本馆CIP数据核字(2024)第090532号

著作权合同登记号　图字：10-2024-66号

最后的景观　［美国］威廉·H. 怀特／著　王华玲　胡　健／译

责任编辑　王瑞琪
装帧设计　胡　苨
校　　对　孙玉兰
责任印制　董　虎

原文出版　University of Pennsylvania Press, 2002
出版发行　译林出版社
地　　址　南京市湖南路1号A楼
邮　　箱　yilin@yilin.com
网　　址　www.yilin.com
市场热线　025-86633278
排　　版　南京展望文化发展有限公司
印　　刷　江苏凤凰通达印刷有限公司
开　　本　652毫米×960毫米　1/16
印　　张　21.25
版　　次　2024年9月第1版
印　　次　2024年9月第1次印刷
书　　号　ISBN 978-7-5753-0171-8
定　　价　73.00元

主编序

中国过去三十年的城镇化建设，获得了前所未有的高速发展，但也由于长期以来缺乏正确的指导思想和科学的理论指导，形成了规划落后、盲目冒进、无序开发的混乱局面；造成了土地开发失控、建成区过度膨胀、功能混乱、城市运行低效等严重后果。同时，在生态与环境方面，我们也付出了惨痛的代价：我们失去了蓝天（蔓延的雾霾），失去了河流和干净的水（75%的地表水污染，所有河流的裁弯取直、硬化甚至断流），失去了健康的食物甚至脚下的土壤（全国三分之一的土壤受到污染）；我们也失去了邻里，失去了自由步行和骑车的权利（超大尺度的街区和马路）；我们甚至于失去了生活和生活空间的记忆（城市和乡村的文化遗产大量毁灭）。我们得到的，是一堆许多人买不起的房子、有害于健康的汽车及并不健康的生活方式（包括肥胖症和心脏病病例的急剧增加）。也正因为如此，习总书记带头表达对“望得见山，看得见水，记得住乡愁”的城市的渴望；也正因为如此，生态文明和美丽中国建设才作为执政党的头号目标，被郑重地提了出来；也正因为如此，新型城镇化才成为本届政府的主要任务，一再作为国务院工作会议的重点被公布于众。

本来,中国的城镇化是中华民族前所未有的重整山河、开创美好生活方式的绝佳机遇,但是,与之相伴的,是不容忽视的危机和隐患:生态与环境的危机、文化身份与社会认同的危机。其根源在于对城镇化和城市规划设计的无知和错误的认识:决策者的无知,规划设计专业人员的无知,大众的无知。我们关于城市规划设计和城市的许多错误认识和错误规范,至今仍然在施展着淫威,继续在危害着我们的城市和城市的规划建设:我们太需要打破知识的禁锢,发起城市文明的启蒙了!

所谓"亡羊而补牢,未为迟也",如果说,过去三十年中国作为一个有经验的农业老人,对工业化和城镇化尚懵懂幼稚,没能有效地听取国际智者的忠告和警告,也没能很好地吸取国际城镇规划建设的失败教训和成功经验;那么,三十年来自身的城镇化的结果,应该让我们懂得如何吸取全世界城市文明的智慧,来善待未来几十年的城市建设和城市文明发展的机会,毕竟中国尚有一半的人口还居住在乡村。这需要我们立足中国,放眼世界,用全人类的智慧,来寻求关于新型城镇化和生态文明的思路和对策。今天的中国比任何一个时代、任何一个国家都需要关于城市和城市的规划设计的启蒙教育;今天的中国比任何一个时代、任何一个国家都需要关于生态文明知识的普及。为此,我们策划了这套"城市与生态文明丛书"。丛书收集了国外知名学者及从业者对城市建设的审视、反思与建议。正可谓"以铜为鉴,可以正衣冠;以史为鉴,可以知兴替;以人为鉴,可以明得失",丛书中有外国学者评论中国城市发展的"铜镜",可借以正己之衣冠;有跨越历史长河的城市文明兴衰的复演过程,可借以知己之兴替;更有处于不同文化、地域背景下各国城市发展的"他城之鉴",可借以明己之得失。丛书中涉及的古今城市有四十多个,跨越了欧洲、非洲、亚洲、大洋洲、北美洲和南美洲。

作为这套丛书的编者,我们希望为读者呈现跨尺度、跨学科、跨时空、跨理论与实践之界的思想盛宴：其中既有探讨某一特定城市空间类型的著作，展现其在健康社区构建过程中的作用，亦有全方位探究城市空间的著作，阐述从教育、娱乐到交通空间对城市形象塑造的意义；既有旅行笔记和随感，揭示人与其建造环境间的相互作用，亦有以基础设施建设的技术革新为主题的专著，揭示技术对城市环境改善的作用；既有关注历史特定时期城市变革的作品，探讨特定阶段社会文化与城市革新之间的关系，亦有纵观千年文明兴衰的作品，探讨环境与自然资产如何决定文明的生命跨度；既有关于城市规划思想的系统论述和批判性著作，亦有关于城市设计实践及理论研究丰富遗产的集大成者。

正如我们对中国传统的“精英文化”所应采取的批判态度一样，对于这套汇集了全球当代“精英思想”的城市与生态文明丛书，我们也不应该全盘接受，而应该根据当代社会的发展和中国独特的国情，进行鉴别和扬弃。当然，这种扬弃绝不应该是短视的实用主义的，而应该在全面把握世界城市及文明发展规律，深刻而系统地理解中国自己国情的基础上进行，而这本身要求我们对这套丛书的全面阅读和深刻理解，否则，所谓“中国国情”与“中国特色”，就会成为我们排斥普适价值观和城市发展普遍规律的傲慢的借口，在这方面，过去的我们已经有过太多的教训。

城市是我们共同的家园，城市的规划和设计决定着我们的生活方式；城市既是设计师的，也是城市建设决策者的，更是每个现在的或未来的居民的。我们希望借此丛书为设计行业的学者与从业者，同时也是为城市建设的决策者和广大民众，提供一个多视角、跨学科的思考平台，促进我国的城市规划设计与城市文明（特别是城市生态文明）的建设。

俞孔坚

北京大学建筑与景观设计学院教授

美国艺术与科学院院士

目　录

措　施

规　划

开　发

景观行动

设计和密度

前　言

托尼·希斯

对于第一次翻开《最后的景观》的读者而言，这是一次阅读盛宴和心灵启示。本书是介绍城市蔓延以及如何让历史不再重演的最佳出版物。《最后的景观》让人耳目一新、充满希望，其中提出的诸多实用建议，让人立刻想在自己的城市、郊区或乡村社区将其付诸实践。威廉·H. 怀特的作品无一不是美妙的读物。在他的笔下，一个个理念变得生动鲜活。他的文字风趣幽默、热诚活泼，毫无照本宣科之感。

《最后的景观》节奏时常变换，讲究抑扬顿挫：大部分内容干净利落、精雕细琢，偶尔会突然讲述一个不可错过的好故事，或者提醒读者注意那些神奇的或容易被忽视的东西，或者由于我们没有长时间努力观察或者观察视角有误而错过的不太可能发生的事件。阅读本书仿佛就是一段路途遥远却充满活力的远行，穿过城镇来到乡村，一路上陪伴在旁的是一位充满智慧、心地善良的朋友，还带着他那只好奇又好动的宠物狗。

无论怀特采用怎样的风格，文雅抑或幽默，他的文字都极具严谨性和迫切性。“每一天，我们当中都有越来越多的人”之下涌动着一股潜流。“虽然土地面积不会改变，但是我们都应该享受宽敞舒适的生活。”“我们得益于这颗星球的美好，它的健康发展和顺利演进。”“你是否看到其中巨大的机遇？”“例如，人们已经完成造福子孙后代的伟业。但是，还存在一百种其他的可能性。”“趁为时尚早，让我们出发。” vii

《最后的景观》列出许多需要完成的事项，因此可被称为“议事日程表”。作为一系列行动的集合，且因为怀特思维敏捷，本书可以用不同的方法阅读——要么通读，要么翻阅索引，搜索其中的细节或意想不到的见解。(这类见解比比皆是，通常以自成一体的微型散文的形式呈现。例如，你可以参看——而且几乎都是随机的——“未来城市、建筑师和规划师”，“集中化：城市的天才设想”，或者“公园项目中没有以游戏为目的的泥土”。)

《最后的景观》首次出版于1968年，之后绝版多年。如果它是三十年前美国城市蔓延的答案和希望，而如今城市蔓延愈演愈烈，它怎么还能成为当下最好的书籍呢？

答案很简单：霍利·怀特——这个昵称来自他的中间名霍林斯沃思——学会了如何发出自己的声音。怀特超前发声，以便他的时代和我们时代的两代人可以同时听到。应对城市蔓延时，他所面临的是一个极其复杂、涉及两代人的问题，需要努力调和土地保护与第二次世界大战结束以来全美爆发式增长之间的冲突。

有个古老的中亚故事讲到，一个心浮气躁且不安于现状的男子向圣人寻求指引，圣人给出了一个令人不解的建议——去寻找世界上最幸福的人并索要他的衬衣！经过漫长且艰苦的寻找，他终于找到了世界上最幸福的人——就是圣人本人，可是圣人并没有穿衬衣。圣人告诉他：“现在你已经准备好了。”正是这段探寻的历程历练了他。

《最后的景观》就是这样一件衬衣。

《最后的景观》提出了几项核心建议。作为风景地役权与簇群开发的先驱学者和顾问，备受尊重的州及联邦新法律法规的政策和立法起草人，以及会议主席和召集人(包括担任过美国第三十六任总统林登·B.约翰逊领导的自然美专门小组联合主席)，怀特花了十年时间研究其中
viii 的两项——风景地役权和簇群开发。

怀特谦虚地提醒读者，地役权是一个古老的概念，至少可以追溯到中世纪前的英国。土地所有权并不是绝对权力，而是作为一种同时存在且可以在不同邻里和社区之间共享的权利束(bundle of rights)，例如，狩猎或牧羊的权利。对于控制城市蔓延尤为重要的是，在一块土地上建造房屋、仓库或办公楼的权利(所谓的“开发权”)可从该土地的其他所有

权中剥离开来。“风景地役权”可以合法限制对土地上的现有景观进行的更改，也可以出售或捐赠给政府环保机构，或者称为土地信托的非营利性社区团体。

地役权的可贵之处在于降低了保护土地的成本，购买一块地产某些方面的权利（开发权）比完全购买土地（所谓的购买“完全地产权”）要便宜得多，而将土地作为礼物赠送则不必花费分文。怀特这个奇思妙想已经获得巨大成功，尤其是在过去的几十年里。根据土地信托联盟（一个全国性联盟组织）的统计，在过去二十年里全美各地已经涌现出1 200个当地土地信托（https://www.lta.org）。他们永久保护了约640万英亩的土地（相当于康涅狄格州面积的两倍），否则这些土地极有可能成为建筑用地。其中，260万英亩（相当于康涅狄格州的面积）处于地役权保护之下。

簇群开发或限制开发——霍利·怀特的第二个奇思妙想——不会像地役权一样取消开发权，但是改变了社区受变化影响的方式。簇群开发重新规划必须新建的房屋，通过建立小型补充性村庄将它们联系在一起，而不是把房屋分散在乡村各地，从而形成人们开始相互关心的社区。（邻里互助往往会由于彼此距离的疏远而减弱，而许多位于步行距离内的簇群住宅则可以把人们紧密地联系在一起。）同时，任何一块土地至少有一半面积永远不会有任何建筑，因此，那些保存完好的溪流、田野和树林仍然是乔迁新居的家庭的共同资源和受保护的景观，也是永久有效的探索空间。 ix

尽管过去十年全国都在关注几个城镇级别的簇群开发项目，例如佛罗里达州狭长地带的锡赛德镇以及近年在奥兰多附近新建的迪士尼乐园，簇群开发的发展速度要慢于地役权。其中原因与怀特的第三个伟大的建议相关。回溯提出建议的20世纪60年代，这个建议极具“前瞻性”。

这个建议，怀特称之为“庞然琐事”。按照他的说法，控制城市蔓延注定是一件棘手的事情，因为法律出台和资金下拨以后还会存在一个问题，那就是我们仍会对周边的居民和地区抱有同情之心，并且重新认识城乡布局带来的蓬勃发展。城市蔓延产生的主要负担是，人与人之间的彼此疏离伤害了我们的内心，破坏了彼此的友谊，降低了与他人的亲密感。

眼不见，则心不念。更糟糕的是，如果长时间看不到喜爱的景观，这景观就会在头脑中逐渐变得模糊，最终从应用知识库中消失。随着意识模糊，恐惧——例如，害怕接近陌生人——就会更为郁积进而爆发。因此，恢复景观是清除内心纷扰，温暖心灵的方法。

怀特在本书的核心部分，即第十六章“景观规划”中探讨了这个话题。他认为“景观”是大量的认知。这些认知使得“社区有必要系统地去观察景观——以大多数人最常用的方式”。

怀特的笔锋突然一转——城市、郊区或者乡村，无论你身在何处，“显然都有许多令人兴奋的机会”。重新建立联系代价太大。“但许多都是庞然琐事——你们看不到路旁的溪流再度发展，高墙已遮掩天际。这不是区域设计浓墨重彩的方法，但是总体而言，大量的小幅景观和对于景观的认知对人们来说才是真正的区域设计。”

读者在阅读《最后的景观》时，需要了解作者的一些情况。怀特年纪轻轻时就已经是一位非常成功的作家了，他的《有组织的人》在某种
x 程度上定义了20世纪50年代的美国。继而他开始关注其他重大事件。他注意到在他的家乡宾夕法尼亚州，距离费城以西25英里的切斯特县，本属于他姑妈的两个美丽农场正面临被开发的压力。不仅为了拯救这些有着特殊意义的农场，同时也为了保护伴随许多人成长的景观，他完善了一些技术手段——例如地役权和簇群开发——利用自己的名望帮助推动各类行动，以加强社区建设。

1999年，怀特与世长辞，享年81岁。而他的出版事业正面临重新起航。2000年，他的回忆录《战时岁月》由福特汉姆大学出版社出版（怀特曾作为海军陆战队情报官，在第二次世界大战期间参与瓜达尔卡纳尔岛战役）。怀特的另一本已经停止发行的作品《小城市空间的社会生活》由全国性组织“公共空间项目”（https://www.pps.org）在纽约重新出版，这个组织是怀特发起创建的。

1992年，组约最令人愉快的小公园布莱恩特公园(https://www.bryantpark.org)根据怀特的建议重新设计后再次开放。这个公园之前一直被毒贩霸占。怀特的另一项遗产，宾夕法尼亚州的切斯特县也状况良好。今年早些时候，我匆匆去了一趟该县——尽管增加了不少怀特意想不到的办公区，但同时制订了怀特也会为之自豪的五年"景观"综合计划，推动了地役权和簇群开发。此外，怀特成长的切斯特县广大乡村地区已经取得永久地役权，并且会有很多人在那里成长。

如今，阅读《最后的景观》时，我们需要怀着整整一代人所获得的洞察和理解。这样，它就不再是一个"议程"，而是一种"成就"。 xi

第一章 导 论

《最后的景观》讲述的是我们都市区的实际模样和应有面貌。本书认为，都市区将会变得更好，成为更适宜的居住地。原因之一在于，将有更多的人在都市区居住。

许多深思熟虑的观察家却相信事实正好相反。他们所持的观点是，我们的城市和郊区的景观不仅乱七八糟，事实也的确如此，而且还将变得更糟。他们说，现在的城市已经达到饱和点，除非其增长势头和人口趋势发生改变，否则只会越来越糟。有人认为，现在的都市区已经陷入万劫不复之地，我们的唯一希望就是换个地方重建城镇。

但是，这种糟糕局面也有好的一面。这正是我们需要的。它训练我们必须做一些我们不愿意做的事情。我们一直对土地挥霍无度，多年来，我们不负责任地浪费着土地资源。到处都有那么多土地，不管我们让它遭受多严重的污染，下一座小山上总会有更多的土地，至少在我们看来是这样。

虽然按照传统，我们一直崇尚保留一些界限，可是我们已经习惯性地越来越走近彼此、毗邻而居。早在1900年以前，大多数美国人就居住在城市里，我们以为近期才开始的都市区大发展其实早就在进行中，更快的发展必将随之而来。但是，到了20世纪20年代，电车线路和客运线路已经将郊区的外缘扩展至今天的规模。 1

然而，在都市建设过程中，我们对待土地的态度就好像身处边疆拓荒时期一样。伴随着40、50年代的第二次世界大战后郊区化大行动，我们对待土地的方式变得十分夸张。我们曾用5英亩地去做1英亩地就能完成的事，结果既不经济又不美观。人们开始意识到，如果一切看起来如此糟糕，一定是什么地方出了问题。最终，我们只能自食其果。

需要我们拯救的景观越少，我们成功拯救它的机遇就会越好。遗憾的是，我们在失去那么多土地之后，才得到这个教训。但是，亵渎神明确实是行动的前提。人们必定已经义愤填膺。大多数新的土地利用法规和先锋计划并非基于先见之明或深思熟虑的分析，而是源自人们对于亲眼所见之事的愤怒。其中一些最重要的法规源于激起当地公愤的事件——为修公路伐倒一排树木，为修停车场在一片草地上铺了沥青。

环境质量是关键问题，政客们对此十分清楚，结果出现了一波又一波的公共项目。继1961年纽约州发行价值7 500万美元的开放空间债券之后，选民们开始认可以拯救开放空间为目的的债券发行和附加税政策。人们(特别是城市居民)以压倒性多数的选票表示赞成。

在此期间，华盛顿方面明显将重心转移到城市居民的需求上。户外娱乐休闲资源评估委员会的报告代表了这一显著转变。1958年，国会成立这一委员会时所希望的户外娱乐是传统的休闲方式，重点是大型开放空间和国家公园。事实上，国会还特别排除了这里所说的城市区域。该委员会也持同样的观点，因为它别无选择。它发现，在家附近进行一些简单的活动对美国人来说最为重要。委员会主席劳伦斯·S. 洛克菲勒说，满足这一需要的地方就是大多数美国人居住的地方——城市和郊区。

国会回过头来也赞同这种理念。1961年，参议员哈里森·威廉姆斯提出了一个关于城市开放空间的适度补助计划。由于很多外来因素
2 (包括参议员埃弗雷特·德克森的过激反对)，这一提案最终成为1961年《住宅法》的一部分。几年之后，由ORRRC(户外娱乐休闲资源评估委员会)建议，国会成立了土地和水资源保护基金。虽然这些新项目以及各州的项目并没有为城市募集到它们预期的专项拨款数目，但是基金数额已经远远超过以往。约翰逊总统的“自然美”系列项目更是带来了更多拨款。与其字面含义相反，这些项目更关注的是人造美而非自然美，而且主要针对城市区域。

与货币计划同等重要的是一系列州级法令，扩大了公众对土地利用的控制权。十年前还被认为是疯狂的社会主义的措施，现在通常是几乎没有争议地由州立法委员一致表决通过。虽然许多这样的法规仍处于休眠期，当地政府直到现在才开始意识到自己的职责所在，但是其力度可观，第一次庭审测试就受到欢迎。此外，社区可以使用土地征用权，不仅能获得整块土地，而且可以获得私人用地的权利。他们以地役权的形式从土地所有者那里买下路边或堤岸旁的建筑权，或者为公众买下沿河捕鱼权。社区也可以购买土地，然后将其卖给或者租给居民，条件是这些居民能按照社区的意愿利用土地。以分期付款的方式购买开放空间或者搞砸投机者的计划是有技巧的。说到需要，我们实际上还缺乏充足的资金，当然还需要更多的法规。但是让我们细数一下幸福的时刻。利用现有条件，我们可以做大量的工作使我们的都市经得起考验。我们现在就可以开始。

有人提出更具启示论色彩的观点，认为我们正站在“后工业社会”的门槛上——也就是说，我们当前面临着一个全新的局面——因此，必须设想出各种崭新的生活方式。随着许多专家采用系统分析和计算机技术设计未来的城市，他们看到了环境规划上的突破。不少人已经开始
抢跑，跟随最近的未来学浪潮投入了大量精力，发挥想象，预测这些未来 3
城市的形式。即使在大众杂志里也随处可见巨型城市、高跷城市（stilt cities）、带状城市之类的图片。

有些城市则会远离任何地方。政府刚启动了一项援助研究项目，打算在明尼苏达州或大平原地区规划一个“实验城市”。按照项目主要推动者阿瑟尔斯坦·斯皮尔豪斯博士的设想，这将是一个人口规模为25万的自给自足式城市。这个城市将尝试众多先进技术，许多城市功能都将设在地下，而且会建造一个直径为2英里的透明圆顶。斯皮尔豪斯博士认为现今的城市注定要失败，而“实验城市”将成为许多居住地的雏形。

这些未来城市的愿景不同于科幻作家笔下的那些城市。科幻作家描述的具有讽刺意味的乌托邦以某种恶意愚弄了对这些城市有过幻想

的人们，不过这些乌托邦城市显然立意是好的。它们的形式各不相同：有的伸向天空，很像20年代勒·柯布西耶的“彩虹城”，有的是圆顶，还有的呈水平布局，一个八层或十层的建筑，延伸数英里，遍布整个景观。但是在基本层面上，这些城市保持一致：绘制它们的底板被擦拭得干干净净。在这些城市的透视图中，没有一丝过去的痕迹。旧城似乎已经消失，大片绿化之中只见新的城市，甚至今天的郊区的踪迹也荡然无存。

这些设想看上去标新立异，但也只是当前规划常规观念的体现。其中的分散主义、清除历史（clean-slate）的主张能在许多大城市的《2000年规划》中体现（进入第三个千年——真是一种令人振奋的语气！）。首先，规划师们详细预测了2000年所需安置的人数以及他们的收入、工作周、休闲时间等。他们的图表非常精确，有些甚至预测到了2020年。

书中都是短期预言。人们很难预料未来十年后的情形。对于我自
4 己的生活而言，我并不觉得有人能够精确预测三十五年之后会发生什么。计算机技术或许可以对未来进行有趣的模拟，却无法实现我们之前预言的生活。

计算机中输入的是一系列非常可疑的假设，而输出的结果只是依据过去二十年趋势所做的推断——人口激增、财富增加以及更多闲暇。这种趋势可能会持续，也可能不会。这些预测中的高度一致和确定性让人感到紧张。我在后面的章节中会提到，为了应对财富猛增所带来的问题，我们可能会陷入巨大的困惑。

然而，规划师们是一群乐观主义者。他们已经采纳了丹尼尔·伯纳姆的建议，不做任何小型规划。而且和伯纳姆一样，他们认为一个卓越设计一旦写在纸上，就有可能变成现实。虽然这些愚昧的箴言一次又一次被现实打败，但人们对宏大设计的信念却越发强大。

为了达到这个目标，规划师们设想了一系列可行方案。第一个方案被称为“无规划开发”、“半规划开发”或“规划蔓延”。由于这类方案很可能实现，因此第一个方案将是最具挑战性的替代方案。然而，它对规划者来说却是一个诅咒，因为他们中间有的人会因为有了综合规划而下地狱，也会有人因为没有综合规划而上天堂。他们继续描绘宏伟的设

计，如卫星城的环城公路、放射状长廊以及楔形地带，对比各方案的利弊之后选择最佳方案。但无论城市的几何形状如何，人们都要全面重新规划，让其发展为几个分散的、自给自足的新型城市，城市之间间隔着广阔的开放空间。

设计确实有助于塑造发展，但仅限于设计和发展方向一致的情况。面向2000年的大部分规划基本上都是离心式的，即把所有建筑抽离城市，分散其功能，并通过将人口分散到更广阔的土地来减少人口密度。
然而，在我看来，眼下证据表明当前基本的增长趋势却是向着另一个方 5
向发展：城市越来越集中，人口密度越来越高。

因此，没有理由让自由市场决定我们将如何发展，但是个人和机构的资金使用方式值得重视，违背大众意愿的规划通常都会失败。英国人在土地管理方面要远比我们严格，他们一直尽力限制伦敦的蔓延，但这座庞大城市仍然持续蔓延。法国人觉得巴黎与本国其他地区相比面积过大，但巴黎也在持续发展。俄罗斯人一直在竭尽全力遏制莫斯科的发展，但结果是它还在持续发展。

也许是事出有因。后一种发展并不是完全没有规划，而是基于个人和团体的众多规划决策，并非出于盲目冲动。例如，我们的城市里出现的办公楼建设热潮。第二次世界大战结束后，人们普遍认为随着企业重返乡村园区，城里的管理人才将大量外流。但事实上，商业集中了比以往任何时候都多的管理和服务人员——在城市最为拥挤、更昂贵的区域。对此忧心忡忡的观察家年年发出警告说，城市已经达到饱和点，应理智地停止扩张。大街上人群比肩接踵，火车上人满为患，餐馆里一座难求，人们的神经早已不堪重负。然而，越来越多的新建筑拔地而起，老旧大型建筑不断被夷为平地，由更高更新的建筑取而代之。这种行为近乎疯狂，但似乎也行之有效。

当然，都市区也在一直向外围扩张，而这种外扩极有可能会持续，但横向延伸却受到内在限制。我认为我们的都市区不会演变成一个没有功能分化的混乱整体，因为这完全没有必要。都市区可以通过稍微扩大

其半径来容纳更多人口。只要半径达到一定大小（比如说50英里），稍
6 微扩大外围就能增加很多面积，每增加1英里的半径，就能增加几乎1/5的面积。

不过，通过外扩实现城市发展的成本将非常巨大。如果低密度人口城市的蔓延趋势持续下去，结果将出现纽约区域规划协会所谓的“蔓延城市”：“算不上真正的城市，因为它没有中心区域；也不算是郊区，因为它不是任何城市的卫星城；也不是真正的乡村，因为它有零散的房屋和城市设施。”这种模式拉开了人们的工作场所与家的距离，使他们完全依赖汽车，毫不必要地增加了他们的出行距离。

由于商业设施和办公设施非常分散，因此也就不可能形成集中化，以提供高水平城市服务。所有设施分散各处让人们不得不驱车前往。每项设施仅有一个功能——这里有个折扣中心，那里有几家牛排店——它们很少能够集中在一起，使各个部分形成一个整体。在建的文化中心、博物馆和图书馆也面临同样的处境，它们不在交通发达地区。正如区域规划协会所说：“廉价土地和巨型建筑物似乎成为主流标准。”

表面看来，我们似乎要经历同样的分散化：驾车沿着城市的任何边缘区域行驶，可以看到这种浪费模式不断重演。但是，现在也出现了与此相反的集中化的趋势。对此，我并不是指回归到一个中心，即老式商业区的核心中心，而是多个中心同时发展，其中几个中心基于老社区，另外几个基于新社区。

到目前为止，新中心在很大程度上已经成为一种缺乏规划的现象。费城城外福吉谷立交桥周围各种庞杂的设施群就是一个很好的例子。二十年前这里还是一个位于十字路口的小村庄，现在已经拥有了研究实验室、轻工业厂房、购物中心和大型汽车旅馆。可它不是一个理想的中心，人们必须拥有汽车才有机会使用各种设施，但它给我们暗示了前进的方向。我们将看到更多的设施群，而且更强调多功能中心。例如，购
7 物中心原本仅有零售这个单一功能。可是大多数新购物中心已经成了容纳各种活动的巨型混合体，例如剧院、会议设施、娱乐中心等。

可以肯定的是，公路沿线有大量的所谓带状发展地区。最为明显

的例子便是环波士顿的128号公路旁的多家电子公司，其他环城公路旁也存在类似情况。在我看来，像福吉谷这样的多功能中心很可能就是未来的城市格局。但是，我也必须承认，这或许是我本人一厢情愿的想法。毕竟刚刚责怪规划师试图预测得太远，我自己应该谨慎小心。但这是可以评说的。高密度中心不仅优化土地利用格局，而且更有利于增加相关商业利润，旨在强化这一趋势的规划需要顺应潮流，而非倒行逆施。

我认为我们现在的都市区将经历许多重大发展。我们会看到核心城市的聚集，而不是分散。在城市和郊区之间的灰色地带将出现大量建筑，郊区自身也会有更加密集的开发，或者换句话说，再开发。当然，还会出现很多新城镇，但我敢打赌那些成功发展的城镇也不会自给自足，而且不会位于某个穷乡僻壤。总而言之，我们将最大限度地经营我们的都市区，让更多的人生活在给定面积的土地上。

有人会说，这注定会带来灾难。关于规划和保护的文献——实际上，一般指美国文献——都具有浓重的反城市色彩，并且认为城市集中化恰恰是由于城市自身的致命缺陷。“盲目集中”“城市过度发展”“具有大城市的特点”等，这些字眼本身就带有谴责的意味，它们从字面上不证自明地认为人们必须为聚居生活付出惨痛代价。最近有很多关于老鼠实验的讨论，实验表明挤成一团的老鼠容易变得神经质，由此暗示人类也将如此。这种偏见也常见于规划手册和反映城市困境的纪录片中。拍摄负面事物的影片资料总是在展示各种形式的集中化：远距镜头中 8
层层叠叠的屋顶和高速公路上拥堵的汽车，还有拥挤的人行道上表情紧张、痛苦的人群。可惜的是，这些都无法得到有关人类实际行为研究的支持。但是还有一些有趣的问题需要探究。如果人们不喜欢拥挤，为什么他们还坚持去那些拥挤的地方？多拥挤才算是太拥挤？

可是这些问题好像无关紧要。在全世界各国人民当中，我们美国人最不需要担心这些问题。我们的人口密度根本不高。当然，城市的一些贫民区中确实聚集了大量人口。但过度拥挤——每个房间住太多人——与人口密度高并不是一个概念。我们大多数城市的居住密度相当合理。

都市区周围的人口密度也同样合理。按欧洲标准，这些地区的人口密度低得令人嫉妒。美国人口最密集的都市区是波士顿—纽约—华盛顿一带。这个沿大西洋的城市区域包括150个县，面积达67 690平方英里，人口为4 300万。如果该区域人口密度达到荷兰西部的平均人口密度，人口数量将增加两倍。这个比较也许过于极端，但表面看来人口密度的差异就是这样。我们的都市区比那些人口真正密集的地区**看起来**更拥挤。

我不认为人口过多是件好事，也不诋毁长期控制人口的重要性。不过，一个让人费解又没有预料到的转变就是美国近期的婴儿出生率开始下降。如果这种趋势持续下去，人口增长就不会像人口学家所预测的那样恐怖。然而，即使出生率下降，人口还是会增加。数量足够的新生儿已经确保在未来二十年内我们的都市区将会增加数百万家庭。

哀叹这一事实毫无意义。他们会有足够的空间，土地也不少，人口数量也还不算多。总体来说，我们的都市区共占地3万平方英里——不
9 到美国总土地面积的2%——而这3万平方英里中，还有几乎一半的土地未被利用。人口密度增加并不意味着让人们住进高楼大厦，而是更为集约地使用我们尚未使用或使用不当的土地，因而我们才能更好地生活。

我们的眼睛不会看错。我们认为最为丑陋的土地不是那些被过度利用的，而是大部分被空置或几乎没被利用的土地：枯竭的砾石场、废弃的滨水区、陈旧的货运场、很多空地以及高压电线下面的垃圾区。（最为凄惨的城市景观当属泽西岛公寓，除了一个令人厌恶的广告牌，它的周遭空无一物。）同样糟糕的是一次性利用或短期利用的土地。例如，购物中心周围占据了大量高价土地的大面积沥青地面，仅在每年12月份被使用四天时间。

但是，废弃土地的存在意味着我们的都市区拥有强大的再生能力。土地利用方面的竞争加剧并不会危害城市，反而会促进土地利用的经济性和实用性。例如，开发商正在采用一种土地细分模式，更加小心谨慎地利用土地，且比传统模式更具吸引力。他们之所以这么做，不是因为

规划师和建筑师说服他们这种方案更好——设计师和建筑师多年来一直在尝试说服他们——而是因为地价不断飙升，他们不得不采用新模式赚钱。

同样的规则也适用于开放空间和已开发空间。我们应该尽量保留可以得到的所有大型空间，但这种空间所剩无多。因此，我们必须更富创意地利用小型空间和被忽视的零碎空间，必须重新发现遍布都市区的公用事业用地。我们必须采取各种措施保留私人景观的主要特征，必须更加努力地率先探索空间使用权和创造开放空间。我们必须让人们更容易接触到这些空间，最重要的是让他们看到这些空间。说得夸张一
点，我们必须聚集更多人口，还要让他们感觉不到拥挤。 10

我们不仅需要寻找空间，如果人们愿意，还要实现空间效果——幻觉。毫无疑问，这需要技巧，但是每一个好的景观都是技巧的产物。例如，英式乡村实际上就出自18世纪的景观建筑师之手。在技术应用方面，他们对于现实和幻觉的理解远比今天更为复杂。

我们不必等待宏大设计，实际上它已经在那里了。我们的都市区结构早已被自然与人类、河流与山丘、铁路与公路设定好了。尽管选择很多，但规划的最重要任务不是设计出另一种结构，而是配合已有结构的各种优势，按照人们日常生活中的体验看清楚这种结构。然而，要去理解和配合已有结构并非易事。因为已有结构不是一个清晰的形象，而是有着成千上万的形象。然而，在面对这些铁一般的事实时，人们将面临比在别处寻求完美设计更大、更刺激的挑战。

下面，我简单介绍一下本书的编排。简要回顾第二次世界大战后的混乱及其带来的转变之后，我会谈到关于开放空间的一些政治现实。其中一个问题就是，正在规划大城市开放空间使用方法的一方与坚持大城市剩余开放空间不能开发的一方属于两个不同的团体。他们之间更大的分歧在于地方税基差异。已经拥有丰厚税收的社区获得了更多的工业和税收收入，而拥有开放空间的社区并非如此，所以，他们想要的是税收收入而非开放空间。

然而，对于所有需要解决的问题，都有很多措施可以采取来保留关键的开放空间。接下来，我会介绍保留关键开放空间的主要工具：治安权、购买土地，以及相对未曾使用的手段，例如购买、回租和收购私有财产的地役权。

令人惊喜的是，许多土地所有者很有可能被说服出让土地。由于税
11 法变化，这样做比以往更符合他们自己的利益。为说明这种可能性，我会谈到现在已经成立的一个小组，他们的工作类似于针对土地所有者的上门推销活动。这种做法虽然大胆，却行之有效。在“保护开放空间”一章，我们最后讨论如何解决侵占土地问题，以及土地在保留后如何不被公路工程师和他人占用。

本书的第二部分讲述“空间规划”。在这里，我先说明一下关于“规划师”一词的使用。我主要指土地利用规划师，他们被政府机构直接雇用或者聘为顾问。由于规划师一词在本书频繁出现，我就省掉了那些说明他们属于某个特定学派的重复的限制性短语。当我批评规划师时，读者会明白我并不是针对所有规划师，而只是那些与我的意见相左者。那些提出我赞同意见的是优秀的规划师。如此露骨的表达虽然不太好听，但是我觉得做人应该坦率。

对于开放空间规划，几个学派的观点不一。有人认为开放空间主要作为规划师设计规划的一种手段。虽然这个观点差不多已成主流，但我认为这非常不合理。最好的例证是2000年都市区规划。它们划定了广阔的开放空间，将其开发成整齐的几何图案。但是如何才能保留这些开放空间？由于与用地或市场开发关系薄弱，它们无法保留下来。有些早在规定的目标日期前三十五年就失败了。

目前只有少数人认可的另一学派则认为，开放空间的规划应该从自然模式中得到暗示——地下水位、冲积平原、山脊、森林，最重要的是河流。他们已经采用不少独创技术将这种方法应用于特定区域。我赞同他们的想法，而且已经有强有力的证据证明他们的方法行之有效，别的方法却不行。与这方面极其相关的是英国的绿化带经验，我会用完整的一章介绍这次实验的历史和经验教训。

然而，广义绿化带方法的问题在于占地太多，且无法证明它的合理性。我们不能以这种方式保留太多开放空间。在讨论“连接带”的那一 12
章里，我提出我们必须关注小面积开放空间和不规则的小区域，特别是那些可以连接成片的零碎区域。只要我们去寻找——废旧沟渠、废弃运河、铁路公用事业用地，以及已经被工程师改道至混凝土槽中的溪流，就会发现很多连接。

在第三部分“开发”中，我将讨论问题的另一方面。我第一次从事开放空间工作时的理念是尽可能多地取得开放空间，让开发商吃亏。但是，这只解决了一半问题。开放空间和开发相互作用。将来要想保留更多的开放空间，我们将不得不寻求更为紧凑的方式去开发那些必须开发的空间。现在，在这方面出现了一些令人鼓舞的趋势，尤其是簇群开发，我们现在看到一个奇怪的现象：开发商恳求城镇允许他们用一半的开发土地作为社区开放空间。

讨论完簇群开发的优缺点后，我把目光转向了“新城镇”运动。最纯粹的“新城镇”形式应该是位于内陆的独立自足的社区，它拥有都市的所有优点，却没有大城市的任何缺点。这个目标虽然是个好事，却遥不可及，而且不可救药的乏味。以雷斯顿和哥伦比亚为代表的一些最新社区正打着“新城镇”旗号建立起来，尽管它们不是纯粹的新城镇，但最终可能会成为人们的好住所。

接下来，我将探讨与这些原型有关的最有意思的那个问题，即我们如何才能使宏大项目看起来并不那么宏大？此外，我还会介绍建筑师和规划师如何处理新社区的空间。现在人们正在从事一项极富想象力的工作，即如何从孩子身上得到启发，向孩子学习。孩子们好像可以到处疯玩，除了他们该去的地方。

第四部分讲述景观。实际上，这是我们在路边都可以看到的景观，却被我们弄得乱七八糟。不过，我们还有大好的机会来补救。我们可以借助潜在的分区权力遏制广告牌造成的景观破坏，更乐观的是，我们有权也有钱来扩展风景廊道。广告牌游说团体一直是景观修复的主要障碍，但是另一个几乎同样严重的问题是官僚主义惰性。我会用第319条 13

款的基金案例来说明这一点。国会提供了数亿美元的资金用于改善路旁景观，但是由于行政层面的蓄意阻碍，钱几乎全部投到混凝土里了。公路工程师现在说他们有宗教信仰，而且在讨论建设一个新的景观道路系统。但我们应该保持高度警惕。

地方行动迎来重大机遇，几个不知名的新项目可以通过机械化实现。这些项目不会被讥讽为“整形化妆”，因为它们只是需要做修剪而非添加。至少在我这个观察者看来，处在乡村边缘的景观有**太多的**乔木和灌木——比一个世纪前还要多——随着农场复苏后迎来二次发展，乡村景观被大片潮湿阴郁的绿植覆盖。它需要修整。

回到城市，也是极为不凡的机遇——复垦采石场，清理城市入口，开放城市滨水区。但是城市和郊区一样，面临的重要任务就是促使政府去考虑这些机遇，按照人们的看法，厘清城市景观和自然景观的优缺点。但大多数城市在这方面表现不佳。

还有很多方面无法在本书讨论：大众交通、空气和水污染、噪声、固体废物的处理。我解决不了贫民窟或经济增长问题，也无法公正评判政府机构存在的各种重大复杂问题，或提出具体方案来处理这些本该解决的问题。

可是，我们不必因为这庞杂的一切感到束手无策。虽然我提出的只是土地利用的部分措施，这些措施却非常具有决定意义，而且能为当下提供选择。无论我们的未来计划如何，我们在1985年或2000年的生存环境将取决于我们在接下来几年所采取的土地利用决策。我们的选择
14 很多，但都是受制于条件的选择。

第二章　开放空间中的政治

我曾经说过，需要我们保留的景观越少，成功保留它们的机会就会越大。为了进一步说明这一点，我将简要介绍战后乱局为什么变得如此可怕及其最后导致的结果。接下来，我会谈到某些利益冲突方，以及他们之间有待解决的政治困局。

首先从我的家乡宾夕法尼亚州切斯特县说起。那是一个美丽辽阔、起伏连绵的乡村——在一些人看来，不仅是我一个人这样认为，那是全国最美丽的地方——可是，它与其他都市边缘的半乡村地区一样都遇到了相同的发展问题。20世纪50年代初，距离费城只有20英里的切斯特东侧已经郊区化，但是大部分乡村仍然没有发展，其中大部分土地过去都很肥沃，而且变得越来越好。作为国家最重要的流域协会之一，布兰迪维因山谷协会在推动土地所有者执行土壤措施和土壤侵蚀治理方面发挥了重要作用。大部分山坡耕地被犁成波状外形便于耕种。田间蓄水塘正在修建。当地多条小溪的岸边种上了玫瑰。林地里的矮灌木丛被清理出去。曾经在暴雨后浑浊泥泞的溪流如今也清澈可人。山谷从来没有得到如此周到的关照，也从未如此美丽。

可是，要为谁保留土地？保留土地是对开发商的嘉奖，但是人们普遍认为即使这样也不一定能留住开发商。切斯特县大多数乡镇当时将 15
开放土地划分为最小为2到4英亩的地块。他们以为这样就能够吸引开发商，而不需要其他措施。有一段时间，切斯特县与费城周边的县一起加入了一个区域规划委员会（费城除外），但是很快就退出了，因为它发现自身的问题与其他县的问题有很大差别，而且它也不需要一个强有力的规划方案。虽然雇用了一位年轻的规划师，但右翼公民过于关注规划存在的社会主义威胁。这位规划师没有工作可做，很快就离开了。

人们寄希望于个人良知而非公共行动去保留土地。我们知道许多类似地区的土地所有者根本不会卖出土地。相反，他们极度关心土地，其中许多人是土地的第三、第四或第五代所有者，而刚刚购买绅士农场的“新人”也绝对不会卖掉土地。即使确实有人出售土地，大地块分区也会阻隔那些坏分子。人们要特别警惕莱维特那样的大型开发商，分区一定会阻止他们靠近。

的确如此。造成损害的是这些当地人：卖掉了几英亩土地的农民，买下土地并建了一排煤渣砖牧屋的承包商，在破旧风雨桥边开冰淇淋店的夫妇，以及拆掉旧桥、新建混凝土桥的当地官员。新桥用来承载炉渣砖牧场工人产生的额外交通。

土地遭到了破坏，但回报甚微。实际情况往往是土地价格刚开始上涨时，农民就急于出手。更糟糕的是，农民卖掉临街土地以后，剩下的土地便无缘享受后续更好、更为有利的开发。

完成2英亩土地分区的公民有一个错觉：这样大小的地块意味着要建造昂贵的房屋。然而，在场地遭到破坏的第一阶段，地价还不至于高到能产生这种相关性。2英亩的土地上可以建一个价值1.2万美元的牧场，但这2英亩成本并不太高，它还可以提供建造化粪池的场所。目前，
16 价值1.2万美元的牧场很有市场，并且需求还在增加。

这种局部开发很容易决定一个区域的未来特征。对土地更为合理的利用将为分散的二流开发所取代。增加一个冰淇淋店、一个汽车废品站，这个地方很快就被完全填满——早在真正的入侵开始之前就能填满。

如果来的是大型开发商，情况会好一些。他们如果尝试在这个地区进行局部开发，就会在一小部分空间里集中建造同样数量的房屋。例如，在宾夕法尼亚州的巴克斯县南部新建的莱维敦镇容纳了7.5万人。规划中没有明显的精简——大约三座独立房屋，仅占1英亩土地——但是在开发地区每平方英里土地上容纳了4 000人，这比通常规划更节省

土地。幸亏人口集中，巴克斯县还保留了一些区域。

但是，大多数乡村地区经历的是分散开发。开发一旦开始，各种开发活动就无法避免地接踵而来。地方政府很快就会发现分散开发的成本过高，并且为了承受得住额外的负担，他们不得不增加税收。这反过来又促使土地所有者卖出更多的土地。

一直以来，主要开发商和从城市搬来的新居民走得越来越近。在他们前面似乎有一条贪婪线正以每年0.5英里或1英里的速度移动，一旦触碰到它，土地拥有者对于土地的忠诚便会面临痛苦的考验。大多数土地所有者都对它有抵制情绪，有些人甚至拒绝了巨额报价。然而不幸的是还有少数人会误入歧途，并因此给别人带来破坏。例如，一个土地所有者可能决定出售一片草地用来建造汽车影院。邻近的土地所有者将对此难以容忍，他自己的土地也会随之在市场上出售。接下来就是下一个土地所有者的土地。

这种情形还将持续下去。此外，大部分剩余开放空间都被投机者囤积起来以备将来转售。在此期间，他们可能会把开放空间租给农民，但更可能将土地闲置。因此，土地上很快就会重新长出茂密的树苗、杂草
和毒藤。一些居民对这种自然复兴处之坦然，但在有经验的人看来，这 17
就是该地区一定会完蛋的警示。投机者也会因此离开。

到了20世纪50年代中期，各地都经历着热火朝天的开发，但仍无模式可言。开发商不理会那些分区过于固定或定价太过僵化的空地。变动的压力逐步升级，许多乡镇爆发了异常激烈的分区争论。

人们的愤怒情绪此起彼伏。一场严重的肝炎暴发竟是由于一块新住宅小区土地上的化粪池所致。该地区的化粪池排空装置拒绝为几个乡镇继续提供服务，导致粪便无法处理。尽管土地所有者强烈抗议，费城电力公司依然在布兰迪维因山谷中最具历史意义、最美丽的一块土地上建起了一排输电线路塔——这也提醒了自然保护人士，虽然他们自己不敢征用这样的开放空间，但公用事业公司可不管那么多。公路工程师也无所畏惧，他们打算建一条高速公路，穿过东部唯一一个未受破坏的河谷。电锯工人则前来砍伐树木以扩宽原有道路。

不过，愤怒情绪也有教育意义。如遭当头棒喝，人们随即开始行动——或许人数还太少，而且开始得太晚，但这足以产生影响。50年代曾是环境遭到毁灭的一段时期，但是到了60年代中期，针对环境破坏的抗议运动逐渐开始，并且一直不断加强。除了县规划委员会以外，该县正与宾夕法尼亚州合作，建立小型水坝和游憩区系统。该县水资源局正在发起一项实验计划，测试布兰迪维因东部地区的各种土地保护设施。尽管各种发展问题比以往任何时候都更为棘手，但该县比十年或十五年前有能力更好地应对，虽然当时的各种压力远不如现在。

几乎每个大城市周边地区都会面临样式相同的愤怒和反应。虽然较之其他地方政府，有些地方政府的工作成效更为显著，但几乎所有城市居民都认为这可能是他们的最后机会。

这种情形是否会变得更糟？现在我们有办法确保下一轮发展比以
18 前更好。而且我们已经开始详细讨论应用这些工具的区域机制。但是，严峻的问题仍然存在，其中之一是制定规划，计划土地如何利用与拥有或控制剩余开放土地的是完全不同的人。他们可能联手说明“平衡增长”的必要性，但当涉及具体情况时，平衡在某些人看来意味着极大的发展，而另外的人则认为发展微乎其微或毫无发展。很多方面需要调整，但是要做出这些调整，我们需要了解各利益方，以及导致他们分裂的问题所在。

纯真的自然保护主义者极力反对开发。这些人对于自然有着深刻而近乎狂热的使命感——要求自然保持原样，无须改善，不准亵渎，不可侵犯。不过，当听说要建造水坝或在林区开辟道路时，保护主义者的行动并不是那么坚定，也没有总是对此感到不安。他们认为人类是自然的一部分，只要人类保持理智，完全可以利用自然资源。

这个观点对于纯真的保护主义者而言合情合理。在他们看来，“理智利用”这一说法在字面上存在矛盾，但对于伐木工人、矿业公司、开发商，以及其他开采者和破坏者来说，这是一个便捷的委婉语。纯真的保护主义者认为我们的资源已被过多利用，而这些资源原本供应不足，所以解决方案不是进一步利用，而是减少人口。

在人与自然的任何对抗中，保护主义者都选择站在自然一边。他们反对公共工程开发，也经常抵制公共康乐设施开发。他们认为这会破坏人们本应寻求的价值，并且认为自己是无懈可击的精英，他们的价值偏好应该放在首位。荒野体验也许是崇高的，但不适合多数人。

纯真的保护主义者原本主要关注荒野保护，并借助塞拉俱乐部的影响力，尽力尽心地服务于这一事业。如今，他们正在都市对自然的争夺中扮演越来越重要的角色。在他们看来，城市的进一步发展极为有害。 19
尽管他们人数较少，但工作效果显著。例如，他们协助阻止了纽约港务局在新泽西州莫里斯县沼泽地区建造机场的计划，与该地区居民一起将沼泽变成具有独特重要性的生态区域。目前，该地区已经成为国家野生动物保护区。爱迪生联合电气公司提出在哈德逊河畔的暴风王山上建立抽水蓄水式水库时，他们发动了一次有效的法律和政治运动，导致该项目中断了近三年时间。

尽管非常不可理喻，但是如果没有他们那一脉相承的热情，纯真的保护主义者就无法拯救许多本该保留或原本无法保留得很好的区域。此外，处在环保—开发频谱远端的他们坚持绝不妥协的立场，使得越来越多的温和中间派保护主义者向他们靠拢。事实上，纯真的保护主义者对于大多数新公路或公共工程项目的谴责确实对管理者和工程师起到了阻碍的作用，让他们在发生冲突之前更多地考虑资源价值，并做出让步。

但是，荒野精神在都市地区只能止步于此。开发与环保之间的冲突将愈演愈烈。由于纯真的保护主义者对人造工程始终持敌对态度，他们越来越难以发挥有效的作用。他们也别无选择。虽然他们表示不反对发展，只想保护受某个项目威胁的某种资源，但事实是他们认为任何地区都不适合开发。

如果他们在一个地方成功阻止了某一项目，他们很快就会对其他可能会兴建项目的地方产生类似的想法。无论在外行人看来多么单调乏味，他们只会注意到某个地方独特的植物群、濒危野生动植物的栖息地

20 和稀有的地质构造——简而言之，这是完全不可替代的资源，也是一个相当重要、不容退让的法律判例。

这样的争端几乎导致塞拉俱乐部的内部决裂。几年前，该俱乐部历史上的老对手太平洋燃气电力公司选择在一片美丽的沙丘上建造原子反应堆。塞拉俱乐部的理事们认为这是对环境的亵渎，但他们也想让自己的行动更具建设性，而不仅仅是反对该项目。他们成功说服了该公司另外选址，最终选定在沙丘北部几英里外的一个峡谷。在塞拉俱乐部理事们投票批准峡谷选址的同时，按照相关安全保障措施，公用事业公司宣布沙丘选址将建成一个州立公园。

对双方而言，这似乎是一个相当不错的和解方案。但是一些俱乐部成员开始心存疑虑。他们决定再次勘查峡谷。进一步的研究让他们相信这也是一个独一无二的区域，于是他们发动了前所未有的全体投票以推翻理事们的决定。这些成员认为具体的情况和理念都需要扭转。他们指责保护主义者无权批准开发选址或“以一个地区赎回另一个地区”。投票结果是会员们支持理事会的决议。然而，内部的激烈纷争以及被迫选择将会越来越困扰保护主义者。

另一个人数不多却很关键的群体是乡绅。他们拥有绅士农场、改建的磨坊厂，以及位于郊区边上的庄园。然而，就像他们的英国朋友一样，他们并非世袭绅士，不过即便是世袭，那也是最近的事。当你在冬夜的壁炉旁见到这样一群悠闲惬意的乡下人时，你几乎敢断言他们是历经几代人早就扎根在这片土地上的。可是，你很快就会发现，他们中的大多数人都来自外地，而且不久之前才来到这里。他们的身份各不相同：一位退休的海军军官或一对外籍军人夫妇，一位将军和他从事园艺的妻子，一位养殖亚伯丁安格斯牛的商人（或许他已经是西海岸的牧场主

21 了），以及想拥有一个农场作为周末休闲而远离城市的专业人士。此外，至少还会有一位精神矍铄的白发女士，她可不是那种穿着网球鞋的老人，而是桥牌老手和人生赢家。还会有几位作家和艺术家，就像在宾夕法尼亚州巴克斯县这样的典型城市郊区一样，还有一批活跃的戏剧人和

电视人。

由于各类乡绅看上去不具备代表性，因此人们容易忽视他们的群体价值。他们确实是边缘群体且流动性大。由于新来的人往往都属于年老人群，所以流动性相当大。每位乡绅都认为这个群体绝对是独一无二的，所有成员也都会骄傲而又煞有介事地告诉你，他们已经成就非凡，因为他们是难得遇到的实干家和怪人。但是，随着时间一年年过去，他们表现出了一种潜在一致性。虽然每个人各有不同，但各地的乡绅并无两样。

把乡绅们联系在一起的是他们对于乡村的感情。即使是最近才接触这片土地的乡绅，他们的感情也一样强烈。令人感到奇怪的是，他们对于土壤、树木、各种草地以及当地天气都了如指掌，而且都是当地流域协会和保护组织的主要积极分子。他们还对当地历史非常感兴趣，比在这里长期居住的居民知道得还要多。如果一幢老建筑受到一条公路的威胁，他们会率先发现这幢建于1910年的老建筑里隐藏了一个极具建筑和历史意义的旧式结构，于是就组织了由白发苍苍的女士牵头的建筑保护行动。

乡绅们想要保留开放空间。因为他们拥有最好的开放空间，因此成了实现有效区域行动的关键因素。但是，他们不一定会考虑到区域因素。他们的行动可能会为城市及市民提供便利，但他们肯定不会因此受激发而行动。乡绅们想要保护土地**免受**城市及一些市民的影响。他们不欢迎公园理念，也许这与他们的排外思想有关，但对于郊区居民而言，这并不是他们的主要关注点。乡绅们的偏见在本质上是美学的。他们热爱“自然”景观，认为公园开发丝毫不会增加自然之美，至少他们所见到的那种公园开发不会。他们不介意藏身于森林中的公园，但他们的视 22
野里容不下传统景观、特色建筑以及郊游区域都整齐划一的开放式乡村。他们还非常担心郊游的人和技术不娴熟的驾驶人的坏习惯。

乡绅们可是土地捐赠的重要来源——特别是自然空地、鸟类保护区和林地保护区。如果有助于保持该地区平衡，他们会让出土地提供更多的康乐场所。然而，公园官员很难理解乡绅们的动机。遗憾的是，更具灵活性和灵敏性的公园用地征购方案虽然可以引起土地所有者的积极响应，却没有多少方案能做到这一点，这也是导致乡绅经常强烈抵抗开发的原因之一。

农民很少从美学角度关注开发。不过，如果这个区域是主要农业区——例如，一个蓬勃发展的牛奶站——尽管出于不同原因，农民的带头人也会采取与乡绅相同的态度对待土地。他们关心的是向开发商出售土地最终能拿到多少钱，但是他们中大多数人还是希望继续务农。他们在经营中投入了大量资金，随着边缘土地上的小农户放弃农业，大农户的事业则蒸蒸日上。对农民而言，优化的耕作方法、流域规划等措施是合算的必备条件，他们也和乡绅一样成为自然保护项目中的积极分子——而后者对此十分高兴，他们非常乐意能与真正的农民携手并肩。

然而，农民也有一个心理价位。他在深受赋税折磨之后抱怨说，如果评估员不断提高土地的标价去匹配持续上涨的市场价格，他将被迫出售土地。他很清楚这个想法吓坏了保护主义者和乡绅，于是便把它作为一个优势。农民表示，如果你们希望我帮忙保留乡村，那你们就必须帮我减轻赋税。不过，他的论据存在一些漏洞。他不反对土地的市场价值不断上涨，只要估价认可这一点就行，他的税收改革方案也没有限制任何价格合适时土地的出售。虽然这一切有点美学欺骗的意味，但保护
23 主义者和乡绅极具同情心——他们**需要**农民——在他们的支持下，农业团体在多个州成功推动出台了“优惠评估”法。在这些法律指导下，评估员仅依据农业价值评估农民的土地，从而鼓励农民不必考虑开发的事情。我在后面会讨论这种做法的效果并未达到预期，但是支持者仍希望能以这种方式保留大量的开放空间。

郊区以外的城镇和乡村的商人和居民对于开放空间持不同态度。他们认为自己已经拥有足够的开放空间。乡村和城镇的委员们对农民抱以同情之心——否则他们也无法当选上台——但是他们现在一心想着开发的可能性，而且并不挑剔开发的类型。事实上，他们无法抗拒任

何承诺开拓当地税基的企业家，而且还特别热衷发展工业。在更多的情况下，他们的期望相当不切实际。社区缺乏铁路交通，远离高速公路枢纽，没有劳动力供应，且水资源有限。但该镇无论如何都会宣称把一部分地区作为工业区——往往是最贫穷的区域——并且满怀希望地等待工厂的到来，以此解决他们的税收问题。

谈到地方公园或州立公园的征地项目，当地人就感到紧张。他们想知道，为什么明明有那么多地方，却偏偏选中它们？他们抱怨自身的税基本来就不足，不希望再遭削弱。由于州立公园官员一直以来都在寻找市区以外的廉价土地，位于城市边缘的社区有很多土地被纳入其所在的州，并且不列入当地纳税清册。更糟糕的是，这些边缘区域提供的正是宗教和教育机构寻求的免税土地。有些机构自愿向城镇捐款弥补税收，但大多数并不会这么做。

各州可以通过付款代替购买土地所需上缴的赋税来缓解问题。这种做法有不同的计算公式，有些相当复杂，但一般理念是给城镇一笔相
当于前一年土地赋税的款项，并维持这一做法五年或十年。原则上，反 24
对这种做法在本质上有很充足的论据。新建公园几乎不会增加社区的服务负荷，但极有可能增加当地收入和促进旅游业发展。社区也可以获得一笔它本来不应有的额外税收收入，这会使该社区与其他社区之间产生矛盾。此外，这种付款代替赋税的做法将会浪费购置其他土地的资金。

实际上，付款代替赋税也不是一件坏事。这笔钱加起来并不多。需要这笔资金的社区起初的税率通常很低，涉及的土地价值一般也相对较低。所获回报便是与乡村居民达成的一种妥协，而这种妥协对主要立法至关重要。

在全州最好的开放空间项目里，有一个项目之所以获得通过，其中部分原因在于各方达成了一项和解。乡村立法委员想要确保这笔资金**不会**用在他们地区，需得到以下承诺：(1) 该州尽量不在已经让出一定比例公有土地的城镇购买开放空间；(2) 如果征购不可避免，该州将缴纳十年的全部税款；(3) 城镇能拨款购买自己的开放空间，但不必申请。因

此，在确定开放空间资金转向其他地区后，立法委员们表示支持该项目。

但是，付款代替赋税无法消除当地人对公园征地的反对情绪。这笔款项会以之前开放空间的价值为依据。但是，如果土地用于开发，当地居民就想要获得更高的税收。此外，他们还表示公园不是为他们建的，而是给城市居民建的。他们还会列举其他地方每逢周末随处可见满载的公共汽车的种种情形。

保护主义者和公园管理者建议当地人应该有更广阔的视野。他们认为有了公园以后，不但当地经济会得到极大振兴，而且整个区域的环境都可以得到显著改善，公园周边的土地也会增值，更好的工业企业也会被吸引到这里来。他们还说，如果公园用地以传统的住宅小区模式进行开发的话，城镇可能会在交易中蒙受损失，因为在经营中支出将超过
25 税收收入。当地人不为所动。（一位乡村负责人对我说："你们保护主义者就是一群自己拥有开放空间，却不让我们拥有开放空间的城里人。"）

这里存在真正的利益冲突。教育村民要有更广阔的视野，以及在别处开发从长远来看最有利于大众，并没有什么益处。他们渴望开发，而且是立即开发。而且，他们掌握着权力。尽管立法机构代表会重新分配议席，但乡村利益集团在州议会及主要委员会中仍具备足够的代表性，因此倘若乡村利益集团认为他们无法获得公平交易，区域土地利用方案就很难通过。此外，历史证明，这些利益集团在最后摊牌中获得的不仅仅是公平交易。不管怎样，仍要做出妥协，它将有利于都市区。

这就让我们想到另一个关键群体：那些思考和规划都市区的人们。他们以城市为出发点。他们可能住在郊区，有些人或许还在偏远乡村拥有一个周末农场，但其观点还是源自城市中心主义思想。这个观点没什么问题，他们也很清楚免于有关乡村和郊区的偏见赋予了他们自由。但是，他们对待这种偏见的态度所造成的遗憾掩盖了一个事实，那就是他们自身也存在相当强烈的偏见。

例如，规划师认为乡村居民和郊区人群自私地看待开放空间。但他自己对待开放空间的态度也是自私的。他想把开放空间纳入自己的地

图，并认为开放空间最重要的功能是塑造和建构区域发展。他也相信，由于一些原因所采取的任何开放空间措施都是错误的。此外，他还特别关心开放空间是否处于合适的位置。我多次听说规划师担心来自联邦和州的拨款资助会诱使当地社区过早采取行动，他们会在区域土地利用方案得到研究之前征购土地，而这些研究方案关乎哪里的土地需要征购。(实际上需要指出的是，这一点已被证明相当具有学术性。每当就本地开放空间资助申请向规划机构咨询区域可行性意见时，规划师通常都 26
会赞同。)

接受自然设计师和社会科学家训练的规划师并不像乡村利益集团那样关心土地资源和农业方面的问题。他们的土壤保持区、小流域水坝工程和农田保护项目都会让都市受益巨大。但在规划师看来，由于这些工程项目是基于完全不同的地方性目的而建立，其自身利益之间尚未建立联系。当乡村团体在州议会呼吁保护立法时，他们通常是单打独斗。在他们所提措施的立法听证会上，城市人群很少到现场作证支持。他们甚至也不会到场表示反对。他们自己提出的措施也是问题不断，没有任何乡村群体出席他们的听证会。

华盛顿内部同样有明显的分歧。城市和都市区的利益集团把住房和城市发展部当成主要工具，而以乡村和资源为导向的团体则寄希望于内政部和农业部。这些不同的支持者会相互吹捧，有时候建筑商、建筑师和城市规划师会跨界，对农民和土壤保护主义者向农业部提出的措施做出评价。然而，考虑到各方利益间有很大程度的重叠，这种情况很少发生。

作为1961年《住宅法》的一部分，当第一个开放空间拨款项目摆在国会面前时，唯一的支持来自都市利益集团。康乐、自然保护和农业团体对此毫不知情或表示怀疑，因为它与住房开发法案关系密切。相反，《土地和水资源保护基金法案》出台时，康乐和自然保护组织提供了支持，但都市居民却按兵不动。几年后，农业部提出将多余农田改建成休闲区的拨款项目时，他们依旧无动于衷。虽然这些措施均已获得通过，但是很多好的举措和必要拨款都遭遇失败，因为利益相关方没有看到自

27 身利益。

都市居民已经在许多地区实施了雄心勃勃的教育规划，以实现他们所谓的与该地区各方的“对话”，通过各种研讨会和工作坊宣传区域规划，了解居民反应。这样达成的协议可能会起误导作用。参加那些讨论的往往是区域规划的忠实拥护者，或是因为职业原因必须考虑区域因素的居民。然而，控制边缘地区土地的关键少数人群根本就没有表达意见。

人们坚信区域规划可以解决各种利益冲突。这在一定程度上确实不假。即使没有发言权，一个区域规划机构也具有统一的影响力。它可以激励社区采取更为优化的统一分区条例，并在市政问题上给予技术援助。由于这些机构经常被要求通过社区申请州和联邦资助拨款的请求，所以它们有能力让社区开始自己的综合规划工作。

但这只是最简单的部分。当区域规划开始制订主要土地利用方案时，各方开始出现分歧。必然如此。在任何发展规划中，一些社区将成为赢家，另一些社区将成为输家。谁输谁赢？如何补偿输家？或者你能提供补偿吗？

为都市发展设计理想模型的规划师很少直面他们的规划带来的巨大经济影响。其中，那些最为雄心勃勃的规划呈整洁的几何形状，在狭窄地带集中发展带，大面积过渡区域被划为永久的开放空间。然而，如果人们实际采纳了这些规划，狭窄地带的土地所有者将成为百万富翁。拥有沿线绿化地带的人们则被告知要扮演高尚角色，继续保持土地原样——为了区域的整体利益，他们要继续耕种土地和维护景观。

这样的规划具有讽刺意味。即便是精心设计的规划也无法解决不平等发展问题，反而会加剧这种情形。多么好的规划都不能使各个区
28 域——一些区域是开放空间，一些发展工业，另一些进行住宅开发——均衡发展，皆大欢喜。规划必然引起失衡，进行开发时，会有发展最好的地方，也有地方相对保持现状。需要补充一点，没有区域规划，市场力量也会造成此类失衡。购物中心、研究实验室和轻工业——这些最重要的东西——不会分散其税收捐赠，而是跟随着行业领导者，聚集在少数幸

运的乡镇上。穷人或许不会更穷，富人却变得更富。

我用三个村庄的故事来说明这一点。一个是位于哈德逊河西岸的死气沉沉的小村庄康沃尔。当爱迪生联合电气公司宣布将在当地建造价值1.86亿美元的抽水蓄水式水库和工厂时，居民们喜出望外。全镇的资金问题将因为这个项目迎刃而解，不仅税基大幅提升，个税将会降低，而且长期搁置的社区设施建设也得以开始。此外，该公司还将建一座免费的河滨公园。至于工厂将会破坏暴风王山的生态，康沃尔村的居民们根本没有从这个角度考虑过。他们说这个地方将会更美丽。

哈德逊河东岸的城镇却高兴不起来。他们从这意外的收获中什么也得不到，只有输电线路。许多居民强烈认同保护主义者的观点，宣称该项目将造成巨大的美学和资源破坏。

后来，佐治亚—太平洋公司在河东岸的斯托尼波恩特村购买了沿岸一线的地产，宣布将建立一座价值800万美元的墙板制造厂。菲利浦斯镇对此欣喜若狂。该工厂将提供300个就业机会，解决该镇的失业问题。赋税压力也会降低。长期停滞的社区设施建设重新开始。诚然，这座墙板制造厂远比对岸的电气公司显眼，而且还会抢占一个一直被认为是建立州立公园和小型船坞的最佳地点。但是在这种情况下，菲利浦斯镇居民不会看出任何美学问题。

然而，从区域角度而言，这个地方显然不适合建工厂。洛克菲勒州长请佐治亚—太平洋公司另外选址，并表示哈德逊河谷委员会和商务部将提供帮助。令菲利浦斯镇居民惊讶不已的是，该公司同意了。他们 29
在该镇南部数英里外的一个村庄重新选址。不久之后，该州购买了斯托尼波恩特村的大片土地修建公园，从而也把该地撤出纳税清册。一些菲利浦斯镇居民对此感到高兴，而有些人则愤怒不已。不过，该州表示可能支付一些钱代替税收，这倒是很好地安抚了他们。可他们想要的还是工业。

最终是谁赢得了佐治亚—太平洋公司的工厂？是布坎南，一个早已赚得盆满钵满的小村庄。该村税基比例相当高，堪称“哈德逊河畔的科威特”。首先，爱迪生联合电气公司在这里建了一座价值2 000万美元的核电厂。凭借这个纳税大户，村里施行了野心勃勃的公共改善项目，同时削减税收。其次，该公司还在第一座核电厂旁边建立了第二座核电厂，之后才迎来佐治亚—太平洋公司。而就在同时，爱迪生联合电气公司宣布再建一座核电厂。目前，布坎南正在规划新一轮公共改善项目。还在寻找工厂的菲利浦斯镇的居民们认为这一切非常不公平。

这确实不公平，但这些不平衡在都市区是正常现象，不是例外，区域规划对于这些不平衡也无计可施。一位区域规划师表示："只要每座城市周围都存在难以逾越的障碍，合理的土地利用规划就没有任何机会。我们可以制定规划，却没有办法让地方政府去从事他们不想做的有关规划的任何事情，除非他们能分得一杯羹。"

为什么不彻底脱离当地政府呢？有人认为只有这样才合乎逻辑。如果无法排除当地政府，至少应该有一个凌驾其上的区域范围的权威，有权强制执行合理的土地利用政策。但是，超级政府似乎并不适合大都市地区。此外，即使成立了超级政府，也无法解决基本的不公平难题。如果地方政府遭到排除，当地人的嫉妒情绪也不会消失。如果地方政府
30 真被排除，当地人很可能会以不同的名义重新成立政府。

问题不在于地方政府的多样性，而是地方税区的多样性。地方官员希望工厂和购物中心创造就业机会，他们更想要的是额外税收。如果他们能确保自己社区将得到这些收入的合理份额，他们可能不会很介意工厂和购物中心的实际位置。在某些情况下，他们可能也很乐意工厂和购物中心确实位于别处。（例如，如果菲利浦斯镇得到承诺，可以获得布坎南村税收收入的一定比例，居民们可能会重新考虑墙板制造厂的情况，并且认为布坎南村就是合适的选址。）

简而言之，我们必须想办法分配这笔意外之财。其中一个方法是扩大地域税基。作为一项制度，地方财产税非常固定，但我们可以期望把税收更多地转向县、特区和区域一级，这是合理的。另一种可能是成立一个区域范围的机构，评估和征收财产税，并为地方政府的纯地方服务提供酬金。随着时间的推移，各州可能会直接参与管理。

我们也可能会看到各种给地方政府提供补贴的新机制，一方面可以

平衡发展中的不平等，另一方面可以激励区域规划。面向地方政府的联邦拨款项目正在实施中。无论每个项目最初目的为何，它们都迅速发展成为重新分配收入、促使当地与都市机构合作的工具。他们在这方面的影响力可能会提高。规划师威廉·惠顿沿着这个思路提出一个建议，设想建立一个“都市服务改善区”。改善区不是大都市区政府，惠顿也质疑大都市区政府的可行性，但它是一个通过分配资金来改善当地服务的载体，而且其中大部分资金来自联邦政府。

有人仍然相信大都市区政府可行，而且是唯一的解决方案。多年来，人们一直在深刻而详尽地对此进行论证——关于大都市区政府的最新文献共有536页，这仅仅是一份补编材料。这个理念目前还没有被理
解和接受，将来很可能也是如此。但是，人们还会继续寻求与大都市区 31
统一，而且会以一种凌乱但务实的方式制定相关措施。大多数市区已经成立了地方政府委员会，其中一部分已经开始发挥作用。县政府则扮演着更为重要的角色。随着县级等更高层级政府单位的参与，越来越多的“承包”业务可提供全区域范围的服务，而这些服务之前由地方政府自己提供，但效率较低。

一直以来，各州并不积极参与或者提供帮助，于是城市便绕过他们直接向华盛顿寻求帮助。然而，改变势在必行。这也是由政治和地理决定的。随着各州越来越多的土地和选民融入都市地区，各州必须承担起城市事务中的调解责任，并且重新掌握分区等他们此前拥有的多项权力。许多州都不会在它们与城市、县城之间新设一级政府，实际上他们自己就是大都市区政府。

这些改变正在缓慢发生，但同时我们也必须就土地利用做出决策。在下一章，我会介绍保留开放空间的主要方法。可以确信的是，面对当前的政治现实和根据现有的工具，我们还有很多可以完成的和需要完成的工作。同时，我也相信，运用这些方法我们将会推动大局改观——还
没有找到更好的方法。 32

措　施

线 描

第三章　治安权

虽然保留开放空间只是这项工作的一部分，但也是应对都市发展基本问题的好方法。对于所有的方法，基本技术问题可归结为：我们可以在多大程度上使用治安权来优化土地利用——以及在多大程度上必须使用土地征用权，即征地补偿？当然，我们必须同时采取这两种措施，此外还有其他工具，例如税收权和提供或取消服务的权力。然而，根本问题在于是否补偿。

从广义上说，社区可以行使治安权来处理土地利用问题，以确保人们利用土地时不会损害公共福利。例如，社区在官方地图上绘制了未来街道的位置，所以人们不会在街道上建设房屋。根据住宅小区规定，社区制定最低标准，保证房屋安全，以及街道和人行道的宽度。

对于开放空间，最有效的治安权处理方式是分区。根据分区条例，社区可以决定哪些土地不可以开发，可以开发的区域内每栋建筑应占多大空间。与治安权的其他应用方式一样，分区不会让政府承担任何成本，至少看起来不会。法院如今也不断支持治安权的广泛应用，不久以前还强调地产权，现在越来越重视社区的需求，甚至公开表示美学是分
区应当考虑的合理因素。 35

一般而言，分区被用来保护公众的健康、安全、道德和共同福祉。在此标准下，我们似乎可以毫无限制地创造各种有益的土地管理形式。实际上，目前分区主要用于保护地产利益。首个综合分区条例之所以出台，是因为第五大道的一批商家不希望看到服装工厂破坏了这个地区的整体特征。这些商家领先于他们的时代。然而在其他地区，为了打击自

由企业，保守派坚决反对分区理念，但他们逐渐开始意识到分区在遏制自己所讨厌的自由企业方面的巨大作用，而且分区有助于遏制那些违背共同福祉的行为。20世纪40年代，几乎所有的主要都市地区都建立了分区（休斯顿除外，它仍在坚守）。

分区管理一片混乱。大多数分区地图就是奇怪形状和神秘文字的大杂烩。在一些城市，大幅修改过的分区地图已经无法准确辨认。即使是一幅清晰的地图也与本地区的总体规划相去甚远。“抛开所有规划术语，”理查德·巴布科克在《分区游戏》一书中说道，“分区管理是一个由多个孤立的社会和政治单元参与，就土地利用发生激烈情绪斗争的过程，这些纠纷大都以原始部落对中世纪火刑的改编方式解决，只有少部分根据法庭制定的混乱的临时禁令解决。”

分区似乎总是一个迎接美好时光的工具。规划师与产权人对于分区的看法有所不同，他们一直要求更为广阔的和面向公众的分区应用，并且成功地加强了其他形式的治安权，例如官方地图和新开发规范。新型分区层出不穷，可以想象它们不久以后可以成为功能强大的区域设计。不过，分区的前景难以预料。大多数情况下，分区尚未走出第一阶段。在大多数社区，特别是郊区，分区是一种精心设计的机制，可以确保
36 令人满意的现状或未来。

我们首先从大地块分区说起。这是郊区居民期望运用治安权保留开放空间的主要手段。最小地块面积有很大差别——对某一社区而言似乎很小的一个地块在另一个社区却显得很大——但一般而言，它们是当地物价和收入所能要求的最大面积。一些社区会更进一步，建立了“绿化带”区，但这只是委婉说法，大部分在当地土地利用地图上看起来非常不错的“绿化带”区段，通常只不过是四五英亩或略大一些的大地块分区。

我在前一章已经指出，大地块分区无法保留开放空间，反而会造成浪费。通过强迫开发商使用大地块建造小型房屋，社区迫使开发商耗费了更多的开放景观。住宅并没有建造在邻近的几小块土地上，而是分散

在各处。

当然，大地块分区的真正目的是让居民远离社区，至少是针对收入低于大多数人的居民而言。大地块分区在此方面效果显著，但长此以往，这种成效可能会付出很大代价。社区可能会避开开发商和中等收入人群，但他们很快就会填补空白，而社区认为理所当然据有的周边景观将会消失。社区不会被渗透，而会被包围。

目前，法院对于大地块分区意见不一。有些已经取消了1英亩分区，有些则维持4英亩分区。在解释公共福祉方面，各调查结果差异很大，因此不可能达成明确的一致意见。然而，总的思路是：多数法院都认为无论如何定义，公共福祉取决于每个特定社区的看法。

狭隘主义是地方分区的一大缺陷，因此法院不可避免地要以更广阔的视野看待公共福祉。各类事件也迫使他们不得不这样做。如果郊区所有分区条例一起生效，并得出合乎逻辑的结论，那么任何人都无法拯救市区或外围地区。如果将分区条例强加于郊区，法院会越来越难以接受以公共福祉作为将公众排除在外的正当理由。 37

大部分郊区已经卷入抵制花园公寓的拼死一搏，更为严峻的对抗也即将到来，例如活动房屋。这些都是体面的社区最不愿见到的，而且大多数分区条例对此也没有相关规定。然而，作为迄今为止唯一真正大规模生产的住房，活动房屋占整个国内市场份额的比例急剧上升，并将很快成为低收入人群住房的主要形式。

最后的障碍即将消除。如果法院不解决大地块分区问题，它就会由市场解决。高密度开发面临着巨大的经济压力，而且这种压力将越来越大。如果一个人能将他的地产从2英亩地块划分为1英亩，那它的市场价格就会立即翻倍，甚至更高。如果把这些地块划分为半英亩或更小面积，那么价格可以上涨1 000%以上。

对于这种意外之财的期待会使很多人持更加民主的观点。重新分区的压力很大却经常能成功，这并不稀奇。稀奇的是，地方政府一直没有为了其中的利益而介入分区。例如，他们可以对重新分区的地产增值额外征税。马里兰州乔治王子县的委员们提出这样一个提案：如果一个人的地产被重新分区以便建设更多的住宅单元，县里将对重新分区前后的市场差价征收特别税。到目前为止，马里兰州议会对此反应冷淡。

对此，未来资源研究所的马里恩·克劳森提出了一个更为全面的建议。他建议把分区卖给出价最高者，并表示“对于因其地产受到不利影响而可能遭受损失的居民的分区案例，我们已经做出了很多努力。但是，我们很少认识到，分区和重新分区常常能给一些产权人带来价值，有时甚至是非常巨大的价值”。公众创造了这些价值，而不是土地所有者。
38 公众应该以有竞争力的价格公开销售分区土地来补偿价值，这样可以减轻分区委员会的政治压力，使得官员免受诱惑，让市场机制充分发挥作用，并补充当地的财政收入。这样做离谱吗？仔细想想吧。克劳森如是说。

不管是不是意外之财，旨在更高密度开发的重新分区应该可行。问题在于要求重新分区的人们。在大多数社区，他们似乎成了与善良力量对抗的贪婪力量。有责任心却保守的市民会支持大地块分区。反对的人群包括开发商，他们衣着得体，偶尔穿着马球外套之类的衣服，一两个想要提高自己土地价格的当地权贵，以及某位似乎仅凭个人薪水也能过好生活的官员。开发商会搬出自由主义者和城市规划师的论据，辩称他的小型住房、花园公寓或公寓大楼最适合中等收入人群的需求。显然，他对金钱很感兴趣，但是重新分区在很大程度上悬而未决，因此这便成了一件摆不上台面的事情。然而，事实上解决大地块分区的最终力量并不是开发商，而是来自人们寻求住所的压力。

从长远来看，这会得到解决。我们很可能会适时出台关于**最大**地块面积的条例。如果社区愿意接纳更多居民并保留开放空间，就必须反向行事，要求开发商使用更少的土地建造房屋。簇群开发形式的相关步骤已经开展。

但是，分区开发无法保留大量开放空间。分区开发最多可以帮助我们提供更充足的游乐区域，更好地处理住宅小区的开放空间，以及地形的敏感处理。然而，它不能保护乡村。为此，社区必须依靠以某种方式

来禁止开发的分区方案。在此，我们已触及非常棘手的本质原因。真有
必要为了公共福祉抵制分区土地的开发吗？或许只是一厢情愿？ 39

有一类土地的分区非常明确：临近江河、溪流的冲积平原。巧合的是，冲积平原很可能是大多数当地景观中最美丽的部分。如果仅基于美学因素进行分区，冲积平原往往是最为重要的区域。不过，作为与安全攸关的一种公共必需之物，冲积平原能以相当客观的理由进行分区。冲积平原就像一块巨大的海绵，它在雨水和洪水来临之际吸收大量的水，并将其中很大一部分输送到地下水层，在之后的几天或几周时间里慢慢释放出剩余部分。

冲积平原上的建筑对人们有害。不仅是那些住在被淹房屋里的不幸者，还有下游的居民。当冲积平原上布满街道、房屋和停车场，其流水量会大大增加，排水设施则如同“虚设”。平均1 200平方英尺的屋顶将在1英寸降雨量中排出750加仑的雨水。加上这是住宅小区的屋顶，一个名副其实的洪水生成机制便这样形成了：单独的雨水径流在渗入地下之前就被屋顶拦住，之后通过下水道、水槽和泄洪沟，汇成一股洪流，顺势而下。

冲积平原分区显然合理行使了治安权，并得到法院的支持，但其应用情况相当不稳定。这取决于地方政府，很少有人在意下游地方政府。在我们都市区，只有一小部分冲积平原得到合理分区，即使已经分区的部分也容易受到寻求变化的开发商的破坏。

冲积平原能够创造很多财富。部分原因在于洪水灾害导致土地很廉价。冲积平原地势平坦，方便建筑。如果冲积平原低于洪水水位导致社区略感紧张，开发商一般会建造小型堤坝保护该地区，缓解忧虑情绪。这反而进一步加剧了下游社区的受灾风险，令下游居民担心。

人们普遍认为社区越来越不必为此担心。由于大量水坝已经开建，
公众觉得洪水危险正在减小。但事实恰恰相反。社区允许开发商对冲 40
积平原进行防水处理，这种做法却加剧了潜在的洪灾风险，远非工程师建造大坝可以补救。无论是洪水灾害，还是原本并不需要建造的水坝的成本，公众都为此付出了巨大的代价。在冲积平原上修建一个购物中心

和一个停车区就可以产生足够大的额外径流，因而也产生了建设价值50万到100万美元防洪工程的需要。公众则为此全部买单，并且还向开发商提供补贴，以建造本不需要的建筑。

冲积平原分区应该强制执行，而且联邦政府和各州都有权监督。它们可以告诉地方政府，只有不把冲积平原划作开发区，它们才能获得更多开放空间和供水设施拨款。如果地方政府不采取这个成本极低的基本步骤，那么它们将没有理由获取拨款来弥补自身玩忽职守所导致的损失。

如果地方政府不能保护更大的公共利益，各州应肩负起这个责任。它们有基本的治安权，尽管已经把执行权转交给地方政府，但是有迹象表明各州越来越多地承担起这项工作。康涅狄格州在这方面做出了表率。传统上该州各城镇非常独立，而这也正是造成该州洪灾严重的部分原因。它的许多城镇直接建在洪水水道上。每次被洪水破坏之后，这些城镇都会在原地迅速重建，从而加剧了下一次洪灾的破坏力度。然而，1955年极具破坏性的巨大洪灾使该州最后决定，这个重要的公共权力不能由城镇独立自行决议。州议会为主要的溪水和河流启动了“渠道侵入线”项目。基于以前的洪水资料，州水资源委员会勾画了延伸至溪水和河流沿岸以外的主要泄洪区域。这些线路一旦确定，除非经该州特别授权，任何人都无权在这些区域进行建筑。根据水文调查资料，划定每一
41 英里线路费用约为6 000美元。这些数据为沿线提供了法律依据，保证项目符合宪法程序。康涅狄格法院表示划定这些线路的过程中没有任何专断或者任性的行为。

这个项目与冲积平原分区不是一回事。该州关注的是清除泄洪渠道的障碍，使其形成一个可以连通海洋的通道，而且渠道侵入线不会延伸到整个冲积平原。但是该州还支持了一个更广泛的计划，地方政府已把自己的分区覆盖到冲积平原的其他地区。康涅狄格州的经验表明，地方政府欢迎强有力的领导，而强有力的领导会抑制而非激发地方的主动性。

一些地方政府的冲积平原分区已超出合理范围。不少地方政府认

为，分区不需要任何成本，但这并不是事实。土地所有者要为此付出很大代价，如果真是这样，社区也要付出代价。重要的是，如果冲积平原保持开放，公众可以从中大大受益，但法院也必须权衡分区可能对私有地产价值所造成的损失。一般而言，公众受益巨大，地产损失轻微，而且不存在违法的问题。可是有时候，分区可能会剥夺地产的实际用途，除非所有者情愿将土地作为鸟类保护区或类似“用途许可”，那他就可以正当地表示自己的地产遭到了剥夺。由于地产价值遭受损失，他担负了本应由公众承担的费用。在这种情况下，法庭可能会认同他的意见，判定分区违反宪法。

这些判决消息让人们以为法院一般都会反对冲积平原分区，但事实并非如此。法院关注的是具体细节，他们并不反对冲积平原分区，而是反对社区借由冲积平原分区免费得到本应付出代价才能获得的利益。

许多社区一定做过相关尝试，包括突然发现某个区域是冲积平原，
但是多年来从未表现出保护这一区域的丝毫兴趣。这里可能已经被划 42
为住宅区，还对其进行了细分。不过，社区不会执着于住宅小区的想法。学校税负已经一发不可收拾，而且情况越来越糟。社区突然注意到这里的生态环境，并指定该地区为冲积平原。法院可能会认为这不合理。社区最近对于环保的关切显然并不真诚。它只想停止兴建住宅小区。

在康涅狄格州的一个案例中，社区评估了一处住宅小区地产，用来铺设新的下水管道，之后将该分区从住宅改为冲积平原，导致地产价值下降75%。更改分区时，法院认为保留开放空间虽然是一个值得称道的目标，但社区不能通过牺牲地产权来实现这个目标。法院还表示，这是行使土地征用权的适当案例（杜利诉费尔菲尔德县规划分区委员会案）。

在一个类似案例中，费城某郊区乡镇将一块细分土地上未开发的部分从住宅分区改为“冲积平原保护区”。法院认为该地偶发洪灾的主要原因在于一处路堤下面的排水涵洞过小。于是，法院建议增建一个更大的涵洞。至于分区的开放空间目标，法院认为这既合理又合法，只是达成目标的方法违法。法庭判定“这些方法试图以治安权为借口，实际行使土地征用权却不给补偿，因此违反宪法”（霍夫金诉怀特马什镇分区调

整委员会案)。

在大多数案例中，冲积平原分区既得到了合理运用，又在法庭上站得住脚。可是即便如此，一个明智的社区还是不会过分地依赖分区。冲积平原也要派上用场。如果冲积平原只是被闲置，那么闲置区域一定会被填满。由于无人购买，避免用途改变带来的压力的最好方法是鼓励兼容使用土地。据我所知，有一个社区扮演了冲积平原分区的地产经纪人角色。几年前，有一块大型地产面临出售，一位企业家买下这块地并建
43 了商业高尔夫球场。偶发的洪水几乎没对绿地和高尔夫球道造成破坏，相反还帮助削弱了下游洪水量，人们享受高尔夫运动，土地所有者赚取利润。这种分区执行得相当好。

沼泽和沿海湿地也应受到保护。在大多数地方分区条例中，它们仍是无人区，而少数督促拯救它们的市民通常被认为是狂热的观鸟爱好者。对于大多数人来说，沼泽就是一片荒芜之地。每当带着围填沼泽方案的开发商出现时，官员们就会因为有机会增加税收收入而喜形于色。

湿地分区对开发的敌视程度与冲积平原一样强烈。湿地是更大的海绵地区，对于野生生物而言同样至关重要。作为世界上最具生产力的食品产地之一，沿海湿地是海洋生物的温床，尤其是贝类，而且不需过多疏通或排污，也不会造成不可逆转的伤害。在新英格兰，著名的奈安蒂克湾扇贝几乎完全消失，下一个消失的可能是伊普斯威奇和埃塞克斯的蛤蜊。

猎人和渔民已经与保护主义者达成一致，支持公共购置湿地。尽管保留这些土地的最好办法是把它们买下来，但是最起码应该对这些土地进行分区。如果地方政府对此不作为，州政府和联邦政府就应采取行动。马萨诸塞州在这一方面迈出了重大一步。根据最近颁布的法律，该州自然资源部已享有对沿海和内陆沼泽地的广泛治安权。如果土地所有者想要沿溪流、池塘、海湾或海岸挖掘沼泽或填筑堤岸，他必须向州自然资源部提交计划存档备案。如果发现破坏自然环境的情况，政府则可要求其修改计划。这样做是为了应对各种危机局面，而且该州已经面临

了众多危机。为防止危机发生，该部已经获得授权为当地沿海湿地分区制定标准，并在必要时实施更严格的规章制度。如果土地所有者认为这些规定过于严厉，等同于政府获取其地产，他可以上诉到法庭。如果法院同意，该部可以购买土地或依法征收购买地役权。到目前为止，该部 44
还没有必要购买土地。

威斯康星州也采取了大致相同的方式来保护溪流和湖泊沿岸的土地。根据1966年的法规，该州将湖区沿岸和冲积平原区内的土地使用权从城镇委员会转交给县委员会。同时，该州还制定了县委员会应遵守的条例规范。如果县委员会不遵守规范，该州将亲自进行分区。

有人建议出台类似立法来保护高速公路立体枢纽。联邦政府原本有机会在启动州际公路系统时强制执行此类保护措施，可是他们却选择放弃。由于缺乏限制，地方政府一直纵容甚至鼓励商业开发，因此导致道路拥堵。由于道路立体枢纽一般是由驾驶人使用和付费，威斯康星州应通过合理分区来保护这些驾驶人的利益。如果地方政府不履行责任，该州应亲自进行分区。虽然相关立法尚未通过，但也即将出台。

在为所有土地建立州级分区方面，夏威夷州已经迈出了很大一步。该州将土地分为四类——城市、农业、乡村和自然保护——理论上，这种分类具有强大力量以防止土地利用与特定分区不一致。不过，夏威夷是个特例。该州有一些非常大的地产，而且土地所有者欢迎分区，同时该州还承诺税收稳定。现在预测这种分区的长期表现以及在其他州的适用性还为时尚早。

大多数州可能主要倾向于采用备用分区，但这种分区的威慑作用可能比它的实践更有价值。夏威夷州的主要贡献是为地方政府制定分区标准，并使它们认识到公共利益大于邻近社区的利益。

联邦政府也将出台更多鼓励措施。到目前为止，联邦政府并未对其拨款附加太多限制，但对于大多数拨款，也确实要求各社区制订一个综合方案。正是由于拨款资助的是综合方案，为社区谋求更多拨款的书面工作并不主要由社区承担。联邦政府一直没要求各社区对它们的方案 45
有所作为。但是从现在开始也会有所要求。那些反对联邦政府拨款的保守派一直声称他们已经取得初步进展，政府不久将会出台更为严格的拨款规定。他们说得很对。

一个县委员会对出台更加严格的规定发挥了作用。这便是马里兰州蒙哥马利县委员会，而这也并不意外，因为很多联邦官员在此居住。这是一个非常糟糕的委员会。该委员会虽然已经被选下了台，但在新任委员接管之前的几天内，这些即将离职的官员们进行了一次突击性重新分区，批准了开发商提交的一系列重新分区申请。在此过程中，已被指定为开放空间保护区的约2 000英亩土地被重新划分为高密度商业和住宅开发区。

被激怒的联邦机构采取了行动。住房与城市开发部宣布中止对该县开放空间和污水处理项目约计1 000万美元的拨款。农业部也撤回了一个小流域康乐项目的拨款。内政部长斯图尔特·尤达尔攻击该委员会为“一个沉闷的分区律师和政治调停者小团伙”，并威胁要尽其所能维护联邦政府的设施和资金，除非新委员会能处理好这些问题。正如《华盛顿邮报》指出，这一报复过于严厉，而且新委员会也会撤销之前的分区行动。但联邦官员认为如果不能严厉处理这个案件，他们在任何案件中都会束手束脚。然而，事情的关键在于他们确实采取了行动，他们对此感到高兴，将来还会更多地采取此类行动。

另一个先例是设立科德角国家海岸。一些城镇极力抵制大规模购置理念，但经过长时间讨价还价后还是达成妥协，结果令人满意。联邦政府同意，如果这些城镇能够做好额外土地的分区以抵制无法兼容的开发，那么就不强制征收这些土地。联邦政府提出标准，而城镇也将这些
46 标准纳入它们的分区条例。了解科德角及其居民的人们会认为这是一个巨大的成功。如果这样的安排可以在科德角奏效，那在其他地方也一定具有极大潜力。

区域机构将在分区中发挥更大的作用。纽约的乔治湖公园委员会等一些机构有权直接分区。但无论是否获得授权，大多数区域机构几乎都无法直接分区。它们不具备足够的政治权力基础，却具有相当的影响力，可以非常有效地制定标准法则，并说服地方政府采用，使其规章程序

更加统一，而且其标准更能代表该地区的利益。

到目前为止，我们一直在讨论公共福祉受到明显威胁的各种土地的利用情况。如果河流沿岸和湿地被开发，公共利益便有可能受到损害。这与美学并不相关，却涉及公众的健康和安全，因此我们有充分理由合理运用治安权来保护这些土地。

不过，土地之外的山地草原、山坡、树林又该如何保护呢？是否可以利用治安权来防止开发？很难证明如果这些土地得到开发，公共利益就会受到损害。如果不开发，这里的景色可以更美，但理由并不充分。想要使用治安权，就必须证明保持土地空置的公共利益至关重要。即便如此，严峻的法律问题仍然存在。

但这并没有阻止一些社区进行尝试。通过建立“自然保护”或“开放空间”区，他们认为即使无法阻止，也可以成功地延缓大部分乡村开发。他们承认自己极大程度地使用了治安权，但也认为法院最终会认同他们的想法。与此同时，他们会保留大量土地。在我看来，他们的想法不对，但是能做这些实验终究是好事。如果实验不奏效的话，我们也会知道什么才是更好的方法。

这种方法的最好例证是农业分区。农业分区的例子极具吸引力。47
农田是我们大多数景观的核心所在，如果农田能得到保护，仅基于美学原因公众就能获益。不过，我们还需要更强有力的理由。有人认为基于经济和资源价值，农田保护不仅是众望所归，而且势在必行。我们都市周边的农田往往是最好的农田，土地肥沃，地形也最经得起检验。但开发商首先看中的正是这些不可替代的优质土地，而非边缘土地。每个人都会沦为输家，却输得没有理由。从前，设立专属区域就是用其保护住宅区和工商业区。为什么没有农业专属区域？

加利福尼亚州的圣克拉拉县率先实践了这一理念。它这样做是有特殊原因的。该县平坦山谷上数英寸深的土壤是世界上最肥沃的土壤，直到第二次世界大战后不久，该山谷几乎完全致力于集约化的特产——作物农业。之后，由旧金山南下的住宅开发商开始涌入山谷。到了1954

年，这个区域已经是一团糟。住宅开发商虽然只占据了一小部分土地，但是他们蚕食般的不断占据土地，结果农场和住宅小区都混在一起，对两者都不利。

农民陷入了两难之地。新的住宅小区大大增加了地方政府的服务负担，此外，数千名新生涌向各个学区。农民与新增加的服务负担本无关联，却也同样为此缴税。厘计税率（Mill rates）上涨。更糟糕的是，土地价格也在上涨。与大多数农田评估员一样，该地的评估员仍根据农业价值对农田进行评估，但他们也承受了将估价提高到更接近实际市值的巨大压力。

农民与县规划委员会合作制定了专属农业区的规划。在一些地区，农场已经支离破碎，几乎不可能以农场的形式继续存在，但还是留下了很多相对较大的区块。这些块区被设置为“绿化带区块”。“绿化带区块”范围内只能有农业——没有住宅小区，没有商业设施。这些指定分区能够让评估员较为容易地继续将这些土地仅作为农田进行评估，同时
48 也可以终止当地政府兼并农田并将其纳入税收框架的做法。为了确保这一点，农民前往该州议会要求出台立法，结果出台的相关法律规定当地政府不能违背农民意愿兼并土地。

这个方案运作良好，持续了一段时间。到1958年，大约4万英亩农田接受了分区，到了1960年，这个数字已经达到7万亩。此外，县规划师将数个高尔夫球场和一个机场纳入农业区，认为这些用途能够高度兼容。关于这项实验的消息不胫而走。加利福尼亚州的其他县，尤其是那些拥有极具特色的农作物的县，例如萨利纳斯山谷莴苣农场等，开始应用专属农业分区。几年后，中西部和东部的农场团体开始认识到这种分区的可行性。于是，各种形式的农业专属区在许多地区得到应用。

然而，最先实行农业专属区的圣克拉拉县开始出现分歧。农业分区保留了大块完整的土地，这也是开发商如今最想要的结果。他们不断提高报价——高达每英亩3 000、4 000甚至5 000美元。农民开始陷入深思。他们自己已经进行了分区，也可以自行取消分区。此外，他们还可以请求最邻近的城市兼并自己的土地。他们接二连三地开始这样操作。

那些一开始就摒弃了农业专属分区理念的城市则竭尽全力提供帮助。如果某个农场距离遥远，他们就会擅自篡改边界以接近那个农场，有时甚至沿着几英里道路蜿蜒曲折地达到这个目的。到了1965年，农业区已经减少了5 000英亩土地，到1968年又减少数千亩。

县规划师明显意识到这种分区已经无法长时间保持土地的开放性，所以他们坚持采取其他方式。他们很高兴自己进行了尝试，否则不会有太多开放空间用其他方式得以保留。如果你在一架从南部飞往旧金山的飞机上往下看，就会发现几大片原始分区的绿色片区。不过，它们是残余下来的农业分区，而还在继续耕作的农民已经把自己置于最为微妙的处境。（地价目前上涨至超过8 000美元1英亩。）他们还会坚持多久？无论做出什么决定，分区都控制不了他们。 49

在圣克拉拉县，取消分区要费一番工夫。在大多数其他区域，农业分区主要是命名问题，旨在尽可能给评估员留下深刻印象。如果一个农民想要细分土地，他只需要请求改变分区就可以了。很少有改变分区的请求遭到拒绝的案例记录。多数情况下，农民甚至不需要请求改变分区。大多数农业分区是累加的，允许农地和住宅小区划分为1英亩或2英亩的地块。

地产分区具有同样的缺陷。有时候一批大片土地的所有者会将他们的土地划分为开放空间或保护区，而所有开发仅限于10英亩或稍大一些的地块。这种指定分区曾经十分符合土地所有者和社区的利益，对土地所有者征较低的税，社区暂停兴建住宅小区。然而，当土地所有者决定开发时，他们不想对10英亩的地块标准有任何废话。他们希望改变分区，社区也无力指责。这种分区不是行使治安权，而是承认现状。如果让它改变，分区就将分崩离析。

为什么不直接进行美学分区？许多以自然保护名义完成的分区实际上与美学相关，而且有人认为现在是时候直接进行挑战。对此，法院似乎更为认同。在推广公共福祉概念的过程中，法院越来越重视社区的外观。作为一个相对较新的分区形式，历史街区分区主要是出于美学原因，并且得到了法院的支持。

然而，真正新颖的是坦率。多年来，社区基于美学目的执行分区规定，虽然他们给出各种理由证明这样做的正当性，却没有给出真正的原因，而法院也只是尽力附和。“讽刺的是，”规划师兼律师小诺曼·威廉姆斯表示，“大部分有关美学的小题大做和法律问题都来自对最丑陋事
50 物的调整，例如，广告牌，而且之所以有更多严厉的规定得到支持，是因为他们真正关注那些通常更容易接受的事物。”

如今，法院变得越来越坦率。他们的态度转变对于广告牌管控尤为重要。不久前支持反广告牌条例的法院痛苦不堪地做出各种解释，就是为了避免说出那个显而易见的原因。条例之所以得到支持，原因就在于广告牌可能会滑落砸到路人，或者广告牌的背面会成为情侣幽会的地方，有违公共道德（相似的是，加利福尼亚州法院支持反对海滨棚屋的条例，并指出棚屋下面可能诱发猥亵行为。）

在佛蒙特州做出禁止广告牌的关键决定之后，法院便更为直截了当地坚持广告牌分区，其主要依据是公众享有眺望权。毕竟是公众创造了景观，铺设了公路，而不是土地所有者。反广告牌分区并没有剥夺土地所有者的任何合法权益。但是，如果他搭建广告牌，他就公然侵犯了公众的眺望权，而禁止搭建广告牌正是治安权的合理运用。

当然，应用治安权又是另外一回事。广告牌工作人员非常狡猾，他们以各种方式阻止政府实施理论上非常简单的行动。例如在《公路美化法案》中，立法者对于广告牌工作人员的同情仅限于一个条款，其中规定，虽然抵制广告牌分区完全合理，但在某些地区已经搭建广告牌的土地所有者应为放弃自身权利而获得补偿。这项条款间接削弱了广告牌分区的整体原则，所要求的补偿也远远超过政府拨款委员会批准的数额。不过，并没有一切尽失。面对所有这些倒行逆施的举动，政府的行动重点很可能是加强控制。大多数州没有尽可能多地针对广告牌应用治安权，但他们有充分的理由应用治安权，而且一切迹象表明法院也会支持他们。

51 一般而言，土地管理上的巨大突破似乎是1954年最高法院对伯曼诉

帕克案的裁决。这个案例源于华盛顿哥伦比亚特区的一个再开发项目。伯曼是当地一家商店的店主。在他的地产遭到征用时，他以房屋状况良好，不应该被拆除以建造规划师认为更好的建筑为理由上诉。法院则坚持征用。用法官道格拉斯的话说：

> “公共福祉概念广泛，它所代表的价值观既是精神的又是物质的，既是美学的又是金钱的。确保社区既美观又健康，既宽敞又整洁，既均衡又安全，这正是州议会职权所在。”

对于规划师而言，这很振奋人心。有些规划师兴奋不已地解读这句话的含义。不过，伯曼诉帕克案并不是分区案例，而是有关土地征用权的案例。伯曼的地产确实得到了赔偿，但这一点却被那些认为该判决是号召以治安权实现美学价值的人忽视。然而，这一判决有助于扩大公用**目标**所涉及的内涵。在明确接受美学价值观的同时，它开启了政府更自由地利用土地进行建筑的大门。

但是治安权应用也有限制。总而言之，公众为保护开放空间可以适当阻止冲积平原上的建设，防止湿地和沼泽被围填，防止土地所有者封锁公众创造的公用事业用地沿线的景观。在这些案例中，公共福祉都受到威胁，只要土地所有者没有受到分区的不公正待遇，他就没有理由因为不损害公共福祉而得到赔偿。

远处的土地就是问题所在。我们可以按照自己的意愿给土地指定分区——风景保护区、环境保护区、农业区等——只要土地所有者不在土地上施工建筑，我们就可以假定我们成功地应用了治安权。但是我们并没有。当这个假定经受考验时，我们将不得不退缩。如果我们试图坚持下去，就等于告诉土地所有者，自己正在违反彼此心照不宣的共识。52
但现在我们不再睁一只眼闭一只眼——我们认定土地所有者的土地如果不开发就能保持良好的状态，他们也应该乐意去保养土地。土地所有者则会愤慨地表示自己上当了，因为我们正企图无偿地占用他们的土地。我们确实会这么做的。

我们已超越了治安权的范围。在努力保留开放空间的同时，我们寻求绝对的好处，而不仅仅是没有害处。这正是治安权与征用权之间的重要区别。我们不能强迫治安权带来好处，因为如果我们强迫土地所有者放弃合理的赔偿，他们就要承担公众本应该承担的费用。法律在这一方面非常明确。如果我们想要得到好处，就必须付出代价。

治安权与征用权之间的区别无法回避。我们完全可以说这种分区能争取时间。但是为什么要争取时间？虽然新的法律法规最终会出台，但到那时土地早已失去。过度应用治安权的问题在于，它在一段时间内似乎有效，但我们忽视了必须使用其他手段才能解决的真正利益冲
53 突——立即行动的紧迫性。

第四章　完全地产权

保留土地的最好办法就是直接把它买下来——或者用法律术语表示，购买完全地产权。如果不能直接购买，还有很多其他方法来保留土地，之后我会详细介绍——特别是传统的地役权。但显而易见的是，对于任何永久的开放空间规划，公众必须拥有资金和权力才能通过相关机构购买土地。这种权力的存在与所有其他措施产生极大的关联。如果地方政府具有依法征用权，它就很容易说服土地所有者和开发商进行合作，因此，依法征用就不再必要。棍子越硬，就越不需要使用它。甚至还会有更多的捐赠土地。拥有经常的公共购买项目的社区通常也具有最有活力的私人项目。

公共采购也许是最古老的土地保留措施，但直到最近人们才普遍认识到政府不能购买土地，除非公众促成这块地投入使用——例如建公园。法院一直坚持更为广泛的观点，认为公共目标导向不一定要求公共用途。各州最近出台的开放空间法进一步澄清了这个问题，具体指定了大批可购买土地以及其不同的公共或私人用途。在多数城市化的大州，为了满足公共目标，地方政府可以购买土地，但是要保证土地的开放性，无论公众是否参与——如湿地、高产农田、风景优美的土地等。开放空间法还包括了对保护水资源有价值的土地——这一类别包括了几乎 54
任何一块土地。

政府可以购买土地，在一定条件下将土地卖回给原所有者或新的所有者。也可以购买土地后，将土地租赁出去。政府可以将采购期限延长至十年或二十年以上，在允许土地所有者仍居住在土地上的同时进行分期付款。这种土地购买方式有无限可能。到目前为止，各种措施及其组合没有受到太多关注，但是我在下一章里讲到的那些可能性会相当令人振奋。

如今，真正的货币终于派上用场。理性的保护主义者认为资金远远不够，资金确实不够，但是已经比以往任何时候都要多。首先，1961年，联邦政府启动了开放空间项目。至今，该项目已经向城市地区的地方政府拨款大约1.33亿美元，用于购置开放空间。其后，土地和水资源保护基金项目启动。自1965年1月以来，该项目已向各州配套拨款2.14亿美元，用于土地购置和公园开发。

同时，各州也发起了自己的大型开放空间项目。过去六年来，24个州的选民已经同意发行总额约4.55亿美元的债券，投票通过率平均达63%。包括威斯康星州在内的一些州还指定专项税收用于土地购置。

大多数州计划享受拨款资助，因此地方政府可以将其开放空间资金提高三到四倍以匹配州和联邦政府拨款。虽然各州的匹配条件不同，但是通常情况下，联邦政府支付成本的50%，州政府和地方政府分别支付25%。拨款所受限制很少。社区不能根据种族、信仰、肤色或住宅禁止人们进入开放空间。如果开放空间不保持开放，社区必须提供类似土地或者偿还拨款。

还有许多其他类别的拨款，只要申请就可以获得。如今相当渴望
55 在城市问题中分得一杯羹的农业部提供了“格林斯潘”拨款，承担了将过剩农田转化为当地公园和保护区的一半成本。同时，它还为根据《小流域法》所修建的大坝的周边游憩区提供资金。同时，农业部还有用于美化开放空间的联邦拨款，以及用于公园开发的联邦和州拨款。但拨款不止于此，基本手册上列出的联邦给社区拨款的项目总共有413页。实际上，拨款种类也相当丰富，甚至有些地方官员认为他们根本不用申请。一些积极的社区则有专人几乎全天候地寻求拨款，还有些社区聘用顾问来完成这项工作。申请拨款俨然成了一个拥有自己的晦涩术语的职业。（“我们首先尝试申请住房和城市发展部第701号资助的5万美元，接下来申请第7项资助的30万美元。”）

对于联邦政府自己的公园和森林项目，国会一直以来都授权批准大额费用支出。自1965年1月以来的三年时间里，联邦政府共有约27亿美元的游憩项目。然而，实际拨款资金却再次发生变化，总共只有1.31亿美元。国会已将拨款调整为土地和水资源保护基金专项收入，包括门票和停车费、汽艇燃料税以及出售剩余联邦财产所得。但是门票和停车费收入远远低于预期，基金年均总收入只有大约1亿美元。

为增加基金收入，国会正考虑增加其他收入来源。一个回报丰厚又相对轻松的解决方案是政府从近海石油和天然气租赁中获得收入。这些计入财政部杂项收入的资金每年约有3亿美元，不久以后将提高到每年5亿美元。政府要求将年收入中的2亿美元划给基金。一些国会议员，尤其是参议员杰克逊和库彻，希望所有的石油收入和更多其他收入都划给基金。他们表示这些收入并不多，而且现在提供的资金越多，从长远来看土地的成本就越低。 56

虽然土地采购拨款一直在增加，但土地价格也在飞涨。土地价格平均一年上涨了5%—10%，而最适合开发成公园的开放空间的土地价格增长速度更快。一方面，这种土地更有投机潜力。大部分适合开发的郊区土地已经完全定价，有的甚至定价过高。而适合修建游憩区的边缘土地或林地的基础价格虽然很低，一旦政府开始考虑某个地块，这块地的价格便开始飙升。有担保的买家也会出现。可以肯定的是，如果政府不认同这个价格，最终也可能会征收这块土地，但是也要支付符合市场价值的费用，而土地所有者会用各种方式提高其市场价值*。

他们有足够的时间去做这件事。首次提出采购公园用地与谈判代表开始工作之间通常有很长的时间间隔。联邦购地的间隔以年为单位，有时长达几十年——例如印第安纳州的沙丘提案，国会早在三十年前就考虑过。即使在购地的最后阶段，还有长时间的听证会，有时会持续两

* 各州公路部门所使用的“快速购地”程序可能会有所帮助。获得批准的公共机构无须等到补偿数额确定就可以征用和占有土地。不过，该机构手上必须有资金，否则不能在等待资金期间快速购地。

三年以上——科德角国家海岸的听证会持续了长达四年之久。当公园终于获得授权时,人们确实会对此欢呼雀跃,但这还只是开始。

大多数市民没有意识到授权和拨款之间的巨大差异。基本法案可以授权数百万的项目,但它不过是支持者的一纸许可,之后拨款委员会将会审核他们可获资金的实际数额。委员会不慌不忙。也许是九个月,也许是更长时间以后他们才投票决定金额。那也不是全部数额,而是一
57 笔适度的首付款。规划和协商还将花费更长时间。授权和首次采购之间通常要经历两到三年。

地价其实早已开始飞涨。尽管有人或许抵制在这个区域建公园,但人们也很清楚这是一件好事。地方官员可对部分地区进行分区以抵制商业开发。但在大多数情况下,他们不倾向于任何类型分区,特别是约束当地土地所有者的地产权分区,毕竟其中一些所有者可能是官员本人。

几年前非常乐意以每英亩100美元的价格出让土地的所有者突然对土地的商业潜力产生了兴趣。他们最喜欢采取的手段就是邀请土木工程师制订地产开发计划。其中一些计划相当具有想象力,这里面就有涵盖了上山缆索、游艇船坞、度假村和购物中心的草图,以此展现其巨大的开发潜力。土地所有者可能也没有想去执行这个计划,他们也没有资金。但这并不重要,该计划的目的旨在提高地价。土地所有者表示,公正的市场价值显然至少是每英亩1 000美元。虽然政府谈判代表不一定这么认为,但这有利于争取可观的征地补偿。

在有些情况下,土地所有者会开始施工建造。无论如何,他都不是输家。如果协调人员认为这块地产过于昂贵而无法购买,他最终会借助周边公用土地巧妙地保护这块土地。如果土地被征用,上面的建筑要被拆除,那么土地所有者要比没有建筑的情况得到更多的补偿。

加利福尼亚州的雷伊斯角国家海岸公园就遇到了这种情况,这是一个补偿金额升级的极端例子。1962年国会授权购地时,其总成本约为1 400万美元。可是当这笔资金到位时,投机者已将成本提高了一倍。1966年,国会追加了500万美元,但是差距反而更大了。现在总成本是

5 800万美元——还差3 800万美元，前提是价格不再上涨，但是价格肯定会上涨的。 58

该怎么办呢？更多拨款当然会有所帮助。然而，各机构最希望的是迅速得到拨款，无论金额多少。为了应对地价上涨，他们手头需要资金支付首付。与其等待两到五年后获得全额拨款，他们希望能够在项目获批后率先行动，立即购买关键地块或期权。

国会在这方面做出了一些努力，提议批准内政部在拨款之前签约征用公用土地。不过，拨款绝不能是空头支票，而且购地项目必须经国会批准，相关合同规定项目额度每年不得超过3 000万美元。

不过，立法者对于进一步扩大这种预期性支出表现得很谨慎，并将其称为“后门融资”。他们可能会基于自身具体考量选择支持，因为这种做法意味着规避拨款委员会障碍，但总体而言，他们反对这种做法。

拨款委员会对此尤其反对，而且它有办法对付那些采取预期性支出的政府机构。（在1961年《住宅法》最初关于开放空间的拨款条款中，拨款获批的是“合同融资”，即支出费用由国会买单。为了让所有人信服，拨款委员会威胁说，不会拨款支付采光、供暖费用以及项目管理人员薪水。）

周转基金是一个解决方案。州议会事先为相关机构提供策略性购买土地的初始基金，之后定期给相关项目拨款，这些涵盖之前购地费用的资金汇入周转基金，可补充基金以提前开展其他工作。这样操作的好处有很多，不但有助于机构击败投机者购买到最终必须购买的土地，而且也使谈判代表更从容地应对土地市场。通常情况下，最好等待业主迫切想要出售的地产进入市场。如果谈判代表能够及时利用这种优势，他能做得更好，而不必迫使市场一次性接受太多地产。通过预购，他为公 59
众节省了支付土地上已有建筑的额外费用。

1952年，加利福尼亚州议会为预购公路用地成立的基金便是一个很好的例子。公路委员会倾向于购买将要开发的地产，并在购买之后将土地出租，直到开始修建公路，其间跨度可长达十年。在这段时间里土地所有者和租户之间可能会出现问题，公路委员会不得不投入大量租金收入使地产保持原状。总的来说，这节省了大量资金。委员会迄今为止已经用基金收购了价值约7 200万美元的地产。如果推迟购地之后地产得到开发，那么购地成本将高达约4亿美元。周转基金还能节省其他方面开销。委员会能在花费较少的情况下为修建公路拆除新建筑，安置更少的人，也鲜有“阻止拦路劫匪”的争议。

但是，国会和大多数州议会并不十分热衷于周转基金。他们讨厌向行政部门提供“空白支票”，尤其是在另一党派执政期间。立法者不希望行政部门在任何没有经过他们专门审查和批准的项目上花钱。因此，森林和公园购地项目的资本预算通常会详细制定出来（例如，22万美元用于购买森林A中的私有土地，8.5万美元在海滨公园B额外购买6英亩土地等）。这样的细节要求确实有一定的道理。然而问题在于，即使是最充足的预算也很少能象征性地从自由基金中得到小额资金。

由于缺乏这种灵活性，常规预算程序不鼓励采用新方法。可惜的是，这需要的金额并不多。看看大多数州立机构的规划，你会发现涉及新工具或需要两个或多个机构合作的那些富有想象力的规划只占总体规划的一小部分——达到1%就很不错了。但恰恰是这些项目在常规
60 预算过程中被叫停。在提交资本预算草稿时，各机构可能会坚持将这些项目纳入其中，但他们真正关心的是过去没有获得足够资金的那些项目——例如，州立公园需要足够的停车设施。当州长办公室表示各机构所要求的资金数额太大时，除了常规项目之外，所有项目预算应缩减30%——这是在州议会审核项目清单之前。

由于没有可以自由支配的资金，土地购置机构无法进行实验，也无法抓住最佳购地良机。如果能把握时机花费数额相当小的钱买到一块土地，这样就可以节省数倍的资金——以后可能根本买不到这样的土地。然而，无论是州立机构还是联邦机构都详细记录过这类案例。早在1952年，有人向林务局提供了一块价值1.2万美元的地产。林务局想要买下这块地产，它的价格也公道。但是他们没有经费，只好眼睁睁地看着它十年间不断转手，地价也在不同所有者手上不断上涨。1962年，林

务局最终获得资金，以19.8万美元的价格买下这块土地。

除非有可以支配的自由资金，否则相关机构也无法抓住这难得的机会，例如飓风。这些肆虐的狂风在破坏海岸线的同时，偶尔也会带来一些好处，即通常会清理那些对公众保持封闭的低级棚户开发区。如果官方能够迅速介入，可以马上补偿业主，并以适中的价格获得土地。但是他们没有任何购地资金。这些土地很可能通过立法机关交给相关机构，而州议会当时可能正处于休会期。等到再次开会商讨时，可能已经是两年以后了，而房地产人士早已迅速拿下这些土地，并且开始施工建筑。

如果地价暴跌，那么储备基金的价值将无法估量。然而，规划师并不认同这种可能性，他们几乎都理所当然地认为地价会继续上涨。这是预期会出现行情波动的一个理由。那会很壮观。未耕种土地的价格如 61
此疯长，很多时候已经超出了经济可持续发展的水平。开发商不能提高住宅价格以弥补地价的增长。对于位置不佳的二流土地尤其如此，因为其价格已经在一定程度上高出原始成本。

地价重大调整尚未到来。在我看来，地价终会下跌，到时公共财政的日子也不可能好过，因此拥有储备基金显得更加重要。正是在这样的时代才会出现购地良机。我们的一些最为伟大的收购计划不是在繁荣的20年代，而是在30年代的萧条时期完成的。

私人团体是开明的机会主义最好的践行者。有些团体拥有自己的周转基金，经常利用这些基金优先购占以后会公开征购的土地。最好的例子就是大自然保护协会，一个拥有各地章程的国家组织，它会购买公共土地机构需要的土地。当立法机关最终批准提供资金的时候，该协会将土地出售给相关机构，并把收益返给周转基金。

由于私人团体非常低调，他们往往比公共机构能达成更好的交易。最近，宾夕法尼亚州西部保护协会为建一个区域公园准备收购大约9 000英亩的土地。该协会对这个计划只字不提，而是一步一步地向前推进，不声不响，两年后低调完成了收购，而投机者根本不知道发生了什么，地价仍保持稳定。现在该协会把这块地产移交给了宾夕法尼亚州。

凭借优秀的律师和极少的资金，私人团体也可以在阻断投机者收购计划上大展身手，例如费城保护主义者在新泽西海岸实施的一次干扰行动。他们用储备基金争购到了七个区域，希望最终将它们移交给州或联邦政府。然而，一块2.5英里长的沙滩失守了。沙滩所在城市希望在这里开发房地产，并于1956年准备了1 000英亩土地出售。一位开发商出
62 价2.9万美元，而费城保护主义者出价10万美元，但由于他们不打算建造房屋，这个城市说他们没有资格投标。开发商获得了这块土地。

不过，保护主义者参与投标使得这个问题变得戏剧化，随后引发了公开争吵，导致该市被迫解除销售。当开发商起诉这座城市时，保护主义者为第三方诉讼提供法律援助。最终法院维持解除销售决定。城市虽然还想开发，但已经是惊弓之鸟，因此宣布保持观望。在观望期间，该州通过了发行6 000万美元绿田债券的决议。1967年，该州购买了这块地建海滨公园，同时又从保护主义者手中另外买了几块地。当然，地价一直在上涨，由于该州按照当前市场价值购买土地，因此这些令人满意的交易为保护主义者赚回的钱远超原先支出的储备基金。此外，保护主义者向州政府交付一个区域，向联邦政府交付两个区域。

但私人团体能做到的仅止于此。政府机构应该拥有自己的周转基金。这些基金不是非要数额巨大才能发挥作用：例如100万美元的基金就可能在最终采购中节省四到五倍的费用。这样的基金也不受立法审查的限制，因为大部分资金将用于获批项目的收购。理想情况下，部分基金也可用于实验项目——例如，尝试新的收购方式以提供后续可用资金。

唯一接近自由基金的就是内政部长尤达尔从土地和水资源保护基金中向各州拨付的"应急储备金"。计算好固定拨款以后，他还有一小部分剩余基金用于专项拨款——例如，拨给缅因州阿拉加什河道的75万美元。但联邦项目没有一分钱的自由资金。

国会对于这类资金极其吝啬。众议院拨款委员会经常谴责各机构应对地价上涨问题的力度不够，但又坚决否定他们的做法。1968年，国
63 会被要求批准500万美元的应急基金，供户外游憩局分配给各联邦机构

用于紧急收购。拨款委员会为具体联邦项目拨出了5 100万美元，却完全扣除了500万美元的应急基金。拨款委员会认为这过于“笼统”。

此外，拨款委员会警告各机构不要对新项目心存幻想。对于大多数观察者而言，这似乎并不是一个紧迫的问题，拨款委员会却对此表示担忧。简而言之，它是在质疑“某些机构能否充分考虑过自己的‘基本活动’，但目前有迹象表明，这些机构以基础活动为代价将其业务扩展到更具有吸引力的业务”。拨款委员会表示：“我们极不赞同为参与不太重要的业务而不承担基本责任的任何行为，故本委员会有义务采取相应行动。”这可不只是口头警告。

然而，对于自己的某些资金问题，各机构只能怪自己。他们购买土地耗资巨大，这要归因于他们的购买方式。他们一直采用的这种方式适合购买大部分位置偏远的空地，这种方式并不适合当前他们所遇到的情况。越来越多的购地是针对建成区，因此需要应对更多的土地所有者以及更复杂的土地利用模式。因此，灵活性和想象力变得至关重要，要尽可能地广泛运用多种不同方法——例如购买和回租土地、地役权、分期购买、优先购买小块土地、终身租赁方案、期权等等。这些方法可以使机构更轻松地应对土地所有者和地方政府，并且利于减少成本。正如一些研究证明，相比没有运用多种方法的机构，这些机构通过收购资金收获更多。

然而，大多数人坚持以前的方法。联邦政府的开放空间拨款就是一个标志。设立这些拨款的原因之一在于鼓励新方法——而拨款项目的
负责人也一直竭尽全力为尝试新方法的人提供资金。但是，与其他拨款 64
项目一样，当有资金可供传统项目和/或创意项目使用时，往往是传统项目胜出。大部分对开放空间基金的申请都是单一用途的项目——通常是公园——而且一般都以直接费用收购。当地机构在规划自身项目时，很少考虑其他机构的当前规划，因而错过了具有其他收购目的的“附送”项目，例如建设公路或小流域水坝等。

各联邦机构也顽固不化。有些方法确实很好，而且你在任何机构都

可以找到极好的技术案例。例如，一个机构擅长地役权谈判，另一个机构擅长制订终身租赁方案。可是很少有机构能够皆有所长。对于大多数机构而言，拥有一项创新就已足够。他们对其他机构正在使用的方法的利弊知之甚少，而且对此似乎也不太感兴趣。

最近，一个基金会邀请了一些来自不同联邦机构的官员商讨举办关于收购方法的联合培训班。这类培训班曾在地方上举办过。在马萨诸塞州，镇保护委员会委员经常聚集在全天的会议上，大谈各自的经验教训。该基金会表示这有助于为联邦人士提供类似的机会。他们可以离开各自机构，在中性场合会面。如果第一个联邦培训班成功举办，那么以后也可能举办区域培训班。这个建议并没有引起官员的兴趣。或许某天他们会说自己并不需要新主意，他们想要的只是对他们当前做法的更多支持。

接下来，我们来看看以下各种不同的方法。这些都不是全新的主意，它们经历过非常多的尝试，具有相当普遍的适用性，尤其是在搭配使用的情况下。

其中一个方法就是购买和回租。例如，在一个社区的边上有一个面
65 积为200英亩的农场。它作为农场的时间或许并不长，虽然当前的土地所有者想要继续耕作，但在产权易手后，这块地很可能会落入房地产人士或开发商之手。当地社区非常希望它继续作为农耕用地。目前也不需要额外的公园空间。不过，未来会有需要，这个农场是公园用地的理想之选。与此同时，继续保持原貌的农场是一道十分亮丽的风景线，将成为这个社区的门户。

这个社区买下农场后将其租给之前的所有者或其他人。租赁条件是土地仍作农场使用，租金适度，可以保证农耕收入，同时也为社区提供可观的投资回报。

渥太华绿化带项目充分利用了这一举措。自1958年以来，加拿大政府已经收购了3.7万英亩土地，围绕都市地区的南部边界建设了宽约2.5英里的弧形绿化带。大部分土地已经作为农场回租，每五年更新一次租约。

另外一个方法就是终身租赁。国家公园管理局广泛采用这一措施。它通常会附带条件购买地产，即当前所有者在一定条件下可在规定期限内或在其居住期间，继续使用该土地。[为补偿租赁，公园管理局会在一定程度上降低购地价格。通常将因伍德不动产估价表（Inwood Tables）作为计算公式来计算减免金额。]

还有一个方法是购买后回售。根据一些州的补充征地法，他们可以购买超过实际需要的用作专门用途的土地——例如，修建公路——然后将土地回租或回售，作为缓冲区。到目前为止，这种方法很少使用。

许多规划师认为这种方法可能会成为主流。他们将大规模公开收购土地——不仅是保留开放空间的手段，也可以决定哪些空间应该开发以及如何开发。随着时间的推移，公共机构将会向符合该地区综合规划的建设者出售或出租土地。

从规划师的角度来看，这是理想状态，他们还可以举出许多欧洲的 66
例子，以证明这种情况对公众极为有益。斯德哥尔摩便是最好的例证之一。1906年，该市开始尽力购买周边农田，然后再回租给农民。随着城市的发展，规划师能够决定哪些地区保持开放，哪些地区将兴建城镇以及如何开发。实际上，这个城市掌握了郊区以及很多尚未开发的土地。

然而，这个数量级的市政购地无法在美国实现。这并不是因为公众把这看成社会主义而感到畏惧。委婉地说，我们一直在极力扩展公有制概念——例如，城市重新开发，社会主义国家或其他国家已广泛使用该理念行使土地征用权。但问题在于，美国已经为时已晚。

我们的城市或许已经走向了相反的方向。那些拥有土地的地区不会保留土地，而是把土地出售，而且往往低价贱卖。*如今土地供应不足，当地又难以筹备资金去收购必需的游憩空间。即使地价不会再度飞涨，

---

* 对于斯塔滕岛的掠夺便是一个明显的例子。通过因未缴税而取消回赎抵押品的权利的方式，纽约市拿下了建于20世纪20、30年代的那些倒霉住宅小区，从而获得了大量土地，也获得了保留开放空间的绝佳良机，确保其在第二次世界大战后下一次大兴土木时得到相应开发。但纽约放弃了这些土地，将它一一卖掉，结果过时的街道规划在老旧的住宅小区。不过，一些尚未建筑的土地仍有希望。纽约最近颁布了簇群开发法令，鼓励某一个区域进行“新城镇”开发，但是起步太晚。

我们也很难找出工业和住宅开发所需的大量公共购地的资金来源。

虽然城市资金受限，但是人们完全可以敦促城市以购买后回租的方式发挥更多作用。其中一种方式是周转土地储备。某一机构根据未来需求购买土地之后将土地出租或自行管理土地，然后按成本将土地转让
67 给其他机构。这种运作需要大笔初期拨款才能启动，而且哪个机构得到哪块土地以及是否需要综合规划等无疑都会引发政府内部争议。

然而，联邦的支持却迟迟难以到位。因此，房地产开发者便一直向新社区推广公共开发公司的理念，即在联邦拨款的资助下，社区可以收购土地开发新城镇。准备开发的地区将被出售或租赁给严格遵循总体规划的开发商。1961年当该理念首次在国会提出时，不少国会成员被激怒了，以致危及一些适当的开放空间拨款提案。这个理念不断被提起，尽管它的基本思想时常在国会遭到否定，但还是取得了一些进展。联邦住房管理局如今已获批向开发商征集土地提供贷款。住房和城市发展部可以给提前购地的社区提供补贴支付利息。然而，由于法律上的限制，很少有社区能申请到补贴。

目前，购买和回租土地的主要困难在于必须一次性准备好全部资金。虽然这些项目利在千秋，但是它们的周期较长，而且官方还要考虑很多短期项目。由于缺乏足够的资金，因此往往是短期项目能够获得支持。

解决这个问题的方法是分期付款购买土地。马里兰州一国家首都公园和规划委员会为我们提供了最佳案例。面对长期公园购地预算削减的情况，该委员会提出了所谓的“期权—协议计划”。他们没有坐等筹备到足够的资金才购买一个农场以供未来建设公园，而是直接联系土地所有者，建议他定量出售土地——每一年出售多少英亩，并在若干年内分售完毕。如果期限为十年，土地所有者每年将出售1/10的土地。在此期间，他仍然可以在土地上继续耕种，所得资金收益分十年而不是一
68 年获得，而且自委员会取得土地产权起，他就不用再缴纳地方财产税。

委员会通常用必筹资金的一小部分拿下土地，并固定了后续费

用——十年以后的最后一英亩土地与第一英亩价格一样。此外，委员会不必花钱维护土地，由农民维护。作为交易的一部分，土地所有者同意不砍伐树木或做其他改变，以保持土地的特色。直到修建公园，土地将一直保持其生产用途，从而更好地保护景观。

委员会已通过这种方法购得了2 000英亩土地，并期望在未来十二年内再拿下5 000英亩以上的土地。无论地价飞涨与否，该方案可以确保地价有追溯效力。目前，委员会正在协商乡村地产的新期权—协议方案，价格约为每英亩1 000到1 200美元，而这正是70年代中期购买这些地产的价格。与此同时，得益于早前协议，该委员会仍可以60年代初的每英亩300至400美元的价格购买土地。

另一个方法是优先购买权。比如说，这儿有一大片近河土地。虽然这块半荒废的土地上布满沼泽，还有一个废弃采石场，却可以修建一个理想的河滨公园，而且土地成本相当合理——每英亩500美元。公共机构现在没有足够的资金支付，但是非常渴望拿下这块地。

不幸的是，这类土地对投机者也极具吸引力。但是他们必须投入大
量资金购买和改良土地，因为要筑堤和填补沼泽地以适应商业开发。不 69
过，这仍然是一笔相当划算的交易。投机者以每英亩500美元的价格购买土地，另以每英亩1 000美元用于土地改良，然后为每英亩土地标价10 000美元。

不过，正是由于大量的筑堤和填充工作，投机者很容易受限于一个简单的方法。公共机构不必全部买下土地来抢占先机。它需要做的仅仅只是购买几个关键位置的地块。一旦得到这些地块的产权，公共机构——或基于此原因，一个私人机构——就可以开始凭借各种各样的合法方式遏制周边开发。至少，投机者必须在其筑堤和填充工作中增加大笔开销保护那些不属于他的地块。

在新英格兰地区，有个州的渔猎部尤其擅长此道。没有充足资金购买主要沿海湿地时，该部进行“画连城”游戏式的操作以赢得时间。尤其是擅长所谓的诡计项目的谈判代表，他们极富技巧性地挑选了足够多

的单独地块，从而有效封锁数千英亩必然会开发的土地。

湿地特别适合这种做法。这类土地的所有权一般非常模糊，尤其是东部沿海地区，其产权可追溯到早期殖民时代。起初，这些小片湿地通常呈带状分布，其中大部分随后被切分得越来越小。早前有关湿地边界的调研就像一条寻宝线索。“从大橡树那儿开始，沿着沃特金斯克里克路，分别以沃特金斯和波因特路所拥有的地块为边界，因而得名。”如今已经很难找到地块的边界，它的所有者更是难觅踪迹。土地继承人分散在全国各地，仅为理清某块地的产权就可能牵涉到数百人，从而使得投机者想在合理时间内整合土地变得非常困难，这同样会给公共机构造成诸多不便，但是公共机构却拥有投机者没有的一个绝招。公共机构可依法征地从而自动清理产权。因此出现了很多“友好”征地，即使卖方和公共机构在地价上达成一致，产权问题也会因为依法征用得到消除。

在被要求出让土地时，有惊人数量的土地拥有者愿意这么做。当然，事情并不是那么简单。向土地所有者提出土地出让请求的人必须相当了解法律和税务事宜，他还要擅长销售，但是这样的人并不多。给
70 他们提供培训需要时间和金钱，而且这项工作也没有得到太多支持。然而，这可能是最佳时机。

很久以前，人们就错误地以为赠予大面积土地的日子一去不复返了。然而，我们现有公园用地中有一半以上来自捐赠，其中很大一部分捐赠可追溯至众多富人拥有大量土地的低所得税时期。尽管仍有富豪拥有大量土地，但如今人数并不是很多。此外，由于大型地产继承人将土地分割后再出售，曾经可作为公园用地的土地正被学校和修道院接管。

如今，土地捐赠潜力丝毫未减，这在很大程度上与赋税有关。虽然大型地产的数量已经减少，但是很多中等大小地产的所有者极为爱护景观，尤其是城市居民。这正是他们购买土地的原因。当然，有些人也把买地当成一种投资，而土地价格的上涨强烈地诱使他们卖出土地用于开发。同时也使得捐赠更引人注意。由于最近赋税和投资程序上的变化，

土地捐赠者可获得重要的税收减免——在某些情况下，减免额度大于捐赠土地的价值。人们很少会因为赋税原因捐赠土地，但对于那些**愿意**捐赠的人而言，从中获益是他们作此决定的另外动机。

但是目前尚未建立与这些捐赠者的常规联系机制。有时，个人代表表现得很出色。我认识的一位州立公园工作人员就乐于发现那些小地块所有者，并花费大量业余时间去拜访他们。在同事圈中，他尤以擅长取悦年长女士而闻名。“我玩的是等待游戏，”他说，“我会播种理念，向她们描绘在变成绝妙的自然保护区之后，她们的土地将会变得如何美好，而这片土地也会以她们的名字命名，或纪念她们的丈夫。然后，我让她们考虑自己的继承人可能会怎样处理这片土地。我不会强迫她们。过一段时间，她们会主动打电话给我。”

希望自己的土地得到善待的人们也可以寻求私人团体的帮助。有些私人团体会取得土地的所有权并对土地进行维护，而另外的团体则倾向于临时管理土地，之后再将土地转交公共机构。马萨诸塞州土地保留理事会便是临时土地管理的最佳例证。该组织自1908年以来一直从事 71
一种周转土地信托。他们已经拿下了不少关键地段——包括科德角国家海岸的一些最佳区域——在引起了公众的兴趣以后，他们将很多土地转交给公共机构作为公园用地。近年来，各地的土地信托机构数量急剧上升，尤其是新英格兰地区。这些免税组织从捐赠者手中接收土地，因为捐赠者担心地方官员一旦掌握了自己的土地，并不会善待它。

一般来说，土地所有者必须采取主动。尽管一些私人团体有专人全职为他们服务，但大多数情况下，这些工作由志愿者完成。此外，虽然一些志愿者相当擅长给土地所有者施加压力，但大多数私人团体既无人力，又无资源，很难有章可循地坚持下去。

最近，一群来自纽约都会区的志愿者决定组织相关行动。该地区大部分私有开放空间归大约10 000人所有，他们虽然只占总人口的6%，但仍然人数众多。依靠一些基础资金，他们成立了开放空间行动委员会开展工作。接下来发生的事尤为值得一提。为保留开放空间，该委员会不得不撰写关于劝说艺术的书籍。

第一步是在几个实验区域“游说每位土地所有者”。委员会工作人员在志愿者团队的协助下，查询土地所有者的税务记录，追踪拥有20英亩及以上土地的地产。然后，向每位土地所有者写信说明意图，并附上一个关于“地产管理”的文件夹，介绍委员会精心准备的一本书，讲述的是土地所有者保护个人土地的各种方法以及保护土地所带来的精神回报。土地所有者可免费获取该书，只要在所附明信片中的“是”选项框内打钩即可。

寄回明信片的人就是希望所在。委员会送出书三周之后就等来了电话。一位魅力十足而又极具耐心的女士接听了电话。一阵寒暄之后，
72 她告诉这位潜在捐赠者自己或可安排该委员会一名高管亲自拜访。那么，是晚上还是白天拜访更为适合呢？她平均能在四次电话中确定一次会面。（她还发现律师最容易相处，而医生最难应付。）

现场工作人员向土地所有者致电，建议他们走出家门，一起到土地上走走。这一步相当关键，因为土地所有者通常为自己的土地以及自己对树木、植物、地质历史的了解感到自豪，在散步时，他们往往会变得相当健谈。散步结束后，工作人员就会清楚了解土地所有者有怎样的继承人，以及他对他们的看法——这一点对委员会至关重要——以及他的捐赠倾向。现场工作人员将作为中间人提供委员会的服务，但委员会这么做并不是为了获得土地，而是协助制订保护方案，并找到合适的人执行这个方案。

第一轮劝说成果鼓舞人心。事实证明，许多土地所有者已经考虑捐出土地，但从未付诸任何行动。而另外一些曾经有过尝试的人发现找到土地接收者并非易事。各县机构通常对小型或中型地块不感兴趣，而城镇机构往往对任何地块都不感兴趣，除非他们看到立竿见影的效果。在一些情况下，土地所有者已准备把土地捐赠给城镇，却被断然拒绝，因为他们更喜欢土地带来的税收，而非土地本身。

为了把各方召集在一起，现场工作人员花在潜在受捐赠人与捐赠人身上的时间基本一样。他们去结识地方官员、学校董事会成员和私人保

护组织等，从而获知这些人员和机构可能对哪类的土地感兴趣以及在什么条件下愿意接受捐赠。如果他们不感兴趣，现场人员会继续跟进。

摸清这些情况以后，现场工作人员会仔细分析所有者的地产，并提交一份“咨询备忘录”和一些草图，说明可行的实施方案。他以接近18世纪英国景观设计师的精神来完成这个任务。像兰斯洛特·布朗一样，现场工作人员也会看到土地的潜力——巨大的潜力。从以下几个方案报告中，可以看出他如何向土地捐赠者提供建议。 73

> 大家都喜爱这块得到精心维护的华丽土地。这里的农场建筑和草地上的牛儿，成为沿着土地西侧干道登顶艾格蒙特山的驾车人眼中一道亮丽的风景。在这个农业几近消失的地区，这个景观魅力尽显。
>
> 根据土地的面积及多种地形和建筑，我们建议您考虑涉及多位受捐赠人的多用途方案：
>
> 历史博物馆：建于1787年的农场主屋可作为贝尔菲尔德历史学会博物馆的理想总部。1828年增建的侧厅可用作办公室和图书馆。
>
> 植物园：紧挨主屋南面的区域可作植物园，包括池塘、美丽葱郁的铁杉丛以及全部现有景观，共占地8英亩。贝尔菲尔德园林俱乐部负责规划和维护工作。
>
> 城市公园：植物园径直向南，有一块约12英亩的区域，最适合用作该镇的休闲娱乐区，其中包括位于树林中的网球场和野餐区。从东侧道路可以直接进入公园。
>
> 示范农场：现有的仓房、筒仓和马厩可为作为本地孩子们的一个农业教育中心。根据联邦政府出台的1965年《中小学教育法》第三章的资助计划，学区可能有兴趣参与农场地区的购买和经营。
>
> 自然生态区：西南部的潮湿低地和沼泽地应作为自然研究区域，内含数条自导式解说步道以及一两个展览和讲座区域，可作为学校科学课程的辅助手段。

总而言之，这块地产天然适合一地多用，而且各种用途搭配恰当，远比转交给一个人仅作公园使用更能地尽其用。

报告最后，现场工作人员会加入一节关于财产转让机制的介绍。随后，他会提到所得税优势。尽管具体细节将会低调处理，却完全能够兑
74 现。大多数土地所有者届时也会仔细了解《国内税收法》[501条款(c)(3)]的相关规定。依据1964年修订版，所有者当前的缴税减免额可因捐赠达到调整后总收入的30%。如果捐赠价值超过上述的30%，那么超出部分可作为结转减免，平均五年内结转完毕。以往的任何超出部分均无对应减免项。

为了计算捐赠土地的价值，土地所有者不仅以其开放空间的价值衡量土地，而且还会考虑其整体市场价值，包括开发中的“最高和最佳使用”价值。自买下地产以来，土地所有者在其价值上涨中获益最多。但是因为捐赠，他可以免缴资本增值税，实际也就赚取了资本增值税。

现场工作人员概括了所有者捐赠土地价值最大化的不同方式：

一、您现在可以捐赠所有地产，以终身租赁形式保留房屋和邻近区域。

二、您可以捐赠主屋区域以外的所有地产，而在遗嘱中捐赠主屋区域。

三、并非一次性捐赠地产，您可以分期捐赠。例如，您可以在十年内每年捐出地产未分割权益的10%或者在二十年内每年捐出5%，也可以按照您的所得税要求进行捐赠。您的遗嘱可以向受捐赠人遗赠剩下的未分割利益。

四、您可以给予受捐助人一些权益，提供该地产的完全使用权，而在遗嘱中遗赠其完全所有权。

五、如果您想让您的子女使用主屋区域，可在遗嘱中要求提供终身租赁或低价回租。

无论采取何种方式，您可以通过重立遗嘱或增加表述清晰的遗

> 嘱附录在相当程度上实现保护地产的意愿。同时，向您的继承人说明希望保护土地的自然之美。我们会有经验丰富的法律顾问帮助 75
> 您和您的代理人补充相关遗嘱附录。
>
> 为确保捐赠的开放空间按照您本人的意愿使用，您可以增加一个归还条款，规定土地如果转为他用，则将其所有权将移交给第三方。我们建议将其移交给大自然保护协会或贝尔菲尔德土地信托基金会。
>
> 把土地交给免税机构后，您就不需要再向城镇支付地产税。但是，我们建议您不要突然停止缴税，而是在几年内逐渐向城镇支付部分费用代替税款。请注意，这个费用可以作为您所得税的可扣除项目。
>
> 以上建议只是大致介绍各种可能方案。下一步，我们建议您与代理人、学校董事会、贝尔菲尔德土地信托基金会、大自然保护协会、贝尔菲尔德园林俱乐部和奥杜邦协会进行初步磋商。
>
> 至于城镇的角色，镇长波兰斯基对联合保护地产项目兴趣浓厚，并打算在董事会上讨论此事。不过，今年是当地选举年，因此政局相当动荡。进一步磋商可能在11月以后才会有结果。
>
> 感谢您允许我们提出这些建议，同时也向您保证我们很高兴继续协助您完成后续工作。

在该项目实施的一年半时间内，该委员会已为约7 000多亩、价值约3 000万美元的土地提供了捐赠建议，其中很大一部分土地已经被承诺捐赠或已经捐赠。从某种意义上说，这个项目的第一阶段比较轻松。该委员会首先接触的是相当富裕的土地所有者，他们乐意捐赠土地，偶尔也设立基金来维护土地。

如今，委员会专注于那些虽然不是非常富有但又十分关键的处在中间位置的土地所有者。他们当中许多人非常希望自己的地产尽可能得到保留，但他们也会考虑自己年龄和子女，会禁不住衡量自己地产目前的价值。他们想知道有没有什么折中的方式，既可以捐赠土地但又不会 76

损失过大？

委员会意识到，人们必须知道如何开发土地才能将它保留下来。现场工作人员正在想办法帮助土地所有者利用营利的区间，并保护剩余区间。高尔夫球场有时便是这样的两全解决方案。不过，在大多数情况下会进行某种形式的住宅开发。

簇群原理是一个非常有效的工具，我会在后面的章节中详细介绍。该委员会向每位土地所有者推荐一个保留大部分地产及主要自然风光的方案，并将大量房屋集中在剩余部分的土地上。如果所有者把全部土地都卖给开发商，虽然他可以赚得更多，但也不会多赚多少。不过，通过应用簇群原理，开发三分之一的土地就可以返回与传统开发整片土地几乎相同的收益。

此外，还有很多困难需要克服。首先，保护主义者对此并不熟悉。除了常规利益方之外，还要找到有想象力的选址规划师和开明的开发商，然而这两类人并不多，而且似乎也不一定乐意帮忙。此外，规划一旦通过，便可能遭到当地分区委员会的抵制。但是，委员会成员认为各种新方法值得尝试，而且更可能会因为没有尝试新方法而导致失败。他们相信，如果要弘扬“地产代管”理念，主要得依靠部分满足，有时甚至基本满足土地所有者要求的方法。

其他都市区的私人团体也得出相同的结论。如今看来，最令土地所有者感兴趣的是折中的方法，因为他们也别无他法。针对土地以及土地周边环境制订的多用途方案正在创造那种互不妥协的方法所无法创造
77 的机会，同时许多地方政府以及土地所有者也越来越愿意接受新方法。

第五章 地役权

在探讨捐赠土地和购买土地时，我们更多的是谈论完全地产权购置。这是最为可靠的保留土地的方法，但这种方法目前也已尽其所能。能够放弃土地的土地所有者数量不多，尽管他们应该多到山上走走，但是只有一部分人会这么做。我们也无法买下所有土地。因为缺乏资金。但是，即使公共收购资金增至三倍，也只能买下一部分景观。假如资金完全充足，那我们该怎么处理这些土地？该如何维护这些土地？

但是，我们不需要把所有土地都买下来使它们得以保留，而是采取折中措施。通过传统的地役权，我们可以从土地所有者那里获得一种权利即保持土地开放和不开发的权利。

要了解地役权，我们首先要弄清楚“完全地产权”一词的起源。在中世纪，君主会给完成一项特定任务的人封赐一块土地作为回报，或给他酬劳。这种土地所受限制最少——或者说是最简单的酬劳——最接近于完全所有权。虽然权利还是会受到一些限制。

完全地产权仍然存在，但它从未不受限制或不可分割，而且与自由放任主义经济学相反，土地所有者无权随意处理土地。土地所有者所拥有的是权利束——例如，在土地上施工、育林、耕种等。但有些权利他并不拥有，例如，土地上河流的河岸权，也没有在河流上修建水坝的权利。 78
此外，他所有的权利均受制于所在州的征用权。

当我们想收购一个人的地产时，通常会买下整体权利束——完全地产权。不过，我们也可以少买一些权利。为了实现一个特定目的，我们也许只需要这块地产的一项或几项权利。我们以地役权的形式购买这些权利，其他权利仍归地产所有者。

第一类为积极地役权，即获得使用地产的相关权利。公共机构可购买公共人行道、徒步旅行线路或自行车道等的通行权，还可以购买捕鱼权，方便公众使用河岸。公用事业单位可能会购买管道或高压线的铺设权，但也绝不排斥通过征地权实现这一目标。商人可以购买伐木权、放牧权或采矿权。他们还可以购买空间所有权进行建筑或防止别人建筑。当一处地产被细分后，政府会要求开发商让出铺设下水道和道路的地役权。几乎没有不具备某种地役权的地产。

另一个主要类别为消极地役权，在这种情况下，我们不要求实际接触地产，而是从土地所有者那里买走他们破坏土地的权利。通过保护区或风景地役权，我们让所有者保证不设置广告牌、挖平山坡或砍伐树木。通过湿地地役权，我们得到不会筑堤和填平沼泽的保证。除了这些限制外，他可以一如既往地耕种或使用土地。事实上，此类地役权目的之一就是鼓励所有者维持现状。

要想了解地役权的优势，弄清楚它的局限也很重要。一些观察家之所以会批评这一做法，原因之一就是他们对地役权期望过高，把它看成是全面控制整个区域的手段。在整个事态发展的过程中，公共机构要获得所有开放土地的地役权，这样做不仅是为了保持土地开放，也是为开
79 发做准备。然而，随着项目的推进，机构不得不放弃一些地役权，因此选在总体规划推荐的最佳位置进行开发。这个过程异常复杂，英国人曾在第二次世界大战后做过相关尝试。但问题并不在于地役权的局限性，而是设定的目标过高。

以下探讨的是一种较为温和的方法，即紧密契合土地的自然布局和人造特征（例如公路）而使用各种地役权。这种方法不会大规模应用于广袤地区，很多时候只适用于部分单块地产。

以河谷为例。这是一个坐落在郊区边缘的美丽且未遭到破坏的河谷，其中大部分土地为农田和小型地产。河流两岸的草地为冲积平原，已经过适当分区以防止开发。山谷的剩余区域被指定为低密度住宅区，

最小地块面积划定为2英亩。河谷尚未细分，土地所有者仍保证没有出售土地的想法。大多数人对此深信不疑。

显然，这个地方已具备成熟的开发条件。就技术而言，高地草原和山丘非常适合修建住宅，因为它们不仅具有优良的土壤渗透能力，适合挖建化粪池，还具有出色的排水能力。无论我们喜欢与否，开发不可避免，但我们还需要一些时间做好准备。我们想通过开发保留山谷核心位置的重要空间和流向谷底的河网，如果可能的话，还有山谷边缘植被茂密的山脊。

我们有三类土地：通过分区而保持开放的冲积平原，可能无法保持开放的高度可开发土地，以及可以争取的中间地带。这也是地役权最能发挥作用的区间。任何土地所有者都不需要放弃太多。我们不会要求他放弃所有地产的地役权，只是放弃位于河流保护区的土地的地役权。

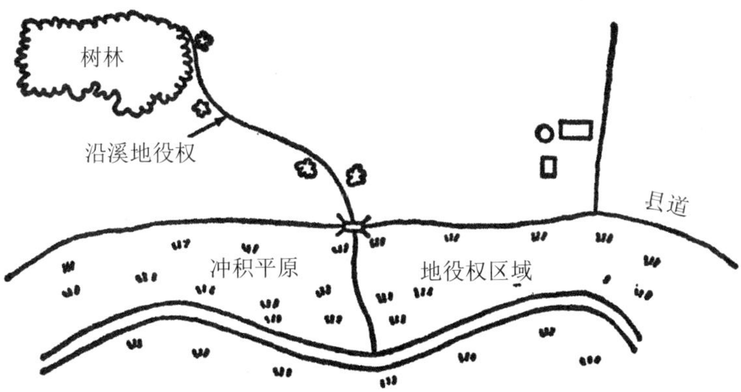

社区在许多方面受益。它无须购买全部土地而保留了山谷的核心开放空间。土地仍然在当地的纳税清册上。社区也没有土地维护的负担，因为土地所有者继续耕种土地，维护景观。相比整片土地以传统的 80
景区干道风格进行修整和维护，这个结果更令人满意。

土地所有者也受益匪浅。最明显的好处就是他们继续拥有土地，而且因为遵守地役权，他们有效阻止了土地被直接收购的需求。这种地役权应用方法对土地所有者极具说服力，但对公职人员来说却很棘手，因为这种方法很容易得到土地所有者的拥护。但在很多地方，官方稍微透露出可能征地的消息，土地所有者就非常热衷于以捐赠地役权作为替代方案。

相比所放弃的权益，土地所有者能从地役权中得到更多。因为同意不开发自己地产中最为优美的风景区域，他们可以提高可能开发区域的价值。倘若土地所有者根本无意开发，那也不成问题，需要指出的是，如果他们希望以后大兴土木，该区域的市场定位会更高。我们要记住，土地细分并不一定是最高明、最好的方法。面向房地产和乡绅或兼职农民的中等面积土地市场如今非常繁荣，但土地供应却逐渐不足。在这方面高瞻远瞩的人将会前途无量。

土地所有者面临的另一个重要好处是他们得到了掩护。这也是乡
81 村地产的一个重要卖点，因为土地所有者往往会对邻居们的意图感到紧张，他们最担心的就是某天早上醒来会看到推土机正在入侵自己最喜欢的一处景观。地役权方案为土地自然风光而设计，从而关系到一大批从中受益的土地所有者。这也是要保留征地权的另一原因。地役权方案可以遏制那些想要侵害邻居利益且不肯让步的人。

此外，还有税收优惠。如果一个人让出他部分地产的地役权，可将这部分地产价值作为慈善捐赠从个人所得税中减免出去。更重要的是当地财产税。如果一个人让出了地役权，他目前的缴税额度不一定会减少，评估员很有可能仅以开放空间评估他的土地。地役权的意义在于让土地所有者用以上标准去衡量土地的价值，而不是根据其开发潜力提高估价。有些州已经出台了相关法律，但原则上也没有什么必要。大多数州的宪法已经规定土地评估不得超过其合理的市场价值。如果一个人让出他部分地产的地役权，评估员应该在计算土地市场价值时考虑到这一点。如果存在一个具有约束力的协议规定某块土地不得开发，评估员则不能将其评为可开发土地。

地役权非常具有约束力，而且事实清楚，这也是它能够奏效的原因。地役权契约表格必须明确说明赋予的和未赋予的权利，不存在开放式条

款，让买家可以随着时间的推移为土地所有者开出新的条件。行政官员喜欢这种灵活性，但土地所有者或法院则不以为然，因为他们不赞同这种随意签署的地役权，尤其是太过随意的地役权，以至于很难确定土地所有者应该让出多少权利以及他应该得到多少回报。

地役权“与土地相伴相生”，相关条件适用于其后的土地所有者。与契约不同，地役权属于真正掌握业主权益的所有人，他们希望看到地役权得以执行。（但存在一个复杂的法律问题，即一些律师热衷于提及的 82
“总体”地役权与“从属”地役权。这一问题可归结为：如果一个人在附近没有自己的地产，他是否可以购买一块地产的地役权。总体意见是可以购买，尽管这个人在附近拥有一处地产更有保障。）

大多数地役权为永久地役权。有人会对这样的承诺感到大吃一惊，他们更喜欢短期地役权。但是，完全地产权或者大多数其他权益均是永久性出售，而且地役权的永久性出售是有实际原因的。否则，土地所有者就可能无法说服评估员忽视开发潜力，也无法获得资金收益。如果地役权获得期限较短，资金收益将被征收收入所得税，和租金收益的情形一样。

短期地役权也可能给买家带来麻烦。公共机构发现，重新协商即将到期的地役权和完成购买永久地役权一样困难重重。过去购买短期地役权的机构现在想将其转为长期地役权，而且不需要额外费用。

永久地役权不会永远存在。几乎每一份地役权契约都有一条归还条款，即如果地役权购买目的被舍弃，地役权将自动失效，所有权利将会归还掌握完全地产权的土地所有人。以前许多城际有轨电车需要地役权铺设线路，如今有轨电车不复存在，地役权便早已归还所有者。拥有土地的人往往对此并不了解，在许多地方，人们仍然能在杂草丛中发现废弃线路的遗迹。

需要重申的是，作为一种传统措施，地役权多年以前就应用于对自然资源的保护。1900年，景观设计师查尔斯·埃利奥特把地役权条款加入《马萨诸塞湾巡回法案》。在景观设计师弗雷德里克·劳·奥姆斯特德的督促下，加利福尼亚州收购了一些风景地役权。1930年，国会通过《卡珀—克拉姆顿法》，批准收购首都华盛顿地区沿线的河流、公园的地
83 役权。20世纪30年代，国家公园管理局针对蓝岭和纳奇兹景区干道沿线许多地方使用了风景地役权[*]。

不过，以上仅是零星尝试。到40年代末，地役权这一措施几乎被人遗忘。环保和公园官员对探索其应用潜力并不感兴趣，而且似乎也没有充分的理由这么做。当时战后建设热潮正如火如荼，但州政府和联邦公园的收购活动主要集中在完全地产权费用低廉的乡村地区，当时每英亩超过150美元已经被认为是非常昂贵的土地。

郊区向外扩张重新激发了人们对地役权的兴趣，拥有土地的团体和公共机构官员共同制订了相关立法提案。开放空间法案的历史可以说明一切。在加利福尼亚州的蒙特雷县，一些土地所有者害怕自己壮丽的海岸线会受到破坏，于是更热衷于把关键景区的地役权转交给县里。然而，他们也对蒙特雷县是否会接受地役权心存疑虑，因而觉得有必要出台相关立法。

当时，我和一位律师刚为宾夕法尼亚州起草了一项地役权示范议案。大型研究项目正在进行，这导致该法令无法施行。如今回顾这个
84 议案，我们发现其中有很多漏洞。尽管还只是停留在纸上，蒙特雷人民却把它看成一种风向标。州参议员弗雷德·法尔是一位热心的保护主义者，他与规划师威廉·利普曼合作，为加利福尼亚州议会起草了一项议案。

该项议案在宾夕法尼亚议案的基础上取得了长足进步。一方面，

---

* 这是一项没有先驱者的开创性计划。国家公园管理局为公用事业用地制定了完备的细则，但实际收购工作交由国家公路部门完成，结果许多地役权由并不太相信地役权的人去协商。对待地役权的不同态度体现在成本上。比如，在密西西比州，地役权平均只占完全地产权成本的3%到10%，在弗吉尼亚州，这一数字高达40%。谈判代表没有根据标准做法进行评估，当农民们事后相互比较价格时，巨大的差距让他们疯狂，他们觉得自己吃了大亏。这种做法也没有统一的解释。国家公园管理局接管景区道路后，发现许多土地所有者对于在已售出地役权的土地上能做什么和不能做什么并没有明确规定。这也给地役权的执行带来问题，尤其是林地。多年来，景区道路的作用确实显著，但在相当一段时间内，这些早期地役权问题成为其不再进一步应用的理由。

它不仅特别批准了地役权，还批准了受限制土地的出售或租赁。另一方面，也是更重要的一点，它大大拓宽了收购开放空间的公共目标；但无论采用何种方法，这些目标都需明确为不仅仅限于面向传统意义上的直接公共用途。此外，该议案以令人振奋的肯定话语表述上述内容。以下是该议案的前两节：

> 本章旨在提供一种方法，任何县或城市可通过购买、捐赠、拨款、遗赠、租赁或其他方式收购土地，以及通过公共资金支出，获得完全地产权或较少的不动产权益，限制土地的未来使用，为公众用途和休闲娱乐保留开放空间和地区。
>
> 本议会发现，快速增长和扩张的城市开发正在侵占或消除许多大小不一、特征各异的开放地区和空间，包括许多拥有重要风景或美学价值的地区。如果目前的开放状态能得到保留和维护，这些地区和空间将成为现有或未来城市和都市开发的重要物质、社会、美学或经济资产。

当时距离州议会休会仅剩几天，通常情况下这样议案的也不会通过。不过，由于他的同事议员刚刚投票否决了法尔的广告牌管控计划，而他们也为此感到有些后悔，因此有传言说下一次就轮到弗雷德的提案。

下一次便是这一次。这个议案最终获一致通过。法尔表示，这个议案哪怕是用中文写的也会一致通过。

然而，天有不测风云，地方上的特殊原因令该议案陷入困境，直到数
年后蒙特雷项目才开始实施。在提案成为法令的那一刻，数百本复印件 85
被送到其他州的保护主义者和规划师手上。对他们来说，这是一个好消息，而且他们也因这个提案投票得到一致通过而感到欢欣鼓舞，继而在各自的州议会里努力。在不到一年时间里，纽约也通过了类似提案，随后马里兰州、康涅狄格州和马萨诸塞州相继通过。其他州也陆续跟上，而且我很高兴地看到其中有宾夕法尼亚州。

虽然大多数规划师都对这些法令表示欢迎，但有些人则认为这些法令会导致草率行动，其中少数人似乎还担心社区会在制定综合规划，并在确定哪些土地需要保留之前，开始保留过量土地。他们大可不必担心。因为间隔相当漫长，无须急于行动，也没有必要保留太多开放空间。

但是，当地政府和州政府时常也要冒险。他们无意敢为人先，只是在试图应对某个特定情况时发现了地役权的效用。消息一经传播，其他地区就跃跃欲试，从而更多的授权立法得以通过。

如今，这一突破终于实现。甚至公路部门也参与进来。仅在过去几年中，各大州的公路部门已经着手大型风景地役权项目。我们应该保持这一势头。尽管许多公园和保护机构仍不断对地役权表示质疑，但它们无法再抱怨无先例可循。有关地役权的关键主张正在接受试验，大多未曾解决的重要问题也已得到答案。

地役权的成本是多少？阻挠这一措施得到更为广泛应用的一个最大障碍就是有传言说，购买地役权的费用相当于直接购买土地。这种传言根本子虚乌有，却在文献中反复出现，加之各种附加消息不断，以至于传言演变为事实。这正是让官员们泄气的原因。

86 实际经验证明了常识判断。地役权配得上土地所有者所放弃的价值。有时放弃的价值大，但有时也微不足道。

计算地役权价值的经验估值法是计算地产受限“之前和之后”的价值，即不受限地产价值与受限地产价值之间的差值就是地役权价值。这种差值取决于时间和地点。如果你想在开发条件成熟的地区购买黄金地块的地役权以阻止开发，那么土地所有者将会放弃绝大部分的地产价值，或者他认为是这样；而且你还需要花费巨资购买地役权。国家公园管理局在安蒂特姆战役遗址为土地所有者提供了高达其土地完全地产权30%的金额购买风景地役权，但土地所有者并不在意，他们认为开发价值将会增加更多。在这样的案例中，直接购买土地往往更有意义。

不过，在开发压力很小的乡村地区，地役权成本相当低廉。威斯康星州取得密西西比河沿岸大河路的地役权便是一个成功案例。最初，公路部门准备购买宽阔的公用事业用地，以使景观保持景区干道标准。出于多种原因，包括水上运动员的抗议（他们担心被禁止进入密西西比河），公路部门决定购买一小块地，并以风景地役权保护从道路中心线向两边延伸350英尺的地区。1951年至1961年间，地役权保护了大河路沿线53英里的地区。支付给土地所有者的地役权价格平均为每英亩16美元，而同类土地的完全地产权价格为41.29美元。自1961年以来，地役权又保护了100英里的土地。尽管土地费用总体上一直飞涨，地役权费用只是略微升高，平均每英亩21美元。

威斯康星州公路部门已经学会了如何降低地役权成本。他们强调的最重要的因素就是清晰。原始成本和后来的执行成本在很大程度上取决于土地所有者对于地役权的了解，而违规基本都是源于他们对于地
役权的误解和模棱两可，并非有意违反。公路部门工作人员通过反复仔 87
细地解释地役权条款，尽量减少以上违规案例。最近，他们修改了契约形式，摒弃法律术语，改用简明语言准确说明土地所有者将要转让和不会转让的权利。

由于公路部门一直在寻求更为精准的地役权应用，因而也能更为灵活地加以运用。相比以往的做法，两边统一延伸350英尺，他们如今根据景观轮廓来调整地役权。如果附近山脊缩小了景观范围，他们不会继续购买；而一般情况下，他们会将地役权范围扩大到700或900英尺。不过，遇到特殊情况或土地成本极高时，他们也会灵活处理。例如，针对城镇边缘的地区，他们并不打算购买所有土地的开发权，而是买下“城市景观地役权”，确保房屋在距离景观300英尺之外。如果是商品木材林地，他们则会购买完全地产权。对于使用价值很低的土地，哪怕成本微乎其微，他们也会购买完全地产权。（这也是对完全地产权和地役权成本进行比较时，对人产生误导的原因之一。）

然而，还有问题需要解决。购买完全地产权以及地役权的评估费用似乎已经失控。公路部门最近对他们的工作人员进行职业化培训，而培训成果之一便是要求重视调查和文献工作。但是这些工作通常费用不

菲，或者会花费比以往更多的成本来确定土地所有者合理的报价。依法征用在这方面倒是没有遭遇很大困难——尽管仅有约10%的收购案例使用了该方法——但法院庭审评审团有时还是非常慷慨。最近一个征地案例中，赔偿金从250美元提高至6 000美元。当评审团提出这种赔偿时，公路部门则会选择不参与收购。但是根据现行法律，公路部门必须参与庭审过程。

总的来说，地役权帮助土地所有者及公众解决了经济学和美学问题。如果没有地役权项目，公路沿线很多地区早就会沦为乡村贫民窟。任何人都无法从这条道路上赚取大把钞票——除了出租土地供广告牌投放和汽车营地的微薄所得——并且所有人都将按未来价值支付。不
88 过，土地环境并未遭到破坏，而是以片区形式保留在城镇范围之内。沿着这条壮丽的公路，邻里地产相互增益，沿线整体地产因为这些地役权保护区域得以增值，土地所有者也没有损耗其地产价值。通过查看销售价格可知，地役权保护土地与未受地役权保护的同类土地一样受到欢迎。有人认为，受地役权保护的地产实际上可能更有价值。*

此外，人们已经成功验明地役权项目符合宪法。一批土地所有者对威斯康星州政府提起诉讼，指控地役权只是出于美学目的，而不是一个合理的公共目标，毕竟公众没有使用土地。最终威斯康星州最高法院支持了地役权，而这一判决对于其他州具有重大意义。法院认为，地役权确实服务于公共目标，属于“视觉占有”，并非由治安权强加实行，而是属于征用权名义下的有偿购买，州议会也已制定相应的适用标准（卡莫罗斯基诉威斯康星州政府，31，威斯康星州案，2456；1966）。

想要了解风景地役权成本的人应该研究风景地役权的实际成本——例如，大河路沿线的地役权。这样做表面上看似理所当然，但官员们一直倾向于从其他角度看待成本问题。他们会对地役权的**可能**成

---

* 早前蓝岭景区干道的地役权经验并不理想。在1968年1月的《估价期刊》中，霍华德·L. 威廉姆斯和W. D. 戴维斯研究了北卡罗来纳州某县景区干道沿线的土地销售情况，结果表明部分受风景地役权保护的地产的市场欢迎度并不及未受地役权保护的同类土地。不过，他们也发现，土地所有者没有遭受任何价值损失，而其未受保护的其余土地也未遭受“拆分损失”。

本做出假设，但是不清楚自己说的是什么样的地役权。坚持完全地产权的官员有时会发出各种总结性警告，认为其使用了完全不同的另一种地役权的成本购买风景或保护地役权，但他们有时忘记了地役权购买中的各种特殊情况。他们尤其热衷于提到泄洪地役权的成本数据。凭借泄洪地役权，公众从土地所有者那里获得了必要时向水库附近的私有土地泄洪的权利。尽管大多时候并没有这个必要，但土地所有者显然放弃了 89
很多权利，因此地役权成本可能高达完全地产权成本的80%左右。如果这块土地适合娱乐休闲，公共机构就有充分理由再支付另外20%的费用直接购买。

然而，这并不意味着地役权总体成本通常就会占据完全地产权成本的80%。因为不存在总体地役权。每种地役权都是具体的，要求土地所有者保持土地美观是一回事，而告诉他你要在他的土地上泄洪是另一回事。因此在谈到成本时，根本无法用一个地役权的数据去讨论另一个地役权的成本。

想要使用地役权的人们可能也对地役权并不了解。最常见的错误是无法区分风景地役权和允许公众访问的地役权。一块特定土地的这两种权利可以写在同一份地役权契约中，但是两种权利不能按照其中任何一种权利的价格同时获得。几年前，一个镇保护委员会发现一处由多个小地块组成的美丽草地，这些地块的所有者非常乐于接受风景地役权，而且事实上大多数人表示会让出地役权。由于受到善意的鼓舞，委员们变得有点贪心，决定在契约中额外增加公共访问的条款。土地所有者们因此变得很坚决。谁来清捡垃圾？怎样隔离大量人群？于是，他们收回了出让的地役权。一些土地所有者表示，如果以某种代价让出地役权，他们就会倒大霉。这个项目在中断三年以后，最终只能依据较为温和的风景地役权开始实施。

成本中的另一个关键变量，也是研究中很少受到关注的变量是谈判人员，但有时更重要的是相关部门的负责人。在追踪风景地役权成本的过程中，支付给土地所有者的费用、设计和勘测费用、法院上诉率等客观数据与官员对待地役权的态度之间的关系让我深感震惊。在官员赞同地役权措施的那些州，地役权成本一直适中，几乎没有上诉情况，也不存在太多的执行问题。但在官方不赞同地役权措施的那些州，成本数据明
90 显居高不下，地役权维护和执行方面也问题重重。

威斯康星州的相关经验进一步说明了这一现象。1962年，州长盖洛德·尼尔森提出一个价值5 000万美元的保护项目，还提到公路部门通过大河路地役权所取得的成功，他呼吁其他机构要扩大使用这项措施。

> “除风景地役权外，”尼尔森表示，“我还建议购买公共访问权、公共狩猎和捕鱼权、河源和泉源的使用和变更权、湿地排水权、景区监管权、用于保护禁猎区的栅栏占地权、有鳟鱼的溪流沿线的绘图权、湖岸沿线的土地细分权和伐木权，以及毗邻州立公园和营地的土地免设广告牌、酒馆和土地特许使用的开发保护权。”

然而，该州保护部门对此反应冷淡。在州议会召开前的听证会上，一位高级官员表示他本人和他的同事都不赞同该项目的总体目标，不过他们也想知道是否是时候尝试一下新措施或者开始如此大规模的项目。他们建议进行更多调研。

该项目得以通过。该法令起草人——行政行为专业出身的哈罗德·乔达尔曾表示保护部门必须遵从该法令。不存在例外条款。该法令规定每个部门必须开展一些开拓性工作，拨付一定数目的拨款给特定地区的具体地役权项目，如果拨款没有花出去，就会被追回。对于许多官员而言，这可是一项需要深思的艰巨任务。

我清楚记得有一个为期两天、面向州政府机构人员的地役权培训班。当时有些人仍处于行政休克状态，他们曾经反对的该死的地役权如今仍困扰着他们。就在这种充满强烈好奇心的气氛中，不情愿的先行者第一次得知地役权项目已在威斯康星州施行多年，并且相当成功。他们
91 不仅了解大河路项目的成本数据，而且知道地役权不仅不像完全地产权那样高，而且还很低。至于是否存在法律方面的障碍，已故法律专家、说话素来坦率的雅各布·博伊舍尔向这些官员保证，这些地役权会给予他

们前所未有的操作空间。地役权可以发挥作用，降低成本，效果和他们期待的一样。

事实就是如此。所有的努力都得到了回报，地役权项目取得了成功。阅读保护部门工作公报中提到的开拓性工作便成了一件乐事。此外，一些地役权项目的效果明显好于其他项目。原因有很多，工作人员的技巧和热情显然是最重要的因素。

对地役权最为冷淡的公园管理者最近开始有所进步。渔猎管理者早已成果显著。他们取得了200英里的临湖和沿河地役权，而成本仅占完全地产权成本的一小部分。花费1美元，他们就能得到大约3.5英尺的临湖和沿河地役权，但同样的成本仅够0.5英尺的完全地产权。同时，他们还拿下了约9 000英亩的湿地和狩猎地役权，平均每英亩8.30美元。(完全地产权成本则高达每英亩26美元)。

地役权看上去显得十分昂贵。这取决于相关机构决定在工程及管理费用方面打算投入多少成本。在一系列项目中，地役权成本似乎涵盖了除办公室采光费以外的所有费用，但其他额外开支超过了地役权成本。相比之下，官员在其他项目上能以更经济的方式实现相同的目标。一位特别优秀的谈判代表拿下的地役权数量为其他谈判代表拿下的项目数量之和，而且成本非常合理。

职业偏见很重要。相关机构对于地役权的态度很大程度上取决于他们是否长期带着偏见与土地所有者合作。在大多数州，公路工程师想要收购土地的完全地产权来解决问题。休闲娱乐和公园管理人员往往也有同样的想法。相对而言，林务局和渔猎管理者更习惯与土地所有者 92
合作，倾向于接受任何有助于建立这种相互关系的措施。他们承担了一些最为成功的地役权项目，尽管消息并非总能传递到各州首府的其他环保部门。

内政部下属的鱼类和野生动物管理局在明尼苏达州和南、北达科他州的“坑洞乡村”项目便是一个绝佳案例。由于冰川作用留下的成千上万个小洞为野禽繁殖创造了独一无二的栖息地，因此该地区成为美国重要的鸭类培育场。然而，对农民而言，这些小块湿地影响并且浪费了农田，于是第二次世界大战后，他们开始快速填补这些坑洞。

为控制这个局面，国会通过相关法律，规定鸭子主题邮票的销售收入可用于保护这些湿地。鱼类和野生动物管理局则开始与农民协商二十年租约。但是他们很快发现获取永久地役权更容易。农场经常被转手（管理局发现这个地区的农场平均约六至八年便转手一次）。与长期的固定收益相比，土地所有者更喜欢一次性拿到一大笔钱。

鱼类和野生动物管理局启动了一个保护项目，包括收购完全地产权和地役权。他们尝试买下大块湿地的完全地产权，作为“核心区域”，而在小块湿地上使用地役权。

地役权规定农民不得焚烧、填补或排干其地产上的湿地。到目前为止，10.2万英亩湿地的完全地产权和50万英亩的地役权已被买下。现场工作人员通过与农民的良好合作，以每英亩平均11.50美元的价格取得了地役权。在如此广阔的区域内行使地役权一定会出现问题，但是管理局通过空中监测把问题解决了。现场工作人员定期乘飞机从这个区域的上空飞过，然后对比之前拍摄的航空照片，就能快速发现已被农民填补的洼地或焚烧的灌木。

纽约州自然保护署一直都在高效购买有鳟鱼的溪流的捕鱼地役权。
93 这个地役权允许渔民使用溪流向两岸延伸30英尺的地带。但他们不能进入地产的其他区域。在需要建停车场的区域，该州购买了小块土地的完全地产权。自1950年以来，该州已经获得了溪流沿岸大约1 000英里的地役权，目前的收购成本约为每英里1 000美元。

把自己的工作视为直销业务的谈判代表花费大量的时间用于地区踩点。在给拥有土地的农民第一次拨打电话之前，他们会了解关于他的各方面消息、他的财务状况、地产历史和产权状况等。他们首先会应对农民中最有影响力的“人物”，之后按名单挨个做工作。最难应付的农民留到最后，到时候他就会倍感失落，以至于最后可能会可怜巴巴地想迫切加入进来。谈判代表不会讨价还价。无论是多么肥沃的农田，他们提出的报价与本地区的其他报价都一样，是基于每英尺的单价。这样一来就节省了时间和评估费用，而且由于农民之间很快就会相互比较回报，因此没有人觉得自己在有农场的乡村是一件非常重要的事。

继纽约州之后，其他州的谈判代表也获得了类似的成功。在明尼苏达州，他们已经从几乎所有接触过的土地所有者那里获得了捕鱼权，而且地役权的单价仅为1美元。在威斯康星州，渔猎权谈判代表曾租下河溪沿岸地带长达二十年，但如今他们发现更经济的做法是取得永久地役权。1961年以来，他们已经获得了170英里的河溪沿岸的地役权，每英尺的成本仅为30美分，而完全地产权的收购价格则高达每英尺2.38美元。

到目前为止，我一直在强调乡村地区的机遇。长期以来，很多人都认为城市地区的地役权可能贵得令人却步。（我当初也是这么认为，而且令我懊恼的是不少官员在引用我关于这一点的一个早期研究报告后就不再进一步查证。）

表面看来，以上说法完全不证自明。城市地区的地役权价格主要取决于开放土地的平均成本。在土地售价达到或超过每英亩2 000美元的地区，地价成本显然很大程度上取决于开发潜力，因此对于撇开开发潜 94
力的地役权而言，其价格几乎与完全地产权持平。

以上结论往往也是不证自明。例如，几年前刚刚通过一个地役权收购项目的一个州委托一所大学，研究确定可以购买地役权的地区。调研人员从其所谓的宏观角度出发，绘制了大面积地区的平均土地成本图表。对于平均价格在1 000美元以上的地区，即该州的大部分城市地区，该图表显示不可购买地役权。（此外，该研究还排除了土地价格极低的地区，理由是开发价值很小，因此也就没有购买地役权的意义。）该州的地役权项目因此胎死腹中。

造成这种结局的原因在于人们没有亲身去勘查这片土地。如果去了，就会发现平均土地成本可能极具误导性，因为它掩盖了各种变化和意外机遇，而如今教会我们这一点的却只有开发商。显而易见，就在最近几年我们发现城市地区存在不少拿下非完全地产权的绝佳机会。城市集约利用土地的压力最大，反而促成了土地物美价廉的所有因素。

我们来看一下郊区的情况。有一个郊区的现行地价是每英亩在2 000美元到1万美元之间。作为农田，其价值不超过每英亩150美元或300美元。因此，它的平均开发价值也在每英亩2 000美元到1万美元之间。

我们仔细看看这块土地。假设开发商花50万美元买了一块面积为100英亩的土地，即平均地价为每英亩5 000美元。但每亩土地是否真值5 000美元？这一数字仅是算术平均值，却掩盖了该地不同区域的地价变化，而且评估员对于这种变化习以为常。同时，开发商追逐的是极具
95 建设性的临街土地，因此这块地的1/3区域占据了大部分价值。

一些地产很可能根本不值得建设——例如沼泽、溪流或者陡坡。那么这部分土地的开发价值何在？它们或许没有开发价值；如果有的话，开发商就会通过大范围降低坡度、筑堤、填补等方式来实现，哪怕花费不菲。

与开放空间一样，此类边缘土地也可能极具价值。除美学因素考量外，开发商如果不在这样的土地上大兴土木，反倒更有利于自己。如果他能把建筑物集中在可建筑区域内，将土地作为开放空间和游憩区来维护，或者把边缘区域转让给某个业主协会，或者把它当成一个专用区域，也符合他自身的利益。这正是开发商怀着极大的热情从事的工作。

各类开放空间法案一直以来都在发挥作用。加利福尼亚州刚出台开放空间法案时，提案人并不是要帮助开发商。开发商被认为是一群劣迹斑斑的家伙。然而，该法令颁布以后的成果之一就是让开发商更轻松地放弃开放空间。许多开发商已经把他们的大部分土地作为永久开放空间转让，条件是他们可以把所建房屋集中在剩下的区域。然而，社区却心存疑虑。他们想知道开放空间到底能够保持多久？

加州几个社区发现地役权措施可以打破这个僵局。无论开发商自己掌握开放空间还是把它转让给业主协会，只要他将开放空间的自然保护地役权转让给政府，并保证空间永远保持开放，这样就可以证明他的

良好意愿。对此，开发商表示赞同并把这一理念传播到了其他州。

最近开发商对簇群规划的兴趣给土地所有者带来了重要启示，但事实上，利益驱动更具说服力。直到不久以前，还有人设想与土地所有者商讨，如果后者同意对他指定部分的土地进行保护，他就不会破坏开明的开发商眼中地产的整体开发价值。土地所有者会表示怀疑。哪儿会有这样开明的开发商？在土地所有者看来，大多数开发商希望开发 96
他们能掌控的每一寸土地，如果他们掌控不了的话，他们就不会花费太多购买土地。原则上，簇群开发是一个不错的想法，但可能永远都无法实现。

如今，簇群开发已经到来，地役权也不再只是设想。人们可以通过具体案例向土地所有者展示，保护自然风光结合开发规划不仅让人为之愉悦，而且在商业方面也有利可图。简而言之，土地所有者不会放弃太多权益。即使他可能并不打算出售土地以供开发，地役权也会允许他基于以上考量而不出售土地，这样的保证让他更容易从利他主义角度思考。

捐赠地役权的意愿比预期要强烈，而这种意愿在城市地区最为强烈。需要再次说明的是，这种主动性不仅来自官员，也同样来自土地所有者。在有些情况下，官员已经非常确定有的地役权会出奇的昂贵，但是土地所有者仍然会捐出地役权，这让官员觉得难以置信，而且往往是土地所有者施加了压力。

上滴效应的一个最佳案例便是弗农山庄景观政府保护项目的变迁。1959年，一个油罐区项目计划选址位于波托马克河岸的马里兰州一侧，正好位于弗农山庄对面。来自俄亥俄的众议会议员弗朗西丝·博尔顿有很强的执行力，她动用部分个人资金买下这块地产，并联合邻近一些土地所有者共同成立了阿科基克基金会来扩大地产持有量。一切进展顺利。直到1960年，华盛顿郊区卫生委员会宣布征用波托马克河沿岸的土地建造污水处理厂。这个计划招来强烈反对。博尔顿和其他议员敦促联邦政府在这里建一个公园，这个地区的众多土地所有者也承诺，如果联邦政府同意的话，他们将免费捐赠地役权。1961年，国会通过决议，授权内政部长收购土地及土地权益，建立皮斯卡塔韦公园保护区，并接受了该地区土地所有者捐赠的地役权。他将收购586英亩土地的完全地
97 产权，并取得周边土地的地役权。

令众多政府官员惊喜不已的是，土地所有者履行了他们捐赠地役权的承诺。167块土地的所有者承诺捐赠合计1 215英亩土地的地役权。地役权方案规定这片土地不得细分为小于5英亩的地块，而且未来的土地利用和建筑物均受严格管理。同时还规定未经内政部长的许可，不得砍伐高度为30英尺及以上的树木。

乔治王子县的官员欢迎地役权方案，并认为应该向其他地区推广。为鼓励地役权实施，该县于1966年初颁布法令，为这些地役权所涵盖的地产减税50%。帕图克森特河沿线风景区的土地所有者也表示希望捐赠地役权。

不过，这一切都要符合一个重要条件。在皮斯卡塔韦地区，开始实施地役权方案的土地所有者坚持要有所回应。他们签订的地役权契约取决于联邦政府是否坚持履行协议。如果政府在原来决议的五年内完全买下586英亩的公园用地——到1967年8月——地役权就将永久化，否则就会过期。

土地所有者坚持限制性条款是件好事。政府，或者更准确地说，众议会拨款委员会，并没有兑现承诺。虽然国会批准了93.76万美元的采购款，但该委员会仅拨付了21.3万美元。这笔钱远不足以买下土地，而未来几年的地价上涨则会进一步拉大差距。追加拨款的提案相继在1963年和1964年被否决。1967年，未购买土地的市场价格继续上涨，国会被迫批准拨付270万美元才能完成这项购地工作。当年5月，众议会拨款委员会的一个分委员会已经倾其所有。该委员会对捐赠挑三拣四，不仅损害了已经捐赠的地役权，而且还会影响以后的捐赠。例如，帕图克森特地区的土地所有者宣布他们将重新考虑地役权方案。

不过，一直责备联邦机构不愿意增加收购资金的也是众议会拨款委
98 员会。由于皮斯卡塔韦地区项目恰好是一个要求增加拨款的着力点，而这次削减拨款又遭到强烈抗议，参众两院协商委员会最终在地役权到期

前追加150万美元，这足以安抚土地所有者，并保证地役权生效。

波托马克河上游几英里处也发生了严重纠纷。开发商收购了位于波托马克河上游核心位置的生长着繁茂树林的梅利伍德地产。他们申请改变分区方案以便建高层建筑。由于高层建筑会改变这个地区的整体风貌，因而引发了激烈抗议，但地方政府还是做出了改变分区的决定，一切似乎都没有挽回的余地。

之后，在这改变一切的批准过程中，内政部长尤达尔也参与进来。他让律师找到相应法规并援引征用权，为该地附加上风景地役权以禁止开发高层建筑。这对地役权来说并不是理想的形式。由于最近的分区变化，开发价值突飞猛涨，政府必须支付74.5万美元。

然而，收获的不仅仅只是停掉了几栋高楼大厦。作为一个重要先例，这个行动激发了一系列连锁反应。这个地区的土地所有者将类似的地役权捐赠给政府，而这也促成了人们期待已久的国内税收署的裁定。一位捐赠者要求就地役权价值可否作为慈善捐赠填入所得税申报表以减免个人所得税进行裁定。国内税收署表示这一减免可行，并且裁定这一减免适用于全国各地的类似地役权捐赠。

事物之间就是这样相互推动着向前发展。

我不想过于强调某一措施。其他措施也能达到相同效果，如果运用得当，甚至有时效果更好。例如，对于海岸线的土地，我们可以使用类似地役权的方法，即购买土地的完全地产权，然后出售或租赁土地的使用权。

另一种可能的措施是“补偿性监管”。根据这一措施，应该优先使 99
用治安权。一个地区可以分区为开放空间或低密度用途土地。之后，当该地区的土地所有者出售土地时，他可以提出补偿要求。如果由于施加的管制导致土地的市场价值遭受损失，他应该得到相应的补偿。实际上等于从土地所有者那里回购了地役权。

不过，技术手段是次要的。我一直强调地役权不是因为我认为它应该作为主要措施，而是因为它能最清晰地展示一种基本路径。我们本质上关注的是找到与拥有大部分景观的土地所有者合作的方法，从而实现个人利益与公共利益相结合。如果官员真的有兴趣寻求两者的结合，他们会找到很多方法，只要他们愿意，这些方法就会奏效。

关键在于措施的搭配组合。任何单一措施的作用都很有限，但是它们相互搭配就能彼此加强。例如，如果我们划分出冲积平原，之后在冲积平原上购买开放空间就会非常容易，而且到时候价格也会更合理。如果我们以完全地产权的方式购买土地，就可以更方便地在受到保护的土地上购买地役权。每一步都为下一步打开方便之门。

为了说明这一点，我简要介绍一下萨德伯里河案例。萨德伯里河蜿蜒穿过波士顿郊外的一个秀丽山谷。河两岸全是大片的美丽沼泽，自古以来就起到调蓄洪水、供养野生生物的作用，同时也是一处赏心悦目的景观。20世纪50年代，开发商开始觊觎这片土地，而马萨诸塞州议会通过州和联邦联合行动，颁布了相关保护法律。联邦鱼类和野生动物管理局当时正在购买主要的湿地的完全地产权。剩余的工作则将由州政府完成。

时任马萨诸塞州自然保护委员的查尔斯·福斯特当时没有收购资金，于是极具美国式开拓精神的他想看看不花钱能做点什么。在萨德伯里地区的一次公开会议上，他向当地人提出建议。他说他自己准备购买
100 或征用湿地的完全地产权。但是这有必要吗？他提到该地区的自然保护委员会和私人团体已经完成了这项工作。（例如私人团体萨德伯里山谷信托基金会当时一直在购买沼泽。）最后福斯特建议当地人也可以制订一个能够保护所有湿地的计划。他并不太关注他们采取什么措施，只要能真正长久地保护湿地就行。他会给他们一年的时间看看能做些什么。

他立即得到了回应。在短短几个星期内，所有土地所有者都自愿将湿地的地役权出让给当地土地信托基金会。

此后人们又做了大量工作，例如，强化湿地分区，还捐赠了很多地役权和完全地产权。公共机构和私人团体齐心协力，而这种紧密合作事实上无法通过图表清楚列出，或者评估出谁对保留该区域的功劳最大。而这就是土地得以保留的原因。

这就是数百个其他区域如何得以保留的故事。真正有兴趣与土地所有者探索合作方法的官员们会发现，在分区和直接购买之间还存在各种折中措施和各种措施的搭配组合。如果他们希望这些措施奏效，它们就能发挥作用。官员们必须尝试这些措施。如果他们没有尝试，我们应该敦促他们有所作为。 101

第六章　税收措施

许多人认为，保留开放空间真正关键的不是分区、购买土地或土地权利。他们相信，保留开放空间的最好办法是减轻开放空间所有者的部分纳税压力。他们推荐的措施是“征税估价优惠”，简单可行。但是相关法规的表述却冗长复杂，最核心的内容其实就包含在一句话中：**评估员只能以开放空间的价值评估开放空间。**

人们相信，法规上的这个小小变化能够在未来几年内保留大量本将开发的农田和开放空间——而且无须支出任何公共资金。在政治方面，这个愿景被证明极具说服力。已有七个州以各种形式施行了征税估价优惠，而且有迹象表明有更多的州会参与其中。农民是征税估价优惠的主要倡导者，环保主义者也一直给予大力支持，甚至城市和郊区居民也投了赞成票。

在我看来，他们是上当受骗了。作为州法规的起草人之一，我认为有必要对开放空间进行评估——如果评估有赖于一个具备一系列手段的土地利用规划，以及设有防范投机性滥用的严密措施。但是，大多数法规对此都不作要求。它们同意税收优惠，却未向公众提供任何真正的平等补偿。公众的付出并没有得到回报，他们所看到的只是保留开放空
102 间的表象。人们满怀真诚地通过了这些法规，但实际上却在无意中给乡村施加了新的投机压力，并为一些重大土地丑闻埋下伏笔。

各州宪法几乎都有这样一条规定：土地评估应基于相同的基础。这一基础就是基于价值，有时被定义为“现金价值”或“最重要且最佳的用

途”。为计算这一价值，评估员会考虑很多因素，其中最为重要的便是最近销售的同类土地价格，同时他们还会估算有意购买的买家向有意出售的卖家支付的金额。在纯粹乡村地区，有意购买的买家可能就是农民，而且1英亩可能最多支付几百美元。在这种情况下，农业价值和市场价值容易等同。然而，在郊区边缘地带，开发商不但有意而且渴望为同样的1英亩土地支付1 000美元。评估员应考虑的是较高的价值。

这就是法律的规定。但大多数评估员并没有依法行事。如果遵循法规的话，到时候就会有人告诉你，他们早就在自己的社区耗尽精力。在郊区边缘地带，评估员一直仅根据土地当前用途评估农田的价值。他们有时采取统一价格：例如，牧场1英亩175美元，林地1英亩75美元，沼泽地1英亩50美元等。评估员在对待高尔夫俱乐部和大型地产时，对两者持有相似的同情态度。他们或许对建筑物估价很高，但在对土地进行估值时好像土地自身没有任何市场，而是仅仅保留为农田、高尔夫俱乐部或大型地产。有些评估员认为只要推土机还没有开始工作，就有理由不认可土地建成住宅小区的可能性。

但是评估员承受的压力越来越大。由于社区迫切想要更多的税收收入，许多评估员被迫提高农业估值以接近实际市场价值。特别是当社区决定重新评估整体征税清单，并聘请外来顾问协助工作时尤其如此。
这些外来顾问没有同情心，他们的宗旨是“从价”，对于任何估价过低的 103
情况都公事公办。因此，他们的工作成果让土地所有者，尤其是农民感到震惊。

农民表示按最高标准评估对他们极不公平。他们说，如果评估员仅根据农场价值来评估他们的土地，他们会十分艰难。如果评估员尝试全面考虑市场价值，他们的立场就会动摇，从而引发恶性循环。例如，邻近的农场以每英亩800美元的价格出售给开发商，所以评估员决定将周边其他农场的估价从1英亩200美元提高到300美元。接下来，税率开始上涨。开发商的住宅小区中，会有更多的新生儿出生，而他们必须接受教育，社区则必须支付更多费用提供各种额外服务——而社区多支付的费用可能远超过从住宅小区中收取的税款。学区债券上浮，财产厘计税率

(mill rates) 提高。这时，另一个农民也出售了土地，价格为每英亩1 500美元，从而导致另一个住宅小区出现。税率再次上涨，评估价值也相继上升。第三个农民又售出土地。

农民对这一循环又爱又恨。一方面，这意味着他们的土地最终可能会以高价出售。农民喜欢这一点。另一方面，他们不喜欢的是同时发生在他们身上的事情。如果他们想继续耕作，并且想要从耕作中获利，却只能支付得起比原来略微高一点的税款。投机性土地需求提高了土地的价值和赋税，却丝毫没有提高农业收入。假如农民有资本的话，他可以承担一定损失，等待市场风头过去。但是他并没有这个资本。他只能被迫在这场土地游戏中过早地卖出土地，只能获得土地价值增量的一小部分。而从他那里买到土地的人才是真正获利者。

农民表示他本应该得到回报，结果却遭受了惩罚。税收上涨的源头在于住宅小区的新居民。他们需要额外的下水道、教室和消防车，可他并不需要。他的地产确实是社区的福利。通过保持土地开放，他提供了风景和活动空间——为社区免去了再划分住宅小区的负担。那么，为什么还要为难他呢？向他征收较低的税就能让他留下土地并保持土地
104 开放。细想一下，一些农业管理局建议不要向农民征税，这样对社区有好处。

在20世纪50年代，由于农民对全面评估深感担忧，他们要求修正立法。他们一般可选用两种方法。一种是类似一些州对林地施行的“隔离”(severance) 式缴税程序的延期缴税。这种缴税方式是为了鼓励土地所有者不要过早砍伐木材。只要不在自己的林地上伐木，他们只需支付一笔最小额度的税款；如果砍伐了树木，他们则需根据所伐木材价值缴纳税款。环保主义者热衷于这种做法，并认为可将这种方法应用于农田。如果是耕地，土地所有者只需根据农业价值缴税；如果是开发的土地，他需要缴纳额外税款或采用其他方法。

农民更喜欢另一种方法。他们认为直接出台“征税估价优惠”法更加简单。因为这样一来，评估员继续仅根据农业用途对农田进行估价才

能成为义务性的而不是非法的评估。然而最近，农民却对“征税估价优惠”感到不安，他们担心这种评税给人的感觉是他们要求单独优待。他们当然是怀着这样的想法——低使用价值只适用于农民的土地，而非其他人的土地。因为在这方面如此直白，最后法院极有可能依据宪法提出反对意见。不过，掌控州议会的农民对于立法也是了如指掌，他们决定先颁布这些法令，再考虑以后的法庭事宜。

“征税估价优惠”在马里兰州经受第一次考验。1956年，马里兰州议会以绝大多数赞成票通过了直接征税估价优惠法令。四年后，马里兰州上诉法院裁定该法令违宪，并认定它违反统一纳税条款，过度偏向郊区农民，总体缺乏合理性，有违公共目标。 105

但还是有办法绕过法庭。马里兰州议会很快起草了两项将征税估价优惠写入宪法的修正案。1960年11月，这两项修正案还在马里兰州举行总统大选投票时提交给了选民。

在描述公共目标时，州议员在修正案中写道：

“本大会特此声明，征税估价优惠符合公共利益，能促进和鼓励农业发展，保证本州都市地区附近食品和乳制品的便捷供应，鼓励保留开放空间作为人们幸福安康的必备设施，防止因高出这种农田实际使用标准的土地评估所造成的经济压力，将这种开放空间强制转为更密集用途。”

市区居民对以上论述反应热烈，城市周边地区的居民更是强烈响应。尽管他们大多数人毫不关心征税估价优惠在农业上的争论，但他们非常在乎马里兰州美丽的乡村，并将征税估价优惠视为保留乡村的一种方法。也有一些人对此表示反对。有个组织买下报纸广告区，发文警告称修正案近似于偷窃，不仅会增加他人的缴税负担，还会提高非农田土地的价格。

然而，主要的环保组织和民间团体都支持这个措施。报纸也是如此。报刊社论说，农民也许会略感轻松，但这是以微小的代价换来马里兰绿意盎然。11月份的投票结果显示，高达334 888票支持修正案，反对票仅有123 636票，而且城市地区的支持与反对各方得票差距与乡村地区情况一致。

其他州的农业组织因为受其鼓舞也开始进行尝试，其中有康涅狄格州，我当时刚好为该州州长约翰·登普西起草一个保护立法项目。人们
106 会优先选择某种形式的税收立法来保留开放空间。我要起草一个开放空间评估议案，作为1963年一系列立法的一部分。但我认为其他措施更重要——例如发行债券购买开放空间，这是其一——不过，对于任何立法，都会有一项税收法案放入议案箱，而且可能是一项好税法。

我认为直接的征税估价优惠并不妥当。除引起法律问题外，它还很有可能无法达到预期效果。美国农业部的一项关于马里兰州法案初始影响的研究已经发出警告信号。因此，更为综合的包含延期缴税的方案似乎更适合康涅狄格州。

但是农民也有所察觉。征税估价优惠法令颁布前，他们经历过不幸。如今，公共利益强烈支持保留开放空间，他们觉得自己理应成为受益者。如同在马里兰州，城市和郊区居民热衷保留农业乡村，并支持对此有帮助的任何措施。征税估价优惠简单明了，因此得到不少评估员的支持。对于马里兰州的经验，农民不仅自己相信关于征税估价优惠显著效果的一切所闻，并且还说服他人相信。

但是，征税估价优惠真的奏效吗？为完成康涅狄格州议案的起草任务，我去了马里兰州，花费数周时间考察乡村，还和评估员在主要县镇的政府大楼里一起核查。以下是我的发现：

在乡下的农场地区，征税估价优惠几乎没有效果。评估员继续把农田作为农田评估。不过，和其他商品一样，价格仍在上涨。因此，评估员提高农田估值不是因为任何开发潜力。评估员发现，自上次重新评估以来，有一个县的农民购买的农场价格已大幅上涨，为弥补时间造成的损失，他不得不将大部分农田估值翻倍。农民对此感到沮丧，但是没有法律措施补救。如今征税估价优惠就是他们的希望，但只在更高层面有效。

107 不过，对郊区农民而言，征税估价优惠意义非凡。它的重要作用不

在于减少农民土地的估值，尽管有些土地估值确实下降了。而且是大幅下降。更重要的是它能防止估值上涨，否则农地估值一定会被人为提高。郊区土地估值将会一路飙升。郊区优质耕种农田价值已上涨至约每英亩250美元，这并不比乡村地区的优质农田价格高出多少。但在自由市场上，其真正价值已上升数倍。幸亏有法可依，评估员不得不忽视这一明显事实。

征税估价优惠的一大作用是大幅减少各县的潜在税收。例如，1961年，评估员在蒙哥马利县对农田的官方估值为1 700万美元。评估员表示，如果没有征税估价优惠，这个数字将高达3 200万美元。自此，差距显著加大。

在有些地区，税收损失仅仅是一种假设。无论是否遵照法律，许多评估员可能还是会继续低估农田价格。农民可以进一步证明，即使税收损失较大，但是这些差额相对于富裕郊区县镇而言微不足道。更确切地说，正是因为这些县镇已经开发，办公楼、住宅小区和工厂可提供大部分税基，农田仅占2%左右。

关键问题在于这样做是否保留了开放空间。这个问题无法得到任何准确答复，因为没有办法准确知道，假如没有实施征税估价优惠的话，这些地区将会发生什么。然而，有目共睹，征税估价优惠不能保留开放空间。马里兰州的县镇正与其他地区的郊区县镇以大致相同的速度和模式进行开发。住宅小区的兴建仍以常规分散模式进行，而且根据农场的“出售”招牌判断，分散模式势必还会继续。但我确实注意到一个不同之处。在大多数过渡区域，人们通常会看到许多农田在等待开发时变成再生林地。在马里兰的县镇，这样的再生林地似乎很少。买下农场的人们正在土地上耕作。

这些买家是谁呢？他们不是农民。大致浏览房一下地产广告我们会发现，郊区农田广告描述了临街道路、合理分区和类似的非农业因素。108
最引人深思的是1英亩2 000美元及以上的价格，而且大都超过2 000美元。正如律师常说的事实会自辩，这些土地显然被买去用于开发，但是以这个价格买下土地是无法从中获利的。因此，农民是不会买的。与我交谈过的评估员都不曾记得近年来有过农民向别的农民出售土地的案例。

一些评估员曾勇敢地尝试把农民与投机者区分开来，并根据州税务部门的规定，拒绝对不少土地所有者提供征税估价优惠。然而，当评估员变得严格起来，土地所有者就诉诸法庭，而且普遍得到法院维护。法院表示，评估员无权行使行政规定。行政规定的判定标准在于土地是否正处于积极耕作之中。如果是的话，就应享受征税估价优惠。

土地所有者小心保持土地处于积极农耕状态。有人聘用邻近的农民从事农耕工作。在一些地方，土地所有者与罐头公司签订合同，让他们进行农业经营。这样的经营活动不仅让土地所有者保持较低的赋税，而且得到的回报足以支付税款。对公众而言，这并不完全是一笔糟糕的交易。投机者和开发商无论怎样都会买下土地，征税估价优惠至少能刺激他们较长时间地保持土地的生产力。农民得到了额外工作，乡村也因而显得生机盎然。

但是，这是类似波将金村的乡村。表面与事实不符。我尤其记得在农业乡村有一大块土地，它横跨一条新高速公路上的某个交会处。这不是一块优质农田，通常情况下应该在很早以前就转为再生林和分散开发的混合用地。但是，因为这个区域被指定为华盛顿特区总体规划中开放空间保护区，所以它仍在耕作之中。当我向评估员询问此事时，他假意一笑，向我展示了他的记录。原来纽约的一家房地产联合会已经从农民手里买下这块地。不过，这个集团告诉农民可以在土地开发之前继续耕作。事实上，该联合会也遵守了这个协议。它以超过1英亩2 000美元的
109 价格买下这块地，但评估员只能按照1英亩大约200美元进行估价。

因此，这里形成了开放空间的假象。评估员非常清楚这一切将是多么短暂。一位评估员对我说："我完全是为了农场能够持续下去，但是让我无法忍受的是这些营造商为所欲为的样子。为什么当这片土地划为商业地段后，他们就来到这里，然后一脸严肃地说他们想要进行农业生产。"另一位评估员表示："我遇到一个家伙说他是圣诞树种植户。这些小树只能让他赚点小钱，但他还守着那块土地直到能大赚一笔。"

甚至当一个土地所有者将土地划作住宅小区，并张贴广告时，直到开始施工之前，他都会要求进行农业评估。如果他只是开发部分土地，那么他只能请求对尚未开发的土地进行农场评估。

这个地区大多数“新城镇”都从中受益。这些“新城镇”的建设按规划分阶段、分区域推进，开发商注意保持未开发区域正处于农业生产状态。（例如，在詹姆斯·劳斯开发的哥伦比亚市，农林专家组成工作组共同监督示范农场经营。）开发商表示，通过降低土地的资产持有费用，优惠可有助于他们做长远打算，防止过早兴建住宅小区。

无论附带什么额外好处，征税估价优惠显然主要是让投机者和开发商受益，但没有达到预期效果。我当时还觉得征税估价优惠被如此明显地滥用，应该很快会出台修正立法。但是在这一点上我错了。自1963年以来，为收紧马里兰州的征税估价优惠法，让只有真正的农民有资格受益，人们付出了诸多努力，但是其成效远远不够。公众受到蒙蔽，但事实的真相尚未浮出水面。[*] 110

我向康涅狄格州议员汇报了我的发现，并提出一种可以消除马里兰州征税估价优惠缺陷的方法。这个方法包括三大要点。第一，开放空间评估不仅适用于农田，而且适用于应该造福公众的开放性土地，主要包括农田、游憩用地、供水的土地和林地。

第二，开放空间评估要适应当地政府的土地利用规划的需要。开放空间评估不会自动开始，而是由社区通过分区和规划机制来确定哪些开放空间符合评估条件。一块土地只因其处于开放状态，不代表它符合

---

* 真相或许很快就会浮出水面。根据1968年1月22日的《华盛顿邮报》标题为“蒙哥马利县寻求税收改革”的报道：“蒙哥马利县项目协调员报告称，法令导致去年该县税收收入损失了560万美元，随后该县立法委员开始收紧马里兰州的农田评估法。这份由威廉·H. 胡斯曼完成的报告显示，尽管郊区在扩张，作为农田评估的土地在1967年增加了5 902英亩。胡斯曼列出了约1 700英亩土地的所有者，他们的土地已经划为商业、工业或公寓用途，但仍作为农田评估。名单包括各大建筑商、土地开发公司和该县主要政治人物……”

1968年初，马里兰州议会回应蒙哥马利县的请求，通过了一项适度的改革措施。征税估价优惠将无法适用于已细分、重新分区或出售价格超出农场评值七倍以上的土地。州议会还授权蒙哥马利县就以前作为农田评估的土地，对其售价征收高达6%的转让税。

开放空间的评估条件。它可能是唯一适合工业发展的土地，或明显可能被划为住宅小区。在这种情况下，社区应该可以保留开放空间评估的权利。

第三，开放空间转为另一种用途时应重新征收部分税款。有人会反对这一点，认为后期税收会被充公。不过，这一情况可通过时间限制轻松解决。倘若土地所有者自己开发土地或将土地卖给开发商，他必须支付过去四年内减免的税款。

实际上，无论有没有时间限制，重新征税不会在很大程度上阻碍开发。一个人必须支付的额外税款很大程度上取决于他在土地销售中
111 赚取的利润，而这部分税款只占利润的一小部分。不过，重新征税仍十分重要，首先它不反对从价原则，其次它向公众保证对于税收优惠给予补偿。

我起草的议案包含了以上要点。起初农民对此很乐于接受。他们非常喜欢这个同时考虑了其他所有者的土地的理念。他们认识到，如果自己被纳入这个更为广泛的法案，似乎就不再需要为某一集体提出特殊利益要求的法令。议会更有可能通过这种法令，法院也更有可能表示支持。

但是，农民们表示他们不喜欢有关分区和规划的那些复杂程序。为什么规划师有权决定一个人能否继续耕作？农民尤其厌恶重新征税。他们表示这不是钱的问题。他们大多数人既不想也不期待出售土地，我觉得他们大都是真诚的。他们关注的是技术性问题，因此看起来对评估员和重新征税可能给他们带来的负担表示强烈关切。评估员必须对每个地产保留两组估值，一组用于农业价值，另一组用于市场价值。这样一来极大地加重了工作负荷。我和许多评估员都谈过这个问题，但我唯一能够得出的结论是：相信应该直接征税估价优惠的评估员在重新征税程序中看出了重大的技术问题，而不喜欢征税估价优惠的评估员则看不出太大的技术问题。

重新征税真正让农民厌烦的地方在于，它承认农业价值和市场价值之间的差异。他们坚持一个奇怪的立场，认为两者没有差别。在几次会

议上他们与农业局官员激烈交锋，我听到他们争论说（争论中还有人紧握双拳），农民的土地其实只值较低的农业价值。他们想要把这一观点明确地写进法律。我想如果他们把这一点写进法律，可能会把自己逼入死胡同，但他们不以为然。* 112

最终法案是一项混合法案。正如我所建议，开放空间评估仅适用于几类土地，而且只针对社区的土地利用规划。此外，必须是经由地方规划委员划定为开放空间的土地才有资格进行开放空间评估。（林地将根据先前法律或新法律进行开放空间评估资格审查，由州林务官员验证土地所有者的申请。）

但是，农民们在两个关键点上取得了胜利。首先，取消重新征税条款。其次，他们不用经过土地利用规划或规划委员会的批准。不同于其他土地所有者，农民最终会获得开放空间的评估资格，并获得更为优惠的征税估价。

艰苦付出终有回报。农民没有忘记自己掀起的公共利益浪潮。他们支持开放空间的其他措施，而不是和其他州的农民一样反对开放空间措施。此外，他们的税收议案包含了一条简短有力的条款，赋予社区土地征用权，用以收购开放空间的地役权和完全地产权。在前几年，农民强烈反对这个规定。简而言之，这个税法看上去非常奇怪。但是正义得到了伸张。喜出望外的农民便不再抱怨法案的其他部分。尽管一些议员做了最后的努力，这一条款还是保住了。 113

征税估价优惠也被写入其他州的法律。在新泽西州，征税估价优惠

* 这些条款产生了一个有趣的法律冲突。对农民而言，出于纳税目的按照相当低的价格计算他们的土地价值时，他们觉得有法律规定农田不值多少钱，这很不错。但是这并不适合他们在计算买家购买土地时所要支付的费用。例如，州政府本身要支付全部市场价值购买土地。但如今有法规规定，市场价值不过就是农业价值。为保持一致，农民应该告诉该州评估员，他们可以无视开发商每英亩4 000美元的购地价格。该地产只有每英亩400美元的农业价值，无须多付。

农民不太可能强调这一点，但纳税人可以。如果有某个州出台新法律，规定农场只有农业价值，那么就可以控告这个州，要求提高价值。法院可能会认定宪法条款对于合理赔偿的规定至高无上。然而，这样的测试会使新法规显得不一致，而且有点愚蠢。

早先被法院裁定为违宪。1963年，选民投票通过修正案并写入宪法。由于州长理查德·休斯的坚持，该州征税估价优惠法中增加了重新征税条款：如果土地转换为其他用途，土地所有者必须支付前两年的税款。到目前为止，新泽西州税务部门的报告显示，评估员管理补交税款似乎没有遇到太大困难。1965年，俄勒冈州和宾夕法尼亚州通过了类似法规，但要补交五年税款。

1966年，得克萨斯州和加利福尼亚州的选民也通过了征税估价优惠。得州的修正案要求补交三年税款。被称为“活动空间修正案”的加州修正案没有重新征税条款，却有一条硬性规定：要符合征税估价优惠资格，土地必须“受到州议会规定的强制性限制”。但在写作本书时，该州议会对此尚未起草授权法（enabling act）。

夏威夷颁布的法规最为精细。首先，夏威夷建立了全州分区，将土地分为“农业”区、“保护区”和“城市”区——之后增加的“田园”区削弱了这种分区效果。评估人员只会根据既有的和获批的用途对土地进行评估。然而，这无法保护那些身处市区的农民。1963年通过的一项法规允许土地所有者选择土地用途。根据法规，农民可以积极耕作土地最少十年时间。即使身处市区，他也能得到土地按照农业用途来评估的保证。但这一规定并不真正具备效力。农民可以随时卖出所有土地，而他所需要做的就只是缴纳之前减免的税款，外加5%的附加费。税务部门认为罚金要高达50%才有效。

批评的声音越来越多。税务专家和土地经济学家从一开始就否定征税估价优惠，而且他们比以往任何时候都更确信自己是对的：其中，批
114 评最为激烈的当属农业部的经济学家。不过，保护主义者仍然对征税估价优惠抱有希望——例如，塞拉俱乐部就接受了加州的修正案——但是也有不少人开始接受第二种想法。规划师变得越发关键。他们不喜欢征税估价优惠绕过规划来运作，讨厌它缺乏效力。

在所有人当中，营造商最为挑剔。马里兰州的一些营造商已经从征税估价优惠中获益，但其余绝大多数人并没有获益。营造商依赖短期信

贷，没有足够的资金储备土地。他们从拥有土地的人手里买下土地。营造商指责，征税估价优惠使投机者能够避开市场，囤积土地，从而不但导致最终土地价格极度飙升，而且致使营造商越过本应开发的土地，转向未来几年内都不一定会开发的开放空间。结果导致城市蔓延愈演愈烈。如果我们真想遏制城市蔓延，应如主流商业杂志《家居生活》所言，最好修改征税估价优惠，彻底评估开放空间。借鉴以往单一税制论者的观点，该杂志认为按完全价值征税将迫使最应开发的土地提前开发，从而缓解进一步扩张中的土地压力，从而实现更有序的发展，放缓城市蔓延速度。

征税估价优惠是否加速了城市蔓延尚未有定论。征税估价优惠产生的效果也没有完全显现。马里兰州的经验已经提供了不少重要线索，但人们不能通过类比来推断其他地方也会出现类似的结果。新法规仅生效几年，因此其结果具有相当的不确定性。例如，康涅狄格州的农民减税已经在许多城镇的总清单中体现，但在这个总清单中没有产生明显的成本。大多数评估员都遵守这项法规，只有一部分人表示反对。法院已经在七个案件中的四个案件维护了土地所有者的权益，但是到目前为止，尚未有案件挑战征税估价优惠的合宪性。它是否能保留开放空间，并且没有它就会失去开放空间？各方意见不一。[*]其他州也面临相似的疑问。 115

就我个人猜测，征税估价优惠几乎无法停止开放空间的用途转换。即使排除了投机者，只有真正的农民受益，他也会效仿他人。只要价格合适，他就会出售土地，无论是否会因此少纳税。他为什么不这么做呢？他只有不放弃巨大的资本收益，郊区居民才能享受到优美风景。除非有引人注目的激励，否则他就会卖地搬家。

* 我的好友、康涅狄格州农业和自然资源委员会委员约瑟夫·吉尔认为我的判断可能过于悲观。在他看来，法律需要经受更多时间的检验才能生效。“我们的主要问题在于，”他说，“一小部分评审员讨厌征税估价优惠法，因为他们认为这是一种‘赠予’。他们一直在尝试让州议会变更这项法规。我们希望它保持不变，直到弄清楚它的优点与不足。如果确实存在缺陷，它就会随着时间显现出来。”

有了资金以后，农民往往可以开始更有效率的农业生产。这是大多数农民一直努力并会继续坚持下去的事。“在真正的商业企业里，”爱德华·希格比认为，“统计数据中22%的农场，占全部农业生产的72%……随着城市化的进一步发展，它们倾向于回归乡村。它们会利用资本收益在更加便宜却同样肥沃的土地上建设更好的农场。它们不会把自己的农场作为城市蔓延的缓冲区。”

虽然人们承认这一点，却仍然认为征税估价优惠起了延缓城市蔓延的作用。即使农民得到了超出之前保证的纳税优惠，征税估价优惠也不是他们收到的第一笔补贴。如果征税估价优惠能在乡村维持相当长时间的效果，确实非常值得。康涅狄格州尤为强调这一问题，并解释说：据我所知，几个大农场主拒绝接受任何条件，因为他们真心关爱土地，低价评估可助他们保有土地。

这样的农场主值得赞美。但是这样的人不多。农田用途变更统计表明，对大多数农民而言，由征税估价优惠引发的保护土地的行为往往
116 持续时间短。更糟糕的是，仅靠表面维护，征税估价优惠会误导社区以为一切安好。

如果想要保留开放空间，社区可以通过购买来降低成本。经济学家彼得·豪斯在马里兰州发现，1965年一个县由于征税估价优惠损失了234.3万美元的税收收入。如果拥有这笔资金，该县就可买下约1 500英亩的农田，占全县总农田的1%。这1%或1 500英亩的数据似乎不大，正如征税总清单的税收没有明显削减。但是，多年累积下来这也会是一大笔资金，很多本该能够保留的土地没有保留下来。

有人说征税估价优惠赢得了时间。但这多出来的时间是为了什么？一个颇具吸引力的主张是，征税估价优惠这种拖延行为保留了土地，以便社区在有更多的资金时购买土地。然而，这样的拖延会导致地价飞涨。低值评估不会阻碍市场价值上涨。如果社区以后购买土地，它不得不支付等待期间所增加的所有投机价值。社区可能还没有那么多资金。

如果社区还没意识到要采取有效行动，那么机会就将转瞬即逝。尽

管可能会出现某些缓和——例如，房地产市场极度萎靡，可减缓事态恶化——但唯一能确认的是时间正在飞速流逝。

我们保留大量开放空间的唯一可能方法就是使用我们手头上的所有工具，将它们结合在一起合用。我们必须要有统一规划，并在制定规划时如投机者一般理智务实。我们必须明确什么不能保留，什么可以保留而且应该保留，破釜沉舟般解决这一问题。117

第七章　保护开放空间

一旦土地得以保留，如何保证它能持续保留下去呢？幸亏有联邦政府和州政府的新项目，我们才能比以往任何时候都迅速地保留开放空间。不幸的是，由于其他州和联邦项目，我们也正以超出以往的速度失去已经保留的开放空间——修建了公路、立交桥、水坝、污水处理厂、邮局、商业停车场、公共工程等。总体而言，我们增加的开放空间比失去的要多，差距虽然不显著，但质量上的损失不可估量。开放空间增加的大部分面积在边远地区，而大部分损失区域则是在开放空间最为珍贵且寸土寸金的城市地区，付出任何代价都不可多得。有迹象表明，这种状况将会愈演愈烈。

到目前为止，公路部门征用了大部分土地。在某种程度上他们不得不这样做，别无选择，事实上，他们也经常遭到诋毁。对于州际公路项目，公路规划师实际上不可能在不穿过公用场地的前提下，划出一条从A市到B市的线路。在土地成本相对较低的开放乡村，规划师有时在规划线路时可以在公用场地附近绕行，但不会绕道太远，否则公路局会认为路线过于昂贵，不会拨付90%的联邦援助资金，直到工程师解决这一问题。

118 真正的问题在城市地区。这里的工程师会果断留意公用场地，如果必须绕行，就让公路绕向公用场地，而非远离它。公共场地的引人注目之处在于它尚未建设，几乎不需要拆迁，沿线没有房产所有者组建抗议组织以向政客施加压力。但最诱人的因素还是土地便宜。如果是公共土地，公路部门有时不必付出任何代价就可以得到它。在得到土地之后，他们往往会为造成的损失给予少量补偿。

补偿微乎其微。公路部门有资金，但需要走程序。划定A-B路线的关键决定可能出自部门底层，可是一旦形成决定就威力无比。届时会出现不少抗议组织，报纸也会义愤填膺。公路部门却对此种情形见怪不怪：作为具有较高技术水平的专业人士，他们坚信自己的决定是基于客观数据。他们清楚会与那些深受其害的人、爱鸟人士、感伤主义者，以及那些想要道路远离自己住所的人产生冲突。对于专业人士而言，这是工作上的难关，需要耐心和坚韧地对待。

届时会有听证会，但可以预见的是，在这场游戏中出现很晚的这些听证会也会徒劳无功。听证会上，公园公民协会的会员们会站起来，就县城最后一个山谷即将遭受环境破坏发表激烈言论。市政官员会寻求一条替代路线。专家会证明河岸和沼泽地区的生态意义。房产所有者则因为道路将绕过他们所在地区而感到欢欣鼓舞，因此热情地支持公路部门。因此，听证会从早上开到晚上。既是法官同时又是被告的公路部门会尽职尽责地记录以上所有内容，然后继续按原规划我行我素。公路部门自愿改变规划的情况很少，因为劝说的人仅仅是从改变路线的角度进行劝说。

有时候公路部门确实会改变规划，但要做到这一点，需要做大量的工作。旧金山就是这样一个例子。在当地的普遍抗议声中，该州公路部
门修建的一条高架高速公路不但破坏了原有的渡轮大厦景观，而且在许 119
多人看来，它还对城市的其他地区造成了一定影响。旧金山停建了这条高速公路，但是由于人们十分疯狂，当该州提出修建一条通过金门公园的高速公路时，民众又表示强烈抗议。整个高速公路项目被取消。

不过，这些争议往往能带来有价值的副产品。尽管公路部门最终按原规划行事，但他们所呈现出的反派形象常常能够将各地方团体联合起来为共同事业努力，而激起的民众热情有可能会促成原本不可能产生的新的规划和保护项目。例如，在加利福尼亚州的蒙特雷市，公路工程师提出建设一条巨型立体交叉道——当地称之为“蠕虫罐”——为了改善交通，它将破坏部分城镇的景观。就在当时，公路部门为建完附近的一

条公路，挖掘山坡、砍伐树木，从而进一步惹恼了该市市民。保护运动因而成为一项伟大的大众事业。公路部门撤回了“蠕虫罐提案”，但是已形成的保护运动势头推动蒙特雷的地区组织开展了一些杰出的保护工作——包括他们希望能阻止公路部门破坏景区道路的景区道路立法。

另一个例子发生在俄亥俄州安蒂奥克学院的格伦海伦自然保护区。保护区经历过的最称心的事便是该州宣布要修建一条穿过保护区的公路。为反对这一提案而开展的运动帮助该保护区获得了远比以往更多的支持，并启发了“乡村公地”项目——购买土地和地役权以保护周边地区的项目。锦上添花的是，公路提案刚被否决，市政工程师又建议在该地区铺设一条大型下水道，当然反对这一提案的主张获得了更多的支持，整个格伦海伦保护区自此一直欣欣向荣。

事实上，工程师通常会取得胜利。他们的决定往往让法院无力审
120 查，而当选官员的意见基本毫无影响。在很多案例中，从市民、官员到州长，几乎没有人能否决工程师。例如，纽约州韦斯切斯特县的新线路I-87。该州的公路部门、大部分城镇以及有钱有势的土地所有者群体都希望这条线路能绕过两个自然保护区。然而，公路局的地方官员却不这么想。他认为绕道会花费不必要的成本，因而坚持更短的路线。为推翻这一决定，人们发起了激烈的抗议运动。不过，这条公路还是按照地方工程师希望的线路建设。

该怎么办呢？一些保护主义者认为应该随时随地直接抗议改变公用场地的用途，同时在大多数州议会开会期间，议案箱里塞满了议案，防止当局借征用权把公用场地转为其他用途。他们并没有取得什么效果。

“不触碰一片草叶”学派的人们作为反作用力可以很好地发挥作用。但面对某个一般性政策，他们的立场并非真的坚定。简而言之，任何一块土地都不可能不为任何目的在将来重做打算。公众获得土地后，无论如何，它都应当适应新的条件。此外，基于州和联邦政府的征用权，直接反对公用场地不会在法庭上站不住脚。州政府和联邦政府拥有征用权。他们可以较为温和地行使征用权，却无法完全放弃这一权力。

应对侵占的务实方法不是判定其违法，而是让它变得更加困难。有两种方法可以做到这一点。一种是但凡侵占出现，就一个接一个地与它进行斗争。这虽然是背水一战式的斗争，却非常必要，而且确实有望在一定程度上遏制工程师的行动。不过，阻止侵占行为的最好办法是防患于未然。为此，我们必须使用国家机器，通过起草良性立法，利用官僚的惯性和保守态度去对抗而不是鼓励侵占。为此提出以下相关建议。 121

首先，要提高征用公用场地的成本。根据城市隶属于州的理论，各州可以免费拿下城市土地，而且大多数州的确如此。尽管有些州会给予赔偿，但即便如此，市政府往往处于劣势。原则上，各州应该以市场价值来评估土地。由于土地不能进行商业开发，各州通常以远低于附近同类土地价值的标准评估公用场地。

市政当局接受蝇头小利的另一个原因是公用场地低廉的原始成本。大部分公用场地是数年前以远低于当前市值的价格买下的，其中很大一部分由市民捐赠。但这不应影响征地价格，而应让地方官员更加坚定不移。然而，较低的账面价值使相对较低的回报看似很划算——例如，以10万美元卖掉价值8 000美元的20英亩土地。为此，许多社区的市政官员上当受骗，陷入极其糟糕的处境。

重估价值是关键所在。应该要求征用公用场地的机构提供同类土地，或与购买土地相等值的资金。例如，它征用了10英亩的市区公用场地，则应根据市政府购买相似位置的10英亩土地的实际成本来要求它偿付。或者该机构可以用实物支付。如果它有土地供交易，则不能在郊外划出10英亩未使用的公共机构土地充作合理补偿。如果10英亩市区土地需要30万美元，而郊区土地价值为每英亩1 000美元，按照公平交易原则应置换约300英亩的郊区土地。即便如此也不能真正弥补市区公用场地的损失，但这对于征地机构而言，是一个硬性要求。此外，如果官员正视类似情况，他们就可能远不会像以往那样匆忙地觊觎公用场地。他们自己的成本—效益算盘会阻止他们这样做。

下一步是加强征用公用场地的司法审查。谈到可能的法律途径时，

122 律师劳伦斯·路易丝·福勒在一份杰出的报告*中指出，所有的一切都在为征地官员提供便利。如果州政府或联邦政府征用私有土地，财产利益受到影响的市民可以上法庭，想办法阻止土地征用。如果是公用土地，市民便没有这样的补救手段——法律上所说的“法庭可裁决的利益”——因此，对于原告人的诉求而言，很多不合理的征地都无法抗辩。

纳税人可以提起诉讼，防止公共资金使用不当，但这种问题基本不会在征用公用场地中出现——主要问题在于根本没有资金交易。“对于想要起诉的市民，他的真正利益，”福勒表示，“不是公共资金支出（这种支出金额可能很少），而是公园的损失。根据现行法律，这正是法院拒绝补偿的利益。”她建议立法允许市民上法庭，去质疑土地侵占的必要性。为减少不当上诉，至少要有十位市民才能提起诉讼。

此外，还有一处法律空白需要填补。当一名有资格的原告上法院去抗议征用土地时，比如市政府，法院会考虑很多因素，唯独不考虑征地本身是否是一个好主意。法院希望既保证正当合法的程序，又保证征地是出于公共目标。当然，事实几乎总是如此。法院不会考虑土地的新用途是否比已被替代的原有用途更好或者更有必要，也不会考虑决定征用土地的官员是否能通过征用其他土地而实现目标。法院认为这不是它的职责范围，而是议会的工作。

即使官员在做出选择时出现明显的误判，法院也认为他们必须坚持下去，例如密苏里州开普吉拉多市的新邮局项目。邮政部负责选址的官员认为城市广场是个好地方，而且要利用整个广场。当时还有很多可供选择的地点，而广场是该市最为重视的地方。该项目遭到起诉要求停
123 止。这个官司最终由最高法院裁决。无论他们对征地做何判断，法庭工作人员都认为选址不属于法院职责所在。邮局是公共用途，应遵循正当合法程序。因此，法院重申：公务人员以良好诚信的态度做出的决定不必再审（美国政府诉卡马克案，1946）。

法院之所以坚持这一立场，原因在于议会并没有就土地用途的优先

* 《论美国公用场地的保护：现行法律的不足》，《纽约大学法律评论》，1966年12月。

性给出指示。公园比公共停车场、污水处理厂、政府办公楼更重要？官员是否应该调研替代方案？除非议会出台政策，否则法院无章可循，决定权仍然在于官员——负责建公共停车场、污水处理厂和政府办公楼的官员。

联邦政府和州政府需要出台一项基本政策法规，宣布公用场地是最高的公共目标之一，除非证明没有替代方案，它才能被征用——而且出具证明的责任应该由征地者承担。此举不会停止公用场地征用。它将强烈威慑相关征地行为，使其受到严格的司法审查。

康涅狄格州已经采纳了这个要求。1963年，作为综合性开放空间项目的一部分，州议会通过了一项法规，规定如果该州将市区公园或保护区土地用于修建公路或者其他用途，它必须在可行的情况下提供同类土地或提供资金购买土地。两年后，州议会又增加了一条强制措施：如果市政府不同意征用土地，该州必须上诉法庭以取得征用批准，并确定没有别的土地能满足这一用地目的。

经历这次考验的是全国表现最突出的康涅狄格州公路部门，它有种上当受骗的感觉。与其他州的公路部门不同，该州公路部门一直出资购买市政用地。就州有土地而言，它们的付出大于所得——在1949年至1964年间，共占用了249英亩公用场地和森林，但是出让了755英亩土地。与地方政府打交道时，该部门总感到自己是委曲求全地寻求合作。（该公路部门嘲讽地提到，有一次他们规划一条高速公路，线路会经过工业区，而不是当地公园，但这个镇的想法却正好相反，结果公园也被 124
征用。）

那么公路部门就会问：为什么要有这种法规呢？它极力论证这项法规是失败的，认为这些限制会严重阻碍它的行动自由，甚至可能会因此放弃一些项目，并导致两地之间无法修建高速公路。公路局担心这样的先例可能会影响到其他州，于是预见性地发出警示：康涅狄格州提出的限制可能会与公路局的规定相冲突。应对这种情况时，公路局指出，对康涅狄格州联邦公路的援助可能会受到影响。

事实证明，这些限制并没有给公路部门带来无法承受的负担。它们加大了公路部门律师的工作量，延缓了两个征用案例[*]。不过，尚无证据表明公路规划受到不利影响，它反而是更有可能因此受益。法规的实际效果并不是要禁止必要的征用，它反而是为了确保征用的实际必要性，并要求严格审查替代方案。该法规只是支持公路规划师的工作。差别在于，它现在已成为法律的规定。

这个差别至关重要。无论有没有法律规定，大部分社区的开放空间都很有可能安全地避免公路侵占。但如今问题在于人们相信开放空间是安全的，而且由于这种自我确信，他们更倾向于支持获得更多开放空间。为激发对购地项目的热情——尤其是那些需要债券发行的项目——人们最为强烈的反对意见就是担心公路部门会参与其中并征用
125 最好的土地。这种恐惧虽然被夸大，却抑制了许多社区，也抑制了许多人将土地捐赠给社区。

为在这一点上提供保证，该法规加强了地方规划。除要求对方提出公路规划以外，社区能做的基本只有抗议。但该法规很早就征求了社区意见，以便能够切实地考虑可能的备选方案。一位官员表示："这让我们有时间喘口气。"

加州是另外一个很好的例子。该州拥有真正分级的公路网，而且也是因为如此，它现在拥有最完善的立法以防止土地征用。作为下议员兹伯格提出的一揽子改革计划的一部分，加州议会通过了一项法案，宣布公园用地为"最重要且最佳的用途"。如征地用作他途，可要求法院做出裁决。同时，公路应该修建在"最直接和切实可行的地点"的硬性要求从法规中废除。

这一小小变化产生了极大影响。在该法规出台之际，公路委员会正执意计划高速公路穿过全州最好的几片红木林。市民的抗议不断升级，但该委员会似乎并不在意。到1967年，出乎所有人意料的是，该委员会宣布放弃这个计划，并表示"必须同时考虑到保护加州自然资源之美和

---

* 在一个案例中，梅里登市的官员很乐意把公园的一部分用于公路改道。然而，不少市民却表示反对。他们用新法规对征用提起诉讼。在另一个案例中，诺沃克市投票反对征用，而公路部门不得不通过法院让他们继续征用。

现代交通安全”。该委员会一位委员稍后解释道，法规的变化使他们改变了立场。

联邦立法长期缺失，多亏参议员杰克逊和亚伯勒，相关公路立法已经迈出重要的一步。根据1966年《联邦公路资助法》的一项修正案，联邦政府应在公路项目中尽最大努力保护联邦、州和地方政府的公用场地和历史遗址，并使之成为国策。设立新交通部的法案中包含了一项类似却更强而有力的措施。它具体规定，如果有可行的替代方案，不得批准 126
征用保护区或公用场地的公路方案。公路局对这些限制表示不满，他们的一些国会朋友也试图在会场辩论中减弱这些措施的效果，却无济于事。这些措施就是法律，其语言明晰且极具强制性，工程师几乎没有从行政方面重新解释的空间。

那么，由谁来监督他们呢？如今缺乏的就是执行这些法规的手段。市民缺乏走上法庭抗议工程师违反这些法规的法律地位，其他政府机构也基本无能为力。甚至没有审查委员会负责处置争议案例。游憩及自然之美公民咨询委员会建议设立一个审查委员会，作为最后的行政法庭。此外，该咨询委员会还提议建立相关机制，确保工程师在项目早期计划阶段，在地点确定之前让环保机构参与进来。

还应起草涵盖其他市政工程的类似措施。在这方面已经有部分进展。1962年，一项行政决议要求所有联邦机构处理水资源项目时，应同等重视开发价值和美学、游憩和野生动植物的价值。在1965年的《水资源规划法》中，国会要求流域委员会在规划项目时考虑“所有合理的替代方法”。这些法规似乎对工程师产生了一些有益的影响。然而，论及真正的权威法律，还是《公路和交通法》提供了最佳样板，如果与执行规定相结合，它可以写进优秀的州政府法规中。

截至目前，我们一直在谈论联邦政府和州政府侵占公用场地。然而，最大的一个问题是地方政府侵占自有土地。额外的立法应该有所帮助。路易丝·福勒认为，州立法规实际上可以防止所有市政公用场地用

127 于任何其他用途，特殊情况除外。此外，根据现行法律还可以完成更多工作——例如，更合理地起草市政条例和明确公用场地的捐赠条款。通过归复条款或者将完全地产权捐赠给市政府，同时捐赠开放空间地役权，如土地信托机构或自然环保机构等感兴趣的第三方等，公用土地捐赠者可以更有效地约束土地。有时公民有渠道上诉法院以阻止侵占当地土地，如果他们的地产受损，他们的律师就可以找相关方理论。

在关于开放空间保护的法律专著*中，阿利森·邓纳姆精彩地描述了蒙哥马利·沃德如何不屈不挠地保留住芝加哥湖滨公园。1890年，为阻止芝加哥市在湖滨区域建满公共建筑，沃德将该市告上法庭。作为该地区边缘2.5个地块的土地所有者，他表示自己拥有开放空间地役权。回到1836年，出于销售土地的目的，伊利诺伊州委员制定了一份细分地图，但由于至今不明的原因，他们把湖滨地区的许多土地空置。1839年，另一份细分地图显示出了这些空地，并标注为“公共场所，永远保持空置，不得建筑”。两份地图均对公园没有任何说明。然而，沃德的情况在于，这块土地到底是不是公园。他认为自己拥有开放土地的财产权，享有不受遮挡的阳光、空气和景观的权利。法院支持了他的诉讼。

民间领导人则对沃德义愤填膺。沃德也稍稍放松了诉求，没有抗议开放土地上的一所艺术学院建筑，但之后他又后悔了。正当该市谋划军事建筑和图书馆等计划时，他又继续抗议。“沃德表达了这样的想法，”一位愤怒的民间领导人说，“他认为用这样一大块土地让人们来躺在草地上，要比把它作为芝加哥城市美化计划的一部分更好。是的，他确实做到了！”随后沃德三次走上法庭，赢了三场官司，这就是为什么芝加哥还能拥有一个开放的湖滨公园。

现在比以往任何时候都更需要这种不屈不挠的精神，现在和往常
128 一样，它既是崇高的目标，又是严重的威胁。唤醒市民反对公用场地转为停车场、车库或商业用途并不难，难的是让他们抵制像博物馆、文化中心、纪念馆和雕像等受人尊敬的侵占物，特别是来自具有高尚品德的

* 《保护开放空间》，芝加哥福利委员会出版，麦迪逊西街第123号。

市民的捐赠。例如，纽约的中央公园。如果没有警觉的民间团体，它早就被建筑物占满，因为官方保护机构并不总能抵制住这些硬塞过来的捐赠。新近的例子便是亨廷顿·哈特福德提出在中央公园一角建餐厅。尽管这明显是侵占，但当时的公园事务专员认为这是个好主意。当这个案件被送上法庭时，法官也这么想。幸运的是，新任市长和公园委员会委员并不欢迎建餐厅的想法，因此它未能实现。不过，新的捐赠将会层出不穷。

不过，还是有值得鼓励之处。最近的法规要求政府部门放弃公用场地而更加重视美学和游憩价值，并开始产生一些影响。一方面，工程师终于开始彻底修改其成本—效益公式，并对社会价值和审美价值给予一定重视。他们判断替代路线利弊的数值将几乎完全用于测量每条替代线路对于汽车的影响：每条替代线路会吸引多少辆汽车、每英里9美分的油价可节约的行驶里程等。不过，他们还没有计算对邻居的影响、公园空间的损失、每条路线毁坏的树木数量等。（对于后者，美国遮阳树公会希望工程师以每平方英寸横截面折合约6美元来计算。）

尽管很难量化某些环境价值，但人们还是可以做到。而且量化对工程师来说也不是一件坏事，因为量化能使他们摆脱困境。根据传统做法，如果他们为了避开公用场地或者基于美学考虑而产生额外费用，就有可能被指责为浪费纳税人的钱。新方案则会保护他们，借助美元符号和小数点，论证补偿的益处。为了扩展方案，工程师不仅能在规划中获
得更多自由发挥的空间，还可以获得更大范围的市民支持，争取更多团 129
体支持的项目，或者后者至少不会那么反对他们。例如，水坝建设机构发现，如果增加了游憩和美学功能，他们不但可以为实现目标制订一个更具说服力和更经济的方案，也可以让保护主义者不再上门找麻烦。

当然，一些预示性改变更多的是标签而不是方法。保护主义者尤其怀疑公路工程师。虽然他们擅长说漂亮话，但到具体案例，工程师似乎仍然坚持“最低成本”路线。但是，人们必须抱有希望。发生重大改变无疑需要很长时间——通常需要十年，或是经历从初级部门到高级部门

的转变时间，才能全面接受新工作。困难即使固若冰川，也正在消融。

一个标志就是交通部推出的“城市概念团队”。这是为了回应巴尔的摩市民对额外的高速公路建设的强烈抵制而推出的。为了解决这一问题，交通部批准了一项价值480万美元的合同，让公路工程师、规划师、建筑师、景观设计师和社会学家进行联合规划。这个团队由建筑师兼环保主义者纳撒尼尔·奥因斯领导。纽约也准备成立一个类似的团队。虽然这样的团队无权要求工程师如何制定高速公路路线——工程师们已经定下了路线——但他们对于如何设计公路路线以及如何适应周边地区会产生重大影响。

当然，许多抗议还在蓄势待发。工程师并不乐于让其他人帮助他们规划，而且他们手头上的规划就包括了最具争议的路线。目前，都市地区已经建成了约3 500英里的州际高速公路，还有2 200英里待建。最艰难的里程留到了最后。

然而，尽管出现诸多问题，在公路建设高峰期过去之后公路侵占才得到最大关注。无论工程师是否改变规划方式，到20世纪70年代初，他们已不会规划太多的高速公路。除非在州际公路系统中增加全新的高
130 速公路项目，但这似乎不大可能。公路征用对于公园和社区的大部分损害已经造成。

然而，政府会一方面放手，另一方面又收紧。随着公路建设逐步完结，各种有价值的公共用地需求会不断增加——机场、新校区、政府研究机构和国防设施等。由于拥有大片楔形地带和绿化带，这种用地压力在2000年区域规划中几乎被完全忽略。这是为了阻止投机者和偷工减料的营造商参与规划。但是一些人会通过合法程序让他们参与其中。

总的来说，侵占问题会越来越严重。新的保障与限制措施能够发挥一些作用。**如果**能够出台这些保障和限制措施**并**付诸实行，公共机构就可以占用相对较少的公用场地。然而，越来越多的机构正在寻求更多的土地，因此，按绝对价值计算——就其实际土地面积而言——征用公用
131 场地的压力会越来越大。保护土地，刻不容缓。

规　划

第八章 《2000年规划》

我一直在谈论保留开放空间的手段和方法。现在我们看一下，应该保留什么样的开放空间以及如何做出选择。有人认为这个问题轻而易举，其实不然。规划师如今视开放空间为区域设计的关键，其选择过程已成为一项技术难题。这就是我们的部分困难所在。

过去的开放空间规划并不复杂。每个城市的档案室都存有一系列规划方案，其中许多规划可追溯到19、20世纪之交和大约半个世纪前的城市美化运动。这些规划随着每个时期风尚的变化而变化，但有关开放空间的提案都非常相似。如果把连续几年的醋酸纤维材料规划方案按相同比例叠放在一起，那些标记为绿色的区域通常相互重合。

这么做是为了寻找最适合建休闲娱乐区的土地，或用旧术语表述，即看起来最好的“游乐场地”。在大多数情况下，寻找河谷网成为当务之急。数十年来，不断有人提议在河谷周边建公园。一些社区做到了这一点，可谓毕生之福。

不过，规划师认为这种规划开放空间的方法过于简单。他们都赞同开放空间的休闲娱乐和观赏风景的功能，却把这两种功能视为开放空间的次要功能。他们认为开放空间的主要功能是都市开发的形态和构造。
也就是说，开放空间的主要益处不在于它提供了什么，而在它起到的预 135
防作用。保留开放空间的地方不会存在规划之外的开发。

当前，激励规划师的挑战是整个地区的规划。开发地区是规划的一部分，开放空间则是规划的另一部分。粗略地讲，规划就是要确定开发地区及其发展方向，并把开发地区之间的区域划定为永久性开放空间。

作为一种极为宏伟的设计，它需要大面积开放空间。在某些情况下，还需对现有的开发布局完全重新部署。不过，这种大胆的远见不但激发了规划师的热情，同时也在规划过程中促进了不少有趣的技术创新。规划师不再只是尝试不错的总体设计。这种“规范”的规划已然过时。他们设计并测试备选方案，从中选择最佳方案。

这类规划最著名的例子是由国家首都规划委员会为华盛顿都市地区制定的《2000年规划》。下面我详细介绍这个规划。尽管我认为这不是一个好规划，但很多人恰恰与此相反。更确切地说，他们一直把这个基本方法应用于其他地区的规划。

不过，这类规划也可能用于检查某个具体规划中的特殊情形。它如果是好的原则，就应当采纳，尤其是对于当前处于规划之中的地区。华盛顿地区面临不少特殊问题——其一就是不同层级政府的存在——但规划师所面临的问题也同样困扰着每个都市地区，即向整个乡村蔓延的分散式开发模式。

这种开发方式是否可以规划？规划师认为绝对可行，且存在多种不同方式。问题不在于是否可以规划，而是以哪种方式规划。做出选择才是挑战所在。

《2000年规划报告》认为都市规划是可能的：“都市现在可以选择以
136 任一种方式发展……新的设计工具不断涌现……结合现有手段，我们可以将都市及其各个部分规划成我们所期望的形式。”

为实现最佳形式，规划师设想了七种可能，并权衡各自利弊。他们考虑了一种“限制性开发”模式，但立刻被否定。规划师表示，人们并不会接受这一模式，因为这一模式无法容纳目前人口的自然增长。

接着，他们考虑在距华盛顿70英里左右的地方建立一个全新都市区，继续发展。这个模式虽有赞誉，但仍遭到否决。规划师表示，建立这样的新城市是一项极佳的国策，但是对这一地区而言，这将会是一项难以维系的巨大工程。

规划师继而转向他们认为更为现实的备选方案。例如，“规划蔓延”，这是延续当下开发趋势并对其施加更多监管而形成的模式。显然规划师并没有对此做太多考虑，但这个模式的前景并不是那么糟糕。在该模式下，开发将扩展到大部分地区，但是带状开放空间将贯穿其中。 137

规划师同时还考虑了新城镇的开发模式，例如“分散的城市”模式。在该模式下，新城镇将建在当前建筑区10英里或更远的地方。每个新城镇将以同心圆的形式布局。中心是商业区，周围分布着开发程度逐渐稀疏的开发带，而边缘外环则是受到保护的开放空间带。从微观层面看，每个新城镇都具有大城市的大部分优势，因而降低了人们的外出需求和对汽车的依赖。

新城镇的另一种开发模式是“城市环线”。这个模式将推动新城镇更加远离中心城市。规划师推测，这种远离可能更容易防止开发区域之间的土地被占用。在这种模式下，区域发展将呈甜甜圈状，新城镇将在30英里开外围成环形。就像伦敦的规划，大片绿化带把新城镇与核心区分开。如下图所示：

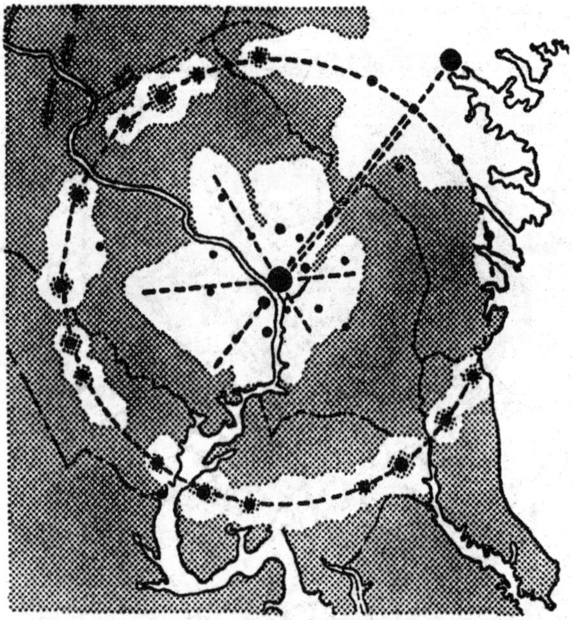

138 另一个模式是“周边社区”。这个模式使新城镇更加靠近城市，并与棋盘状和环形的高速公路网相连。然而，规划师不太喜欢这个模式。与其他备选方案不同，这个模式下的城市和乡村没有明显的区别。规划师指出，这将是一种紧凑的或者说是过于紧凑的区域开发形式。这个模式如下图所示：

权衡上述各种模式（并找出它们的各方面的需求）之后，规划师做出了最后的选择，即“径向走廊规划”(Radial Corridor Plan)模式。

新开发区域将集中在城市向外辐射的六条长廊。长廊之间将是大片楔形乡村地区。对于规划师而言，这种设计明显比其他规划具有决定性优势。它最大限度地开放核心地区，能最好地利用大众交通，同时能够保护大面积的乡村地区。

为了让开发商留在长廊区域，所有其他土地都必须抵制侵占，那些楔形地带则相应地被指定为“受控开放空间”。这种地带必定还有很
139 多。在最近的规划区内，楔形地带覆盖面积超过1 000平方英里，以后将呈几何形状向外扩展。

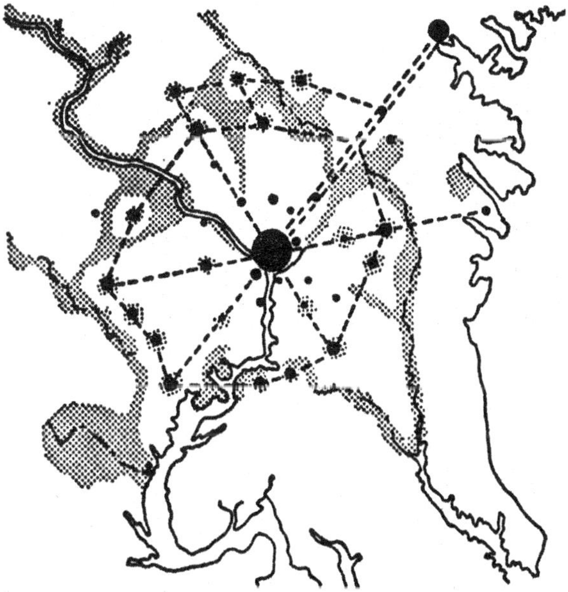

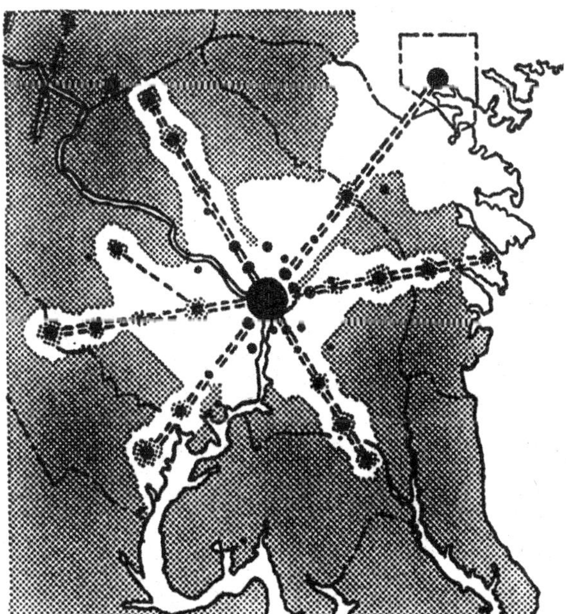

不少看过初步规划的人会对楔形地带的面积感到震惊，认为这个规划对于积极用途的描述过于模糊。规划师指出，部分地区届时将会配备游憩和相应的其他用途，但过分强调上述功能，则会模糊其主要功能。楔形地带的主要功能是确立区域秩序和形式。

随着土地被冻结，开发活动只能沿长廊区域展开。农民可以继续耕种土地，现有小型城镇和十字路口定居点将继续保留。有些甚至可能有所扩大，但是面积不会太大。楔形地带基本能做到不被侵占。

不过，到底怎样才能做到不被侵占？规划师说，这是一个非常好的问题。其中当然涉及不少有趣的问题。解决方法和手段会在实施阶段
140 谈到。最重要的就是总体理念要达成一致。

这个规划1961年面世。可以预料的是，如此宏大的提案势必引起巨大争议和反对。然而情况恰恰相反，它收获了人们极高的赞誉。民间团体和报纸媒体盛赞其眼光长远，地方规划委员会开始着手研究他们的规划如何适应楔形地带和走廊模式。肯尼迪总统称赞其前景广阔，是“美国所能规划和建构的最优生活环境”，同时他还保证政府会全力支持。

更重要的是这一规划对其他地区规划师的影响。有人批评这种方法，但更多的人将其视作典范。此外，其他地区在不久之前也进行了类似的区域规划。但这些规划并不固守同一形式——一些倾向于环形模式，更多的则采用线形模式。不过，这些规划具有三个关键相似点：均以公元2000年为目标日期，均将开放空间看作区域规划的一种手段，同时也采用替代规划方案。它们的主要区别在于设计细节。第二代《2000年规划》更为复杂，替代方案均由电脑设计完成。

不过，《2000年规划》的前景早已注定。但是人们仍对它怀有崇高的敬意。这个规划支持一些势必会发生的事情——例如，更多大规模社区的规划和沿交通干线更为密集的开发——可谓取得了部分成功。

然而，《2000年规划》中最为重要的因素已使规划土崩瓦解，即刚才讲到的楔形地带。在规划师规划好土地的用途之前，本应保持土地的乡

村风貌的农民和边缘地区的农民一样也在保留农田。可他们一直向营造商和投机者出售土地。人们不能总是依靠观察土地来了解这一点。由于大部分土地仍处于耕种期，因此人们容易产生还有很多时间的错觉。其实并不然。农耕仅是暂时维持，更多时候就是假象。 141

几年前，我在研究地区税收评估政策时，对马里兰州一个县的部分地区拥有如此多的农场感到震惊。这是一处边缘农田，通常被认定为再生林和分散开发的类型。虽然这块地正好位于一个楔形地带的中间，但这不是它保持乡村特征的原因。在与该县评估员一起核查时，我发现大部分土地已经被一家房地产集团以每英亩高达2 000美元的价格买下。该集团允许农民留在土地上——事实上，让他们留下是交易的一部分。只要有人维持土地的表面农耕状态，评估员评估的土地价值就不得超过其农场价值，即每英亩约150美元。该集团在等待时机。这种伪装可能会持续一段时间，但当该集团准备兑现时，土地用途便会很快改变。

其他楔形地带也会经历同样的转变。开发商毫不注意楔形边界。大多数农田早已被购买用于开发，并且和长廊区域一样，楔形地带似乎也新建了许多住宅小区。

政府机构可以使用征用权和将楔形地带纳入公有产权来遏制这一现象。但这样一来，肯定会出现资金问题。涉及的土地面积总计约1 000平方英里，即64万英亩。按目前价格，这笔费用将是一个天文数字。即使能回落到最初提出规划时的价格，那也还是一个天文数字。按每英亩1 000美元计算，楔形地带的总费用将高达约6.4亿美元。（1961年至1962年期间，詹姆斯·劳斯为哥伦比亚新城购买土地的价格约为每英亩2 000美元。）

土地也无法通过分区防止开发。一方面，必须说服许多地方政府，让它们相信，劝说开发商和工业企业投资其他管辖区会大有益处。理论上，拥有地区分区权力的高级政府机构可以越过这一障碍，但仍有法院与之抗衡。如果土地明显不适合开发——例如，冲积平原和沼泽——那么开放空间分区可以坚持下去。但这不适用于所有楔形地带。土地所 142
有者会认为这是无偿征用，法院也会支持这一观点。

即使这样的楔形地带可以冻结，还有另外一个问题需要解决。楔形地带**应该**被冻结吗？**原因**何在？当然，对规划师来说，有一个原因最为关键：他们肯定“开放空间最重要的用途在于将其作为构建大城市的手段”。然而，不知情者很难信服这一说法，而且规划师过于夸大开放空间令人愉悦的次要效益。此外，楔形地带还可以保护自然资源，延续农场景观，提供视觉享受等。

不过，他们也没有高效地实现这一功能。大片土地的景观并不一致，这也正是楔形地带存在的问题。有些部分确实美观，另一部分却不美观。例如，上面提到的房地产集团买下的大部分土地属于灌木丛生的烟草地，它看起来既不怎么美观，也不十分高产。

如果要激发开放空间的美妙之处，我们必须落实细节。定义开放空间之美的主要特征有哪些？例如，山脊和山谷？如何才能让人赏心悦目？如果开发部分开放空间，是否会损害其景观价值？开发哪部分会造成影响？《2000年规划》中并未说明其整体和部分应该是什么样子。根本没有空间意识。

开放空间的规划之所以可行的因素之一在于它的不规整性。如果开放空间的规划呈规整的几何形状，那并不好，因为大自然本不是规整的几何形状。在《2000年规划》中，人们很难根据开放空间的轮廓推断出地形。该地区河谷遍布，但规划中没有任何图示。各种备选规划方案虽确有线条表示主要河流和一条大溪流，却对水系格局要么只字未提，
143 要么多半与事实相反。除土壤和坡度同样被忽略外，这些规划方案似乎从未考虑过哪些区域的土地条件适合开发，哪些不适合开发，也不关注当地政府之前的开放空间规划。

楔形地带的弱点就这样产生了。开发商囤积土地似乎极不道德，但他们也讲究逻辑，而且土地用于商业开发并不一定是错误的选择。大部分楔形地带的土地都有开发潜力。坡地不需要太多土方作业，而且土壤适宜建筑，互通立交桥就在附近，距离华盛顿市中心仅有20或30分钟的车程。因此，这就解释了这片土地为什么面临如此巨大的投机压力。

地价居高不下并不意味着开发就是土地的“最重要且最佳的用

途”。无论成本多高，一些土地就应该保持开放。当然也有一定限度。高地价就像一条纪律准则，就算人们有正当理由也要严格遵守。土地利用竞争如此激烈，必须要有非常令人信服的理由来保持土地开放。

是否有可能消除这些开发压力？许多人希望可以通过颁布法令来解决问题。*最近华盛顿一直在鼓励立法，遏制投机，压低囤积土地的价格，让好人更容易对付坏人。

然而，这是治标不治本。人们有充分的理由去改善收购程序和改变法律，使它们不会有利于投机者，尤其是税法。不过，基本的压力依然存在。导致价格上涨的不是投机者，而是对有限土地不断增加的需求。

有人认为，土地完全公有化可以改变一切。确实应该有更多的公有土地，尤其是永久开放的土地，但是公有化本身无法缓解土地竞争。它 144
只是让土地得到不同的保护。

关注开放空间的不只有开发商。即使是现在，对开放空间造成最大威胁的还是敬业的公务员的项目。他们怀着崇高的目的去做事，但这恰恰便是问题所在。如果官方规划与他们所认为的正确方案相违背，他们就会去抗争，没有哪个高级机构能消除这些夹杂崇高目标的冲突。例如，区域住房管理局会像开发商一样觊觎绿色楔形地带上的土地，而且更难改变主意。

《2000年规划》注定会失败。它包含了太多的开放空间。但我们有理由相信，如果能够做出调整，即开放空间长廊相对变窄，留下大片楔形地带以供开发，这个规划将会大有改观。让开放空间拥护者去呼吁减少开放空间或许有些奇怪，但必须承认的是，人们提出超出实际的要求常常能激发公共行动。非常关键的一点在于，人们必须清楚实际所得，否则就毫无意义。这就是《2000年规划》的症结所在。要么大获全胜，要

* 巴黎的《2000年规划》似乎在这一点上存在不足。该规划设计了两条沿塞纳河的平行开发带，如果发展超过预期的规模，开发带则可延长。然而，为限制这种规划模式的开发，巴黎周边大部分地区被指定为“递延开发区”，政府通过治安权禁止“递延开发区”内的任何额外的建设。鉴于法国的土地所有者同样热衷于地产，巴黎市政府冻结这些地产且无须补偿土地所有者，这对官方来说无疑是大功一件。

么一无所有。

乌托邦式的目标本应有助于激发人们的行动，但也可能使他们偏离行动。在《2000年规划》起草之前，人们早已制订了很多出色的开放空间购置方案。其中，最引人注目的是1930年通过的《卡珀—克拉姆顿法案》，为地方政府保护首都地区河谷沿岸土地提供资金援助。多年以来，各处都有一些法案，但是国会并没有紧随其后提供相应拨款，大部分重要谷地尚未购置。如果把《2000年规划》中的精力和想象力应用到更加温和且可以实现的购置方案上，那么华盛顿地区真正重要的开放空间就能够保留。

145 规划师现在已经开始重新设计。虽然《2000年规划》仍属于正式规划，但其规划理念与实践之间的差距之大令人尴尬，并且人们已经开始重新制定或“进一步更新”这一规划。在此过程中，原本的几何图形已经悄然演变。这也是不得已而为之。最近完工的公路已经破坏了这一规划。华盛顿周围的环城快道以横跨长廊而非沿着长廊的方式推动开发。一条新交通干线将会切入某个楔形地带。

该地区的区域机构正在重新考虑是否继续这一规划。作为这一规划曾经最为热衷的支持者之一，马里兰州国家首都公园和规划委员会已得出结论，认为楔形地带和走廊模式显然行不通。如今，该委员会规划师认为固有的发展模式会呈现出截然不同的形式。他们把它看成“星环”模式，认为尊重趋势比违背趋势更合理。他们建议郊区中心与新开发带横向连接。这些开发带将构成星形轮廓，而环状轮廓则将由目前的环城快道、计划的外环城快道以及更外围的环绕开放空间的快道组成。

第一个《2000年规划》的迅速淘汰并没有让拥护者气馁。尽管其中有不少漏洞，但拥护者表示，人们应该担心的不是华盛顿特区案例中的细节，而是基本的规划过程。不过，这才是症结所在。这一规划之所以失败，并不仅仅因为楔形地带面积太大或者位置不对，或者某条公路偏离了理想路线。规划的失败在于基本规划过程中的假设，类似的规划放在其他任何地方都会因为同样的原因而失败。

比较一个区域的各种规划方案的基本前提在于，它产生于规划过程中。对于那些负责规划的人而言，这是一个非常令人满意的前提，但它确实容易让人产生一种实际无法拥有或者永远不会拥有的控制感。规划带给开发的边际效应可能非常重要，但也十分有限。其中涉及的大 146
多数因素都是规划师所谓的外因——也就是说，规划师对此几乎无能为力。

城市里当然是这种情况，但是这个教训好像并没有得到重视。由于规划师已经开始规划整个区域，市民和专业人士似乎对规划过程的功能恢复了乐观态度。无论这些整齐有序的图表采取哪种形式，规划正在成形的事实以及能够进行规划的自信让市民感到欣慰。看到地图上的规划，人们会有一种命运把握在自己手中的满足感。

然而，这些规划有多么切合实际呢？唯一可以运用现有手段实现的规划就是“规划蔓延”。尽管许多规划将视其为备选方案，但他们这样做通常只是为了吓唬外行，附带的图片往往让人想起如今郊区最为糟糕的景象。因而，规划师对此避而不谈。可惜的是，“规划蔓延”毕竟是他们能够采纳的最具挑战性的方案。如果他们决定对这个方案竭尽全力，现有的规划手段将产生巨大效应，因为它们将用来掌控趋势而不是逆势而行。我并不同意把“规划蔓延”作为目标，但它可能是所有替代方案中最有希望的，似乎应该对其高度重视。

规划师真正想选择的替代方案是**新**的规划形式，这需要政府重新安排和出台大规模的新法律措施。如果卫星城镇系统能跨越行政界限，则有大量初步立法工作需要着手去做。但区域规划方案却在这方面非常含糊。区域规划由各州进行最终规划。但是，中间规划究竟是怎样的或者如何完成，这方面未有任何说明。摆在人们面前的只是最终的宏大规划。

可以肯定的是，考虑最终目标并不会造成什么损失，但是考虑各种可能性当然也有好处。这样既能突出必须做出选择的事实，又能锻炼我们的思维。它也可能导致一种自体中毒(autointoxication)。一旦开始在地图上移动那些点块，你就好像在现实中可以对它们发号施令，有如神 147

助一般运用各种方法和手段，但是你的选择可能非常不切实际。

如果不能做出选择，那么相关讨论则毫无意义，就像那些开放空间一样。在《2000年规划》中，它们不仅面积大，而且比现今的开放空间更大也更原始。但是，这些空间现在都在哪里？如何禁止它开发？如果这个问题没有一个满意的甚至模糊的答案，我们的追问便是无的放矢。

即使我们最终达成一致目标，这个问题也无法蒙混过关，我们接下来就要担心技术问题。这是一种考虑目的而不考虑措施的谬论。两者不可分割，必须同时考虑。可以想象，二十年以后，人们可能掌握了各种手段。但那是二十年后的事。新技术或许很快就能够实现，可是开放空间不会。

所有这些规划的前提是就必要的政治措施达成共识，并就如何达成共识有相当详尽的概念。热衷制图的规划师乐于画出各种精细的流程图表，但这样做的首要前提是各政府和私人利益方就事实沟通及时达成必要的协议。这一切似乎非常具有连续性：首先定义问题区域，规划师随后假设试验目标，最后在座谈会、讲习班和研讨会上向意见领袖介绍目标——对，还有反馈！箭头和倒数在图表上来来回回，显示新信息或输入信息的流动，用于重新制订目标和设计实现目标的替代方案。最终，实施阶段会具体到某个时间——一般不会早于1975年。

以上内容涵盖了诸多公共关系活动，但其所产生的共识只是错觉。这些方案引人深思的一点在于，它们虽然要求政府行使超越商业利益的
148 最广泛的权力，但又全面鼓吹其所暗含的商业利益。事实上，这些利益往往是各咨询团体和指导委员会的核心关切，也是企业常用的预防性参与的其他形式。我参加了很多为展示这些规划举行的公民活动，总是惊讶于这些活动体现的高亢情绪。

我认为主要原因是这些规划无所不包。它们想让每个人都走出困境。如果它们必须基于规划某一个方面做出决定，那么达成一致的整体共识就会轰然倒塌。但是，这些规划并没有让人们遭遇直接的选择难题。它们跳过了凌乱的当下和不远的将来，着眼于宏观，让每个人勇于

面对。

这又造成了《2000年规划》的另一个缺陷，那就是它过于遥远。人们可以抱有几分把握预测未来几年的趋势，带着几分依据猜测那些能够完成并且应该完成的事情。然而，一旦五年或十年过去，预测的风险就会增加。几乎总会出现误测，而且有时非常肯定的预测会让人们把事情搞砸。

不过，《2000年规划》在这方面没有多少顾虑。对于需要考虑周全的各种事项，几乎全部《2000年规划》都会基于共同前提开展。这些前提初看貌似相当合理——人口急剧增长、汽车拥有量大幅增加、居民休闲时间增多等等——但是对于这些趋势将延续几十年的信心确实令人略感不安。人们怎能如此肯定？即使他们对大致趋势估计正确，在一定程度上也可能出现一些意想不到的变化，就像罗盘读数的微小错误一样，即使是很小的偏离也会造成二十或三十年的巨大误差。

同时，人们也可能误判趋势，例如，对于人口的判断。专家们过去对于人口增长的估计就一直错误百出。20世纪30年代最为流行的观点认为，当时的低出生率会持续下去，美国人口或许永远不会超过1.5亿。人 149
口减少是众多有识之士所担心的问题，而当时人们认为新规划的社区将会改善环境，刺激人口繁殖。

可是出生率却在上升。专家认为这或许是暂时现象。1945年，他们预测第二次世界大战士兵回家后的几年，出生率可能会上升，随后就会下降。实际上出生率一直在上升，并连续保持了十五年。

目前大多数预测都考虑了人口增长这一势头。但这种势头可能一去不复返了。自1957年以来，出生率不但不再上升，反而一直下降。当然，这种下降趋势也许会逆转，但也有可能不会，甚至会加剧。为了应对人口大量激增，我们已经启动了不少细致且强有力的预防机制。

无独有偶，现实的转变可能会影响许多其他趋势。我们能否如此确信休闲时间将继续保持此前的增速？地价涨幅是否继续势不可挡？这些趋势也许会延续下去，但我们应该牢记，这些我们认为理所当然的趋势是受到了战后繁荣的影响，而这次战后繁荣可谓是史上最为强烈的反弹。大多数经济学家还向我们保证，这种繁荣状况基本是永久性的，而且无需担心会发生大萧条。对于这些趋势的怀疑并不意味着我们一定会遭遇大萧条，但它本身值得深思。

难道某些逆转真的就令人难以想象？我还没有看到哪个规划考虑了增长趋势中断的可能性。虽然后来发生的事情证明人们没有遗漏什么重要事项，但是如果规划师考虑了其他可能，他们就会谨慎行事。但他们就是不会这样做。最近召开了一次座谈会，旨在听取外行人士对于一项宏大区域性规划的反馈。首席经济学家被问及是否会对规划前景感到不安时，为了追求座谈效果，有人建议工作人员应该安排一个临时人员，设想一下如果未按预期趋势发展时所需的规划。但经济学家表示这个想法非常无聊。

150 但是这个想法根本不是无关紧要的。这样的设想能为制定应急计划提出一些非常实际的建议。例如，假设从现在到1975年之间，原始土地价格真正出现暴跌，那么我们需要采取什么行动才合适？要成立储备收购基金吗？什么样的土地最有可能拖欠税款？很多这样的问题同样值得思考。

制定《2000年规划》的规划师没有遵循自己的理念。设想并比较所有现实情况是一个很好的想法，但在大多数情况下，这种设想只能在某个方面实现。如果规划师认识到他们正在宣传和进行老式的“规范”规划，那么情况就不会太糟。然而，《2000年规划》的精心制作让业内人员误以为最终规划产品确实基于实际情况和客观分析。

虽然计算机越来越多地应用于规划并在很多方面发挥作用，但也并不能消除上述缺陷。通过当前相对粗糙的程序做出的最终设计，往往与规划师从前的土地规划非常相似。这种情况以后还会延续。如果说70年代崇尚所谓的“平行城市”设计，那么我们可以肯定的是，计算机的反馈会客观地指称这种设计是最佳选择。

我们在应对某一地区的开发时，需要考虑的变量几乎无穷无尽。其中一些是能够测量的，电脑能够提供帮助（例如，哪些河坝调节径流的功能最强）。而一些最重要的变量却无法测量（例如，未来人们对待家庭规模的态度，休闲的功用）。如果我们试图将所有这些因素都输入机器，那么规划产品的统计精确程度就没有多大意义。我们计划的时间越长，它就越愚蠢。

我们应该测量的不是未来，而是当下。各种《2000年规划》就像一面反映现实的镜子，而已经发生的一切就是统计数据的基础，解决方案也不过是一系列已经过时的常规操作。它们与我们可以为之努力的未来无关。 151

第九章　绿化带

在应用“限制原则”方面，伦敦绿化带堪称最有力的成果。它的实施对我们至关重要。如今，我们都市区的大部分区域设计很大程度上都在借鉴英国的理论。新城镇和绿化带的理念不仅在英国发端，而且得到大规模应用，它在美国也被广泛认为是相当成功的。

尽管事实并非如此，但这个说法仍然重要。它强化了规划师的信念，认为类似规划之所以在美国受阻，其主要原因在于美国规划师缺乏英国同行所拥有的权限和资金。关键在于，我们应该迎头赶上。

首先，术语的定义。在美国，绿化带这个术语被广泛用于指称任何一种开放空间。而在英国，其定义相当准确，指城镇或城市周边一大片永久性开放空间。绿化带虽然包含公有土地，但大部分属于政府遏制其进一步开发的私有土地。绿化带提供了公共用地和景观，但这些是次要目的。绿化带的主要目的在于限制城市的规模和引导未来的发展。

英国的绿化带是一项伟大的成就。美国人看到这些得以保留的秀丽乡村都会感到羡慕。通过诸多勇敢的尝试，英国人已经把握了我们大
152 多数城市挥霍已久的良机。英国人如今仍有很多选择权，并为能够重新考虑绿化带而感到满意。

关键在于他们正在重新考虑。尽管绿化带提供了诸多便利，但没有实现主要的既定目标。鉴于美国人才开始尝试类似项目，我们应该好好借鉴英国经验，毕竟有很多方面需要学习。

历史上，英国绿化带一直在强调使用功能和强调限制功能之间转

变。最早的提案将使用功能放在首位。英国人也一直重视景观本身的功用。甚至连热衷于遏制城市发展的埃比尼泽·霍华德也以绿化带的正面价值为依据，支持绿化带。他敦促政府购买绿地，以便城市居民能够使用并享受世外桃源般的绿地。

不过，英国人也强烈支持限制原则。从伊丽莎白女王起，她就禁止在伦敦城门3英里以内建设任何新建筑，英国人便习惯性地警惕城市发展，并千方百计保持城市规模。正是基于这一点，20世纪20年代后期英国政府呼吁研究伦敦周围的“农业带”。尽管当局附带提到了农牧业方面的利益，但该研究主要面向伦敦。未来任何开发都只限于农田以外的卫星城。

但是当最终采取行动时，重点又回到绿化带的使用功能。作为政府规划的受邀起草人，雷蒙德·昂温爵士没有过多考虑绿化带的农业限制理念。他成功地证明，伦敦真正需要的是可供市民游憩和休闲的开放空间。他在1932年规划中提出，要在建成区附近建设“绿色环带”。下面我会讲述他所寻求的开放空间。

昂温爵士的规划与现在的绿化带相比有几个重要差别。需要保护的空间虽然面积不大，但它是为了公共用途而购买的。这些空间没有形成 153

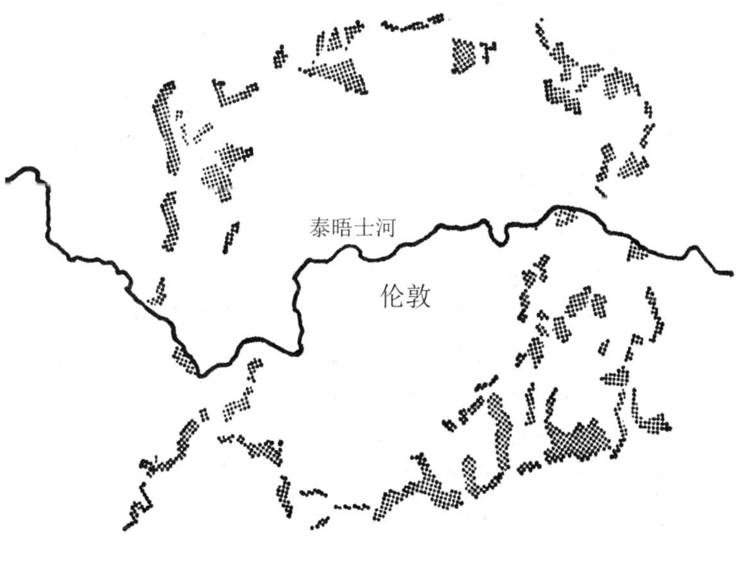

一个连续带，形状大致呈圆形，但实质上是一系列融入建成区的排水网络空间。因此，其线性的体量——或“边缘”——比当前的绿化带要宽。

这一规划推动了1938年《绿化带法案》的出台。在第二次世界大战之前的几年时间里，约有3.8万英亩土地被购买或有效控制。《绿化带法案》的第二个主要推动力来自战后，但当时规划师怀有另外一个目的。他们为伦敦的开发深感担忧。大量人口从英国各地涌入伦敦，这个地区汇集了大量工业，这种形势还会加剧。从1939年巴洛委员会的报告开始，一系列提议相继出台，建议政府采取严厉措施阻止开发，并且让开发远离伦敦地区。

如今的规划师赋予绿化带更为重要的作用。围绕伦敦的将是一个巨大的限制环，而非一系列适宜的游憩空间。在1944年的大伦敦规划中，阿伯克伦比·帕特里克爵士画出了数个同心环，其中有一个大约5英
154 里宽的绿带将市中心和郊区与外围乡村隔开。他认为伦敦的工业不会发展，而人口将有所下降。固然，人们认识到伦敦会出现“人口外溢”现象，但这可以通过在绿化带之外建立新的城镇来解决。

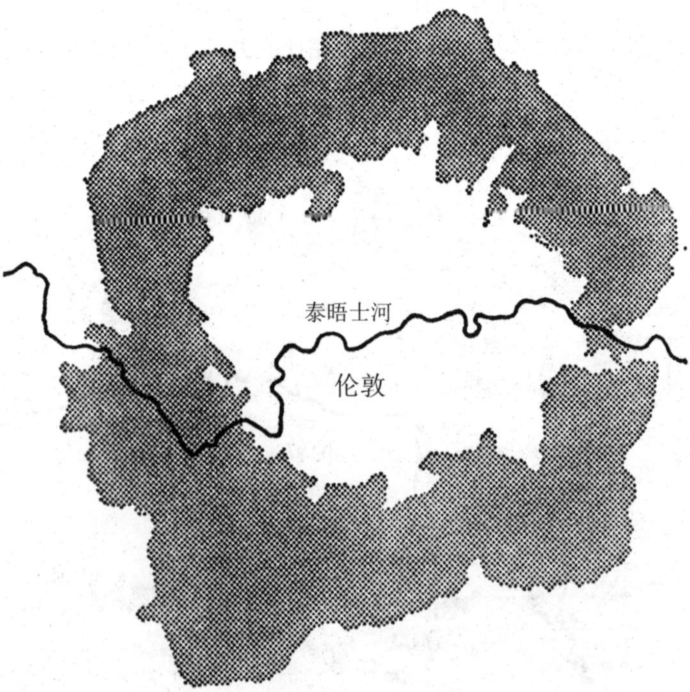

绿化带的功能问题不在于语义上的吹毛求疵，而是它在很大程度上决定绿化带的建立方式。由于重点是限制而非使用，因此规划没有过于要求一次性的购买。规划师想要实现零增长。根据1947年的《城市与乡村规划法案》，他们被赋予广泛的权限来冻结绿地，对抗开发。拟定的边界被扩大，绿化带扩大至6到10英里。前一页图片为1955年通过的《绿化带计划》。

这一方案要求分区和补偿相结合。住房和地方政府部长划定了绿化带整体轮廓，各辖区内具体边界由当地规划部门界定。一旦确定下 155
来，任何人想在绿化带内新建房屋，都需要申请建筑许可。由于划定绿化带的目的在于限制建筑增加，因此新建房屋的理由必须极具说服力。另外，产生相关的变化也要与绿化带相适宜。例如，申请增加农场建筑更可能获得批准，但申请修建大片住宅就不一定能获得批准。

虽然政府打算尽可能地使用治安权，但也认识到补偿同样不可或缺。如果土地所有者在申请建设时被拒绝，他可以就土地的“开发权”被剥夺而提出索赔。为此，英国政府专门拨出约3亿英镑资金支付这笔赔偿款。

赔偿过程非常复杂，涉及评估具体地产开发费用等诸多难题，这在某种程度上无法最终完成。尽管如此，到1959年，绿化带成为现实，大约840平方英里的土地得以保留。

1955年，英国政府在其他城市推广绿化带，再次强调了绿化带的限制原则。住房和地方政府部长表示，设置绿化带的目的是“(1) 抑制城市地区发展；(2) 防止邻近城镇合并；(3) 保留城镇特有风貌”。游憩功能虽然是众望所归，但这并不是建立绿化带的主要目的。

伦敦的绿化带是否奏效呢？或许就某些方面而言，其效果显著，但从主要目的来看，绿化带失败了。伦敦的商业聚集程度创下新高，城市外围开发未能停止，甚至被迫越过了绿化带。

尽管目前绿化带并未遭遇大规模侵占，但越来越多的人开始觊觎这 156
些土地。绿化带觊觎者已经公开要求开发部分绿化区域，甚至一些最为忠实的绿化带支持者也在讨论如何调整以适应这些需求，以免绿化带整体遭遇不测。

绿化带本身并不是糟糕的理念——许多杰出的成就由不符合原定目标的理由推动，英国人也会找到更合理的解释支持这一理念。不过，伦敦的经验告诉我们消极限制的计划不可行。城市开发能被限制，但绝不是通过土地闲置实现。

开放土地抵御开发压力的关键点在于它的功能，这也是需要开放土地的缘由。杜绝开发不是行使功能。这个空间必须为公众（且是都市公众）而非少数人所用。他们必须能够在土地上游憩、观赏风景和娱乐。

伦敦绿化带的问题在于市民无法进入。尽管里面有多处公用场地，但它们只占绿化带总面积的一小部分，况且大多数公用场地的位置都很偏远，市民难以前往。由于禁止开发，英国人的确保留了一些土地，将来可以出售以兴建游憩场所。但也正是由于至今几乎没有收购这些土地，绿化带更可能转为其他用途。

人们也很难看到伦敦绿化带。从盘旋在伦敦上空的飞机上俯瞰，这条绿化带十分显眼且极为赏心悦目，它在规划师的图纸上也呈现出规则感和对称感。然而，人们在地面上无法轻易看到绿化带。绿化带中多是秀丽的乡村景致，南部丘陵和新福里斯特都在其中。如果驾车或沿小路穿过绿化带，就能见到众多迷人的景致。

不过，大部分人不会去走小路。他们郊游时选择的主要路线会让周围景色大打折扣。乘坐巴士沿主要线路去城郊也几乎看不到绿化带。事实上，绿化带虽然近在眼前，人们却只能一扫而过，因为绿化带被临时
157 房屋骨架、丛生的杂草和废弃农场遮蔽。此外，某些空间虽处于开放状态，却毫无特色可言，看起来比开发区域更加糟糕。规划师可以禁止人们对土地做些什么，但他们不能规定应该对土地做些什么。有时候几乎什么都没做。许多地区持续无人管理——不能开发，也不作其他用途。实际上，这些土地被白白荒废。

简而言之，闲置区域太多了。已经被收购用于建公共游憩区的土地几乎不用担心被侵占，反而是那些未被收购的土地，即位于大部分绿化

带中的土地，越来越难以抗拒转作其他用途的压力。这不是商业不景气和开放空间之间的二选一那么简单。更强劲的冲击来自其他用途，尤其是住房。在各种土地用途之间做出抉择时，有形用途往往更占优势。

因此，用绿化带牵制城市开发的想法才会不堪一击。倘若要在开发沿线设绿化带，人们最好想出一个无懈可击的理由。在选择限制开发的土地的同时，我们相当于也选择了适宜住房建设的土地。随着住房需求日益增长，对于住房建设的补偿性需求越发强烈。之前支持绿化带建设的理由如今也变得越发脆弱。人们时常面临“人还是空间”的两难抉择。

这个问题深深困扰着城市规划师，尤其是那些同时负责开放空间和住房的规划师。最近，英国住房与发展部长就遭遇了这种窘迫，因为他被迫同意伯明翰将1 540英亩绿化带计划用地用于住房建设。伯明翰市政官员同样表示无奈，他们希望不去打扰绿化带，但确实没有其他建筑空间可用。一位官员表示，如果“仅为保留绿化带就要约10万伯明翰市民在贫民窟中挣扎”，他们的职位也难保。

英国规划师现在也认识到他们需要重新深入反思绿化带理念。他们认为，如果人口和商业都按照预期增长，此前的绿化带项目本应获得 158
成功。然而，事实证明他们的预判错误，或者按他们的话来说，“遭受了某些事件的歪曲”。更多的人口和更繁荣的商业，这是当下对于未来的预期。在关于英国东南部的研究报告中，英国住房和发展部预测，到1981年绿化带以内的人口将增加100万，几乎等同于绿化带以外人口的增长幅度。这样看来势必要有所舍弃。

难道要舍弃绿化带吗？住房和发展部规划师在回应这一无法想象的问题时十分谨慎。他们在官方声明中选择了与美国政府完全不同的巧妙表达，即在看似批判这种可能性的同时，接纳这种“异端主张”。这些声明表示，绿化带必须保留，但最好的方法是有所妥协。一些现有绿化带所在位置并不是最理想的区域，所以它们可以“有效缓解土地紧缺”——换言之，用于建筑用地。

规划师告诫人们，在规划绿化带时不应占地过多。他们建议新增绿化带一事——增加大约1 200平方英里——也应重新严肃考量。一旦占地过多，人们反而会受其害。“如果绿化带占地过多或过于紧密地围绕现有开发区，从长远来看，人口增长的压力可能导致开发区域突破绿化带。如果想要稳固保留绿化带且得到广泛的支持和尊重，划定其面积时就必须充分考虑所有可预见的压力。”规划师警告，空间处于开放状态并不意味着就可以建绿化带，“即使在远离伦敦的地区，缺乏充分理由也无法纳入严格的绿化带体系”。

理由充分正是关键所在。尽管没有放弃限制伦敦扩张的想法，但规划师开始重新考虑绿化带的主要功能——休闲。重点在于挖掘景观和游憩的价值，保留更多公用场地，以及想方设法为人们创造方便进入绿化带，尤其是伦敦市民。

规划师看到了荒地的无穷潜力。例如，破坏河谷风光的废弃采石场可用来堆放固体垃圾，而且填平后可以绿化成为游憩区。(英国人尤其擅
159 长利用废墟。久负盛名的剑桥后院便是在一片中世纪废墟中建立起来的。最近的例子是在第二次世界大战期间德国空袭后的废砖瓦砾上修建而成的伦敦沼泽区的大片足球场地。)最为激动人心的当属利谷改造。这片河谷从周边乡村延伸至伦敦东区中心地带，沿岸的风景破败不堪。不过，伦敦市民信托基金机构拿出了极富创意的提案，将河谷改造成供伦敦市民休闲的风光带。

如果能有一个全新的开始，绿化带将按当下所强调的原则进行规划建设，这与昂温爵士起草的方案十分相似。绿化带将会与地形相适宜，并且侧重于游憩和景观价值，将开放空间嵌入开发布局，而非横加阻碍。

仔细阅读近期的政府公告，人们会明显感觉到规划师想要从头再来。带着类似于赞同的语气，规划师在评论别人提出的“激进提案”时，就有过舍弃绿化带的想法。有人提议放弃并改造现有的绿化带模式，使其更为紧凑，功能更为突出。开发区域也不应限制在绿化带以内，而是沿着交通要道发展，干道之间以开放空间区隔。规划师认为这一方案有两大优点：第一，城镇与乡村之间的联系将更紧密；第二，与现在的绿化

带相比，这种模式能更从容地应对开发区域外扩。然而，他们也指出："这个方案的主要问题是它出现的太晚。如果在规划绿化带之初能够完全掌握伦敦人口和就业的增长状况，人们就会选择这一方案。"

简而言之，如果让英国规划师重新来过，他们确实可以交出一份完
全不同的答卷。*鉴于美国的绿化带建设才刚刚起步，我们应该做出一番 160
不同的成绩。然而，尽管英国提供了明晰的经验教训，我们的都市规划
工作似乎正纠缠于英国经验无法处理的那些因素。

我们有太多规划仍坚持开放空间的主要功能必须是消极限制城市的发展，甚至比当初的英国人更为固执。又有太多规划强调整体抽象的开放空间和占有大面积土地。在确定绿化带范围时往往随意划定，极少或从不参考地形。虽然未带英国方案的标志性反开发偏见，但实质上我们的方案仍是分散主义和反城市主义。

最糟糕的是，这些浮夸的规划该如何实施也没有得到严肃思考。英
国人却有始有终，他们认识到开放空间的限制概念需要新型工具和大量
资金，于是他们按照这一概念的逻辑，大胆地实施政府项目。他们实践
了自己的理念，而我们应该学习他们的经验。 161

总而言之，最重要的经验在于开放空间必须具有积极功能，否则就

---

* 值得注意的是，在评估经验教训时，规划师依然执着于限制伦敦开发。他们确实也承认，伦敦越发成为吸引管理人员和专业人士的聚集地。但他们认为，伦敦对处于增长阶段的经济部门最具吸引力。他们甚至认为这一转变并非毫无缘由，而是多家公司在各自充分了解中心区域高成本后所做出的无数决策积累的结果。规划师承认，这些公司选择伦敦是因为伦敦碰巧是最佳地点。

这样看来，持续开发对伦敦来说或许并不是坏事，甚至至关重要。这种管理和技术的簇群化已成常态，并且可以极大地提高效率。如果英国希望与一体化程度越来越高的欧洲竞争，旁观者会建议英国舍弃伦敦分散发展的田园式理念，不再限制伦敦开发。

不过，规划师并没有采纳这个建议，而是再次进行尝试。这次，他们希望通过发展伦敦市区以外的现有经济中心和建立新城镇来解决问题。这些新城镇将远远超过首批新建城镇的面积，因为规划师认为新城镇面积越大，效率就越高。然而，这种逻辑依然不适合伦敦。人们认为应该延缓伦敦继续扩张，而"过度增长""癌变"等形容词也说明其争议所在。借用英国住房和发展部的"东南部研究报告"的话说，问题的关键"在于打破增长存量刺激再度增长的怪圈……"

规划师们似乎又在为限制开发做最后一搏，但多年以后他们或许又要为促进开发而感到困扰。

会遭到侵占。人们必须能够借助或使用开放空间，或者至少能够欣赏景观。限制城市开发属于消极功能，而且不足以保留开放空间。这一点在日本得到了证明，他们曾希望借鉴伦敦模式的绿化带限制东京开发，但在1965年放弃了这一想法。

开放空间必须贴近实际情况规划。那些随意划定的边界在地图上看起来十分规整，但实际上却极难保持。边界符合山脊、山谷、溪水和河流等地形地貌特征的开放空间反而能够长久存留。当然，针对开放空间的抨击一直存在，除了恶意攻击外，其中也有合理要求。我们必须团结最广泛的力量，以最正当的理由予以反击。大众必须了解、享受开放空间。为开放空间而战不仅与他们有某些利害关系，他们必须意识到这是在为自己战斗，而且在战斗开始前就要意识到这个问题。

162 我们再次强调，不利用开放空间就会失去它。

第十章　连接带

需要指出的是，对开放空间采取一刀切的处理方法会危害大面积开放空间，而非小面积开放空间。这两种空间我们都需要，而且我们应该尽可能多地获取大面积开放空间。据我所知，没有哪个地方政府已经获得了过多的开放空间，因此讨论获取过多开放空间带来的问题还为时尚早。

危险在于我们现在没办法获得本应有的更小面积的开放空间。采取一刀切的方法并不能赢得时间。土地面积有限，需要住房的人口和待建工厂却越来越多，因此保留开放空间势必越发艰难。我们应该首先保留的是最为有益居民的——最靠近他们的开放空间。如果其中一些还是大面积开放空间就更好了，但是在大多数情况下，居民周边都是剩余的小面积空间、不规则的空间以及饱受诟病的边边角角。

尽管将这些零碎空间组合连接比直接利用某处的大面积空间要困难得多，但它也可以实现。我们有连接独立空间的各种机会，但这需要大量资金才能实现，而新颖的设计将会大有作为。在美国，都市区之间遍布纵横交错的连接带。虽然多数连接带早已停用或勉强发挥其初始功用，但它们丑陋的外观让人觉得难以将其改造成休闲空间。不过，只要我们愿意，就能改变现状。 163

传统的游憩空间标准往往会遮蔽这种机会。这些标准有用处，但重点在于理想情况下，一个地区应该拥有**多大面积**的开放空间。对于公园空间，最普遍的标准是城市里每千人对应10英亩的开放空间，郊区15英亩，州立公园65英亩。可是没有人知道这些数字是怎么来的：国家游憩与公园协会发现这个标准有助于刺激社区提高对开放空间的要求，并坦率表示这个标准是多年前由一位忘记了姓名的人规定的。另一种方法是计算特定活动所需要的人均空间。例如，户外游憩局建议每5万人应该有25英里的远足道、25英里的自行车道，以及5英里的骑马道。威斯康星州的规划师规定每位渔民拥有3.6英亩水域面积，每艘渔船拥有8英亩，以及每位渔民拥有1英里溪流或0.25英里河流，每位滑水者拥有40英亩水域。虽然有些标准看起来过于精确，但确实有很多社区接近这些标准，说明这些标准并非毫无道理地偏高，而且可以适用于其他地区。人们以此来夸大这些地区的开放空间的严重不足，因此必须有所行动。

不幸的是，这种标准方法的附带效果之一便是将空间的层级大小概念牢牢地根植在规划教条之中——社区拥有较小面积空间，城镇拥有较大面积空间，地区拥有极大面积空间。例如，州立公园官员将“服务本区域的公园必须至少达到500英亩”当成了公理，有些官员甚至对1 000英亩以下的公园用地嗤之以鼻。为证明空间的赋形品质，规划师涉及的范围更加广泛。他们认为，如果想考虑区域事务，就必须从更广阔的空间着眼。在《2000年的华盛顿规划》中，楔形地带因为面积广袤而被认为是区域性空间。然而，从乔治敦西北部延伸至马里兰州界及以外的石溪公园不符合条件，因为该公园面积不足以使其成为区域级公园。

这种区分完全不切实际。大面积空间可能有区域意义，也可能没有。小面积空间可能只是本地空间，也可能意义非凡。一切取决于具
164 体情况。面积大小是一个因素，仅此而已，但它不一定是最重要的因素。空间的意义取决于它的位置、类型——例如，山脉、山丘、林地、沼泽——和周围环境，以及有多少人在何时使用或观赏它。

从这个角度来看，许多小面积空间在等级上显然是地区性的。石溪公园恰好就是这样的例子。在该地区1∶20 000比例的地图上，这条绿色地带看起来显得狭窄，但在人们眼里，它有强烈的结构感和层次感。对于城市居民来说，它既是一个主要边界，又是一个重要的游憩场所。对于成千上万的郊区居民而言，它既是郊区与城市间的主要通道，也是

他们认知这个区域的主要元素之一。类似的例子比比皆是，如费城的维斯西康公园、波士顿的查尔斯河、韦斯切斯特县景区干道等。一个好的开放空间可以在多个层面发挥作用。一处作用显著的本地空间不妨碍它为更大区域的居民做出贡献。

我们正在面对两个现实。一个是自然开放空间，另一个是人们使用和感知的开放空间。两者之中，后者更重要——毕竟，这是开放空间行动所取得的回报。但是现实并不是绘制的图表，那样会过于主观，容易引起争议。如果确实有这样一张地图，你会发现它与实际迥然不同——如同恶搞地图里纽约人眼中的美国各地。

这就是为什么应该不断尝试。分歧很重要，为了找出它们，规划师会尽量按照人们的想法来描绘某个区域的开放空间地图。这将是一项艰巨的技术任务，涉及许多访谈以及一大群代表性人物，但即使是简单的抽样也可能带来极具价值的线索。无论怎样，人们绘制的地图无疑会高度偏离该地区的实际。有些空间会不成比例地偏大或偏小，有些空间根本不会出现。人们的印象会因为在哪里居住、在哪里工作以及收入多少而大相径庭。

但是也可能存在某种一致性。在研究人们的城市印象时，凯文·林
奇发现，虽然这些印象因人们的职业、经济状况和住所而有所不同，却在 165
关键要素上有重叠。因此，这种重叠可能与该地区的开放空间有关。对此，我大胆猜测，上面提到的地图毫无例外地证明，人们只知道一小部分实际存在的开放空间。在人们记忆最清楚的空间中，相对较小的空间印象较为深刻，因而人们会严重夸大它们的规模。*

对于公园购置，传统的空间层级确实有些道理。在其他条件相同的情况下，为较大区域居民服务的州立公园应该大于服务于城市的公园，而城市公园应该大于社区游乐场。然而，所有条件很难相同，而且面积

* 新英格兰居民可通过估算他们所知道的城镇公共开放土地面积来检验这个猜想。估算结果很可能是实际面积的两到三倍。“勘查镇里的绿化带时，我惊奇地发现，看上去有2—3英亩的绿化带却往往只有0.7英亩。我还发现居民们也有类似高估的情况。”

有时可能是一个糟糕的衡量标准。真正重要的是**有效**面积。正如许多小面积空间在人们的脑海里不成比例地变大，许多大面积空间却没给他们留下一点印象。人们不知道大面积空间，即使知道，往往也不知道如何利用它。东海岸沿线有许多大片森林和州立公园，而且靠近众多大城市。然而，当人们讲起这些森林和公园时，你会发现它们当中很多好像根本就不存在。此外，在人们知道它们存在的情况下，对开放空间的利用常常集中在一些可进入的地点或路边。

未充分利用大面积空间当然是个很好的问题。随着人口的聚集，道路和设施的建设，大面积空间使用起来将会比现在更加有效。然而，大多数这样的空间属于上个时代的遗产，在有大片土地搁置时，它们也就闲置了下来，而且当时的价格只是今天价格的一小部分。许多空间由富
166 人调集起来捐赠出去。如今，人们仍有可能捐赠，但这样的机会并不多。就未来的购置活动而言，重点将是较小面积的空间，更为接近城市的空间，以及高密度使用的空间。

不过，现实往往强烈倾向于从另一个角度看待问题。州立公园官员，其中有些还担任州林务员，仍对乡村地区怀有可以理解的偏见。作为行政管理人员，他们也对大面积的可管理空间抱有偏爱，而且长期以来一直认为，小面积空间的维护和运营成本高于同等面积的大面积空间。

最近，州政府官员开始更加关注城市。他们不得不这样做。为了从联邦土地和水资源保护基金会获得拨款，他们必须提交一份兼顾各市需求的全州规划，并且必须让出自己能得到的直接拨款中的合理份额。但这还不够。自然资源保护基金会的一项研究表明，1966年，在针对开放空间和游憩资源开发的2亿美元联邦拨款中，只有不到20%用于人口稠密地区。

原有方式难以改变。对于本州自己的购置项目，州政府官员仍然倾向考虑大面积空间，但是他们也会因为需要购置都市区的大面积空间而感到愤慨。与其把标准降低到合适程度，很多官员宁可好高骛远，宁愿花钱获得更多的土地。我记得一位州立公园负责人面对一个带状公

园提案的反应。在提案中，这个公园将延伸至一个快速城市化地区的山谷。他认为这个提案很好，却表示不会把资金投在土地成本太高的地方。他质问道："在30英里以外的地方，我可以用每英亩80至120美元的价格买下4 000英亩土地，为什么还要以每英亩2 000美元的价格买这400英亩土地呢？"

这里有诸多原因。高成本的土地接近居民，低成本土地并非如此。如果你想知道有多少人使用接近居民的土地及其使用频率，然后比较这些土地收益与成本，你可能会发现，按人均计算，那些价格看似高得离谱的土地比廉价的土地或许更划算。人们会频繁地利用附近的土地，而且是越发规律地、一年到头地利用。因此，就单次游憩的管理成本而言，就近游憩的开销可能远远低于前往距离更远、面积更大、利用周期更长
的公园的开销。奇怪的是，人们似乎从未计算过购置公用场地的成本和 167
收益。

公路工程师在这方面遥遥领先。很久以前，他们就发现乡村小道无法应对交通问题。通过对比成本和潜在收益，他们发现车流密集的道路虽然成本高，却最经济。而这也是工程师成为城市景观塑造者的一大原因。赞美也好，批评也罢，工程师一直致力于他们的工作。公园官员也应该如此。

在寻找城市用地时，公园官员具有较大优势。尽管与其他同类土地相比，临近市中心的土地成本更高，但也没有平均地价那么高。最适合建公园的土地往往有斜坡、溪流和树林，而填平和优化这种土地会令开发商非常头疼，因而这些土地的市场价格远低于该地区的平均地价。

这类土地在我们都市地区数量惊人。因为水具有流动性，所以河溪具有环绕或穿过建筑区域的特性。不过，基于同样的原因，河溪并不适合划定大面积开放空间。事实上，如果专注于宏观图景，你甚至不会注意到河溪的存在。因为土地并不是集中在一两个大片区域，而是由一系列不规则的、有时不连贯的元素组成，因而只是具有本地意义的一些零碎空间。

传统的空间标准遮蔽甚至排除了获取开放空间的机会。几年前联

邦和州政府起草开放空间资助项目时，许多规划师担心这些拨款可能会导致地方政府仓促行动，目光短浅。由于当时区域规划不多，规划师认为政府可能倾向于把这些资金花在零碎土地以及“儿童乐园”上。为避免这种情况，各地项目要求开放空间面积必须达到足够规模，方可获得资助，例如，纽约州要求规模达到50英亩。有些项目还规定受资助的土地必须以开放土地为主。

168 事实证明，这些限制并不管用。开放空间最小面积的要求对于城郊社区而言相对容易，但对城市而言却非常困难。它阻碍了一些高度战略性的购置活动。城市很快开始抱怨。即使拥有配套资金，它们想购买50英亩土地依然会觉得非常昂贵。它们也许只能负担35英亩的昂贵土地，而且是孤注一掷。此外，还有处在最佳位置的大片土地，但面积远不足50英亩。无独有偶，必须是以开放空间为主的要求也是一大困扰。这恰好排除了很多极富想象力的项目，例如，清理半荒废土地上的棚户区和旧建筑，在原地重建公园。对于土地抱有其他想法的商业运作人员也很快注意到“开放空间为主”的条款，并威胁要对簿公堂。幸运的是，开放空间最小面积规定如今已经放宽或完全取消。*

寻求大面积空间的另一个原因是为了分隔社区，以免它们融合成一个大居住区。英国人尤其喜欢这类开放空间。在建设新城镇时，他们试图在城乡之间划清界限：城市是城市，乡村是乡村。同时，他们也尽量保
169 持现有城镇不会相互渗透——这也许是绿化带项目最为成功的方面。

美国常常被认为是“如果你什么都不做，就会发生什么”的突出例

---

* 根据有关记录，康涅狄格州的开放空间资助项目从来没有这样的规定，但其良好管理情况表明，小面积空间在总体上意义重大，而土地平均面积则极具误导性。在该州项目的一期工程中，各地政府共征地77块，每块地面积从3.5英亩到387英亩不等，平均面积为62英亩。但在一期收购中，所有土地的面积几乎都没有接近这个平均值，而是处于分布失衡状态：大约30%的已购土地为100英亩及以上，例如，高尔夫球场和大型公园用地，60%的已购土地不到40英亩，而且相当一部分土地面积小于5英亩。这些小面积土地都是零碎空间吗？有些是为了维护其他土地，但大部分自身都有其功能，比如河流沿岸、滑雪陡坡、海滩或池塘、大坝游泳点、瀑布峡谷以及市郊山林。因此，大小空间之间无须进行这种不合理的比较。而且在我看来，两种空间各有千秋。不过，在某些情况下，区域公园和地方公园显然在本质上都看重小空间的土地面积。

子。在游客看来，我们的城镇之间的空间似乎早已被填满。人们指责郊区最多的并不是它不雅观，而是它混乱难辨。它们不再占据过去的城镇那样的**地位**，换言之，它们已经成为“市郊贫民区”。郊区边界被不断延伸的开发区突破[illegible]个社区停建后下一个社区立即开建，以致游客难以分辨。格特鲁德·斯坦说过，对洛杉矶或者来自奥克兰的某个人来说，郊区没有“边界”可言。

指责也是一样。规划师表示，如今要让已经建成的郊区恢复原状已经为时过晚。但是我们务必留意，未来的郊区将考虑整体布局，相互分隔开，且具有个体特征。而大量的开放空间就是规划工具。在几乎所有理想的规划中，未来郊区均被大量开放土地包围，而在自给自足的城市周边则环绕着数英里宽的绿化带。

相互隔开当然可行。问题在于隔开**多远**？收益是否会随着距离扩大而增加？以什么方式隔开？一个社区与另一个社区隔开5英里而不是一两英里，这能在多大程度上产生收益呢？隔开是件好事，但是没有人去计算，这需要多少成本——多少成本才够。虽然我不能提供确凿的统计数字，但我认为有一个非常明确的情况不得不提，即开放空间的这个功能和其他功能一样，强调大规模既不现实也没有必要。

相互隔开是有代价的。虽然费用没有土地成本那么高，但也不容小觑。隔开会导致距离的增加。连续新建的社区与其他社区相隔越远，它们之间的行程时间越长，修建公路和过渡设施所需的投资就越多。一旦走向极端，隔开甚至会导致比当前的超大规模更甚的分散。届时合并的就不是郊区，而是整个市区。如果人们倡导的新城镇的空间标准得到实际应用，未来的开发将会分离，并以极快的速度向外扩展，到2000年，纽约市区面积将会扩展到去往布法罗的中途。 170

开放空间可能是贫瘠的土地。如果选择土地主要因为它可以作为社区之间的缓冲，那么所选的土地可能无法与景观或公用场地媲美。例如，东海岸沿线最舒适的开放空间大都与都市地区平行延伸，而非位于都市之间。

将社区分隔开不需要太多空间。那些持相反观点的规划师混淆了地图比例和现实生活中的实际比例。即使在最无差别的郊区，居住在其中的人们也非常清楚什么地方在哪里，需要多久能到达。如果有什么特别之处的话，那就是他们有时会有夸大社区意识。陌生人可能几乎无法区分社区之间的界限，但居民们却能敏锐地识别出来，而且界限本身比界限幅度更加重要。人们会对相对较小的分界线和地标相当敏感——例如，山顶墓地、高尔夫球场，或者右边是中学运动场，左边是露天剧场，不远处是埃索加油站的地方。如果有更多地标提供指引那就更好，因为地标不会占太多空间。

如果缩小比例，我们可以很好地处理将新社区隔开的工作，而且能够非常经济地完成。同样重要的是，我们是在顾及已有郊区的同时，出色地完成工作。不过，这并不意味着我们不能开放一些空间或者不能发现那些对地面造成如此重要影响的庞然琐事。

我们可以缩小比例，因为开放空间有一个简单却常被忽视的特征。开放空间沿其边缘实现大部分功能。这是人们常来游憩的部分，也是人们最想见到的部分，往往也是最好的部分。就像城市公园四周被建筑物包围时显得面积更大一样，林地或草地也在与相邻道路和建筑形成鲜明对比时最赏心悦目。隔开功能沿着边缘就已基本实现。开发商敏锐地
171 意识到这一点，于是他们尽可能地在受保护的开放空间附近购买土地。

当然，在更远处拥有更多开放土地是件好事。边缘不应该仅仅是幕墙。如果你发现林地的边缘就只是一排树，一排一眼可以望到头的树，而另一端是一个货场，那么你再也不会对这片林地有什么感觉了。但当你感受到它的深度，而且认为它值得你某天去一探究竟时，那样的边缘最是令人着迷。

许下诺言比兑现诺言更重要。事实是，大多数人不会找时间去那里探索。他们有点像那些因为临近博物馆和剧院而感到自身文化素质也随之提高的城市居民，但是他们不会去这些地方。在我知道的许多毗邻林地的社区，居民总是反复强调自己的社区环境多么宜人，但我发现并没有多少人会去林中散步。据报道，英国和欧洲大陆的一些新社区也有这种现象。对于大多数人来说，在大多数情况下开放空间的边缘**就是**开

放空间。

小面积空间比大面积空间能更高效地提供边缘区域。随着空间面积的增加，其边缘会相应减少。如果我们的目的只是为了提供最大的开放空间接触面积，我们应该尽最大努力增加空间边界，而不是扩大空间面积。这种方法会在较小的空间内分布一定的面积。

下面我们以一个4平方英里的区域为例做一番说明。假设作为一个整体，该区域大致呈方形，周长为8英里。 172

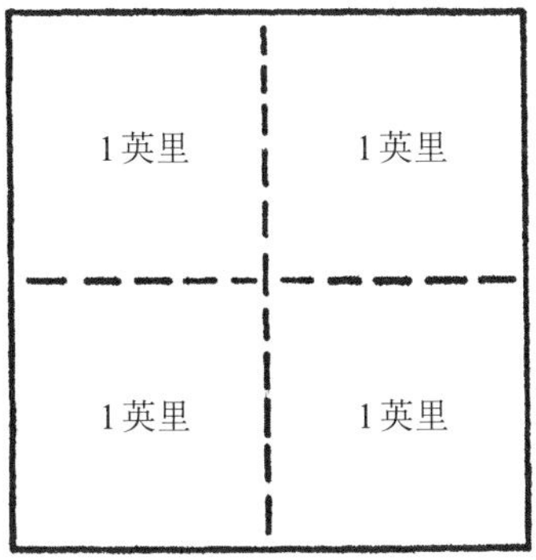

如果这个4平方英里的区域由4个边长为1英里的独立区域组成，周长将是16英里。

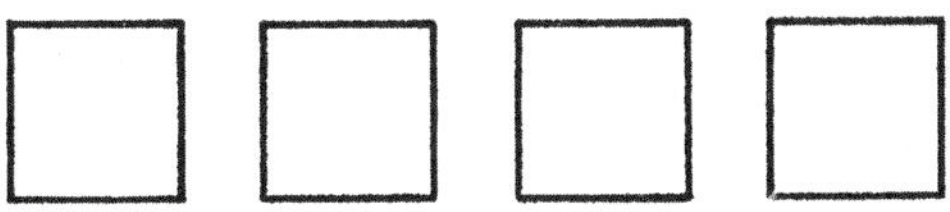

如果这个区域是一个宽度为1/2英里的带状空间，那么周长是18英里。

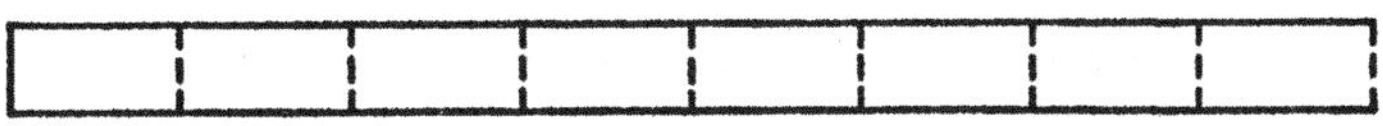

当然，收益递减也是有道理的：如果过分注重周长，则最终只剩下边缘。还应注意的是，空间无法设计得如此整齐；实际空间不太规则，而且

边界多曲折。许多大空间，特别是海岸线和入海口，它们的边缘比上图显示的要大得多。

然而，每英亩的线性带状区域可能是最有效的开放空间形式，有大量实例可以证明这一点。沿着人们旅行或步行的路线布局，或者进入人们的居住地，这样的空间可以提供最大的视觉冲击和最宽的实际进入通道。不过，这并不是一个全新的理念，负责规划首个公园系统的景观设计师早就对边缘效应十分了解，并且娴熟地运用了条形空间。如今，线性概念显得更为关键。它为我们提供了在难以获取土地的城市地区保留利用程度最高的土地的方法，以及适时将这些空间连接在一起的方法。

这一应用潜力巨大。在我们的都市区，还有许多尚待重新发现的线形区域。城市交通的变革使人们难以找到散步或骑行的地方，也导致许多老旧的设施被废弃——输水道、运河、铁路、市际电车线路等。有些早
173 已不见踪迹，但仍有大量线路因未被利用而杂草丛生，而实际上无须太多费用就可以把它们修复成小径和步道系统。例如，沿哈德逊河走廊有350英里的废弃铁路线、190英里的废弃运河道，以及长达60英里却早已无水可输的输水道等。

克罗顿输水道是都市"宝藏"的典型事例。早在1837年，纽约市政府购下一块66英尺宽的长条形地带，并埋设管道从韦斯切斯特县的水库把水输送到纽约。到20世纪30年代，输水道几近荒废，而零散的公用事业用地仅被用作停靠点。尽管输水道是公共用地，但是多数公众对此一无所知。由于纽约市一直向邻近土地所有者发放使用许可，因此这片公用事业用地已被停车位、垃圾堆和铁网栅栏占据。到了1955年，该输水道已基本废弃，但由于法律上的复杂关系，仍未彻底拆除。

1965年，哈德逊河谷委员会把输水道作为开放空间通道改造示范点，敦促将整个输水道改造成带状公园。纽约市早已经把城市公园转交给市公园部门，1966年州政府从纽约市买下输水道其余部分，改建成一座地区公园。

这类项目的令人兴奋之处在于它可以迅速安排就绪。清除部分侵

占物需要一些时间，但该项目大部分区域很快就能向公众开放，并且在几年内可建成一条从布朗克斯到韦斯切斯特县北部的连续通道。

铁路用地也是一项重要资产。铁路开通后不久，铁路公司就迅速停止了运营——过去十年里，已有约1万英里铁路被废弃——因为合并，可用的铁路线的长度还会增加。这些线路可以改造成不错的马道和步道，宽度通常在50到150英尺之间，而且由于铁路公司通常会卖掉铁轨和枕木，所以不需要太多的清理工作。社区可以通过联邦政府和州政府的开放空间法案获得购买公用事业用地的资金，许多组织和志愿者团体也会 174
积极参与路径开发和设施建设。

其中一个项目是伊利诺伊州的草原路径，它沿着芝加哥、奥罗拉和埃尔金的古老市际电车线路延伸。1965年，杜佩奇县购买了27英里的公用事业用地，然后把它租赁给启动该项目的伊利诺伊州草原路径公司，租期十二年。该公司购买了责任保险为沿线事故投保——可谓对此类事业的一项主要的顾虑——该公司正负责将这里开发成为适合步行、驾车和骑行的道路系统。项目的开发和后续维护工作分包给了当地各团体。同时，该公司还制定了一套很棒的道路指南，告诉游客每处必看景点。同时，该指南当然也会提醒游客注意途中的几条弯路，但这种弯路并不多。不久后这条路线将会相当通畅。

一旦此类良机出现，必然会被当即抓住。以前的公用事业用地对于公用事业部门、公路部门和污水处理部门仍具吸引力。没有发现机会的社区往往认为它们只可以用作停车场和垃圾场。实际上，公用事业用地的用途很多，也可继续用作人行道——例如，在地下埋设输电线和管道，完全不会破坏景色，还可以促进经济发展。如果想要实现多种用途的完美结合，就必须集思广益，出台统筹兼顾的方案。公用事业用地背后往往都有非常复杂的法律和政治发展过程，纵使来历简单，所有权以及管辖权的问题依然棘手。因此，要完成这类项目并非易事。

尽管似乎不大可能，公用事业用地被用于未来高速公路建设是另外一种可能性。然而，情况通常刚好相反，其他公用事业用地会被公路建筑商优先占据或一分为二。不过，这在一次事件中出现了转机，并由此

为公用事业用地避开高速公路建设开启了先河。纽约市正在考虑从公
路建筑商手里拿下一个用于高速公路建设的公用事业用地，并将其建成
175 带状公园。这块4英里的土地位于斯塔滕岛，沿着一处草木繁茂的峭壁
延伸。19世纪70年代，弗雷德里克·劳·奥姆斯特德高兴地在这里安
了家。他认为山脊会成为一座美丽的带状公园，并在向纽约市的提议中
提道："（此地）不适合也更不可能建设快速交通。"

20世纪的公路建筑商对此并不买账。20世纪50年代，这块地被划为里士满公园景区干道一段。公园和游憩团体随即提出抗议，当时公路建设的负责人是罗伯特·摩西（好像是这样）随着约翰·林赛当选市长，人们举行了新的听证会讨论带状公园提案。

1966年，林赛市长呼吁里士满干道采用绕过山脊的另一条路线，而这块地可以建公园小路。（就在当时，准备连接这条公园小路的一座全新立交桥刚刚完工。这可能是公共事业用地避免建设高速公路的首个案例。）[*]

运河是另一种资产。其中最著名的例子当属毗邻波托马克河的切萨皮克和俄亥俄运河，而这要归功于联邦大法官威廉·道格拉斯和他的年度远足活动。这条运河风景引人入胜，是全美最长运河之一——长约185英里，连接华盛顿特区和马里兰州坎伯兰市。此外，各地还有很多类似的潜力巨大的运河，而且修复这些河道的成本并不高。

河谷是最佳连接用地，它通常看起来非常美观，但水道却显得单调
乏味。不过，即使大部分时间处于干涸状态，水道也可能成为很好的设
施。穿越西部和西南部的许多都市地区的混凝土沟渠就是这样的例子。
176 它们没有多少看头，但名义上这是河流，人们不应该进入河道。由于一
年当中只有几天有水流过，一些社区把它们用作骑行道。

* 在撰写本文时，这个问题仍然无法确定。1967年，公路局表示市长提出的替代路线并不可行，因为该路线距离更长，成本更高。这是公路局在处理这种争议时所采取的标准说法。然而，他们最近的表态似乎在原则上赞成采取更灵活的做法。这一分歧的解决或许给了公路局一个调和规则和实践的机会。

工程师还没涉足的干涸沟壑也大有用处。这些干河谷往往招人讨厌：它们不仅有陡峭的沟壑，并且常常被灌木丛堵塞。但是，它们仍有许多用途。例如，在加利福尼亚州的圣巴巴拉县，干涸沟壑作为天然框架，可供新开发的开放空间连接。同时，如果有开发商将沟壑部分作为永久性开放空间，该县便允许他们在一定程度上减少空地面积。由于沟壑之中无法建筑，开发商也乐意合作。

所有这些不同类型的空间能连接在一起吗？这是一个绝佳的机会。这些连接地带本身就有意义，但当它们与社区公园、学校以及簇群开发的开放空间结合在一起时，则能发挥更大的作用。连接总面积只是一个数字——无论如何不会超过所提供的开放空间总和。这个面积通过连接取得显著效果，而一些相对较小的空间往往就是关键所在。

欧洲在这方面领先于我们。欧洲许多城市数年前就形成了开放空间网络，而且由于不存在我们在市政土地所有权方面的困扰，所以他们的系统相当完善。斯德哥尔摩周围的建筑群就是一个很好的例子，但是对于美国来说，最为接近的当属鲁尔河谷的开放空间网络。早在20世纪20年代，鲁尔河谷管理局就已成立，并根据当地的税收估定金额获得充足的预算。通过直接购买和向社区提供用于当地空间和开发的拨款，该管理局在这个高度工业化的地区打造了一个宏大的森林和游憩网络。

虽然起步较晚，但是即使在被开发破坏殆尽的地区，我们也有很多 177
机会把这些空间连接成网络。加州的圣克拉拉县就是这样的例子。正如我在前面提到过，该县平坦的谷底已经被居民住宅区分割得四分五裂，俨然成为全美城市蔓延的代表。初看上去，人们会认为在该地无法形成任何连贯的开放空间系统。可是，这个山谷也充满了各种连接元素，并且通过规划师卡尔·贝尔瑟发起的一个项目，各种连接元素被一同纳入了一个“绿色通道”系统。

排水系统几乎在所有地区都扮演着关键角色。从山区一路奔流至旧金山湾的数条溪流构成了旧金山的排水系统。溪流沿岸的土地各有所属——高尔夫球场、县立公园、城镇公园、公用事业和州委员会。问题并不在于让它们共同归属单一所有权，而是采取联合行动保护这些土地。虽然到处存在各种连接缺失和中断，但这些溪流最终都会连贯地连接成片。随着时间的推移，簇群开发的开放空间融入这个系统，成为支流网络。

公用事业用地是另一种连接方式。高压线路和水道所在的公用事业用地沿着与溪流大致相同的轴线穿过山谷。它们的平均宽度在60到100英尺之间，总面积约1 000英亩。这样的公用事业用地被当作荒地，但在圣克拉拉“绿色通道”项目中，它们被改造成一个8英里长的纵横交错的曲径小道，其中18个学校场所还为其提供了“小区块”开放空间。*已有几个城市采取行动，在公用事业用地上开发了袖珍公园。然而，县立公园官员并未对绿道理念表现出极大热情。

纽约州韦斯切斯特县的官员们却热情十足。早在20世纪20年代就有人连接了南部区域的河谷。如今，公园专员查尔斯·庞德正在推行一
178 个项目，准备连接北部的溪谷与道路用地、公用事业用地和克罗顿输水道。完工后，该网络总长度将达到700英里左右。

正如这些例子所示，通过连接开放空间，我们可以实现一个优于各部分之和的整体。但要记住的是，各部分是第一位的。每个部分本身都具有一定功能，而且每个部分早已存在，若非如此，我们就一定要有充分的理由。仅仅为了建成一个系统而去强制建立一个完整而连续的系统毫无意义。一方面，填补所有连接的缺失成本难以估量，其中很多部分的价格惊人。此外，除非有更加令人信服的购买理由，否则很难证明这笔出于保证空间连贯性考虑的支出是否合理。

公路中断是另一个问题。市区范围内几乎所有的线形开放空间都会因为公路设施而遭到一处或多处中断——甚至那些属于公用事业用地的地带也被立体交叉道切断。在某些情况下，人行天桥或地下通道可以解决这个问题，但是这些设施必须具有游憩用途，毕竟它们的成本非

---

* 公用事业用地的另一用途是园艺。在弗吉尼亚州的雷斯顿，一条天然气管道所在的部分公用事业用地被分成单独的花园地块，以每年15美元的价格租给居民。

常高。但如果是六车道或八车道公路的话，那么会禁止修建上述设施。例如，克罗顿输水道被主街道和高速公路切断多处。虽然在一些位置有序地搭建了人行天桥，但要使输水道完全连贯，还需要巨额支出。例如，建一座横跨主要高速公路的桥的费用几乎是在克罗顿输水道的其余26英里沿线上兴建设施和景观的费用总和。

空间完全连贯并非那么关键。大多数人也不会按这样的要求利用开放空间。即使是未遭中断的系统，人们也不一定把它当作一个系统来使用，他们使用的是各个部分。我不知道有没有类似公路起讫点调查这样针对游憩空间的研究，如果有的话，这种调查可能会表明，在沿途的任何一点，游憩空间的使用主要呈现为本地化特征。骑自行车和骑马的人都需要绵长的道路，徒步旅行者也是如此。不过，除了少数精力旺盛的人以外，人们常走的路并不远。大多数人只是反复走同一路段，很少有 179
人会走遍整个系统或注意到这个系统的范围。总的来说，人们当然会极力使用这个系统，而且也有充分的理由去把这样的休闲场所连接起来。但是，区域性不是它的本质特征。最好的区域网络是对本地有用的空间网络。

那些坚持区域规模的规划师表示强烈反对。他们认为不应该把空间拼凑在一起，而是要设计真正的区域系统。但是这真的可能吗？在我看来非常有判断能力的区域规划师，布鲁斯·豪利特认为，我们在某个系统上做出的努力越多，就越不确定这一系统是否特别重要。

豪利特说："当你开始考虑如何最适宜地把人和空间联系起来时，你会发现自己在怀疑某些神圣的规划概念。其中之一便是我们应该设计城市开放空间系统，而且这个系统应该庞大、集中、连贯。这种说法或许算是异端邪说，但是新的规划方法却迟迟未出现。值得注意的是，对于如何组织和投资这样的系统仍然没有可行的主张。也许问题在于，人们错误地强调规模。更进一步说，也许我们根本不需要一个区域性的开放空间系统。"

"与人们联系最为紧密的极为有用的空间——我们在簇群开发中获得的空间——更适合人们真正的需求。如果把这些服务于特定地点的空间连接起来，我们就会得到一个非系统的分散空间。这也许并不能满足那些想要对城市区域进行宏大设计的规划师，却有可能获得成功，并且意义更加深远，用途更广。”

当然，一定要有设计。但不是制图桌上那些整齐对称的作品。另一种设计则要好得多，这便是源自大自然的设计。我会在下一章谈到，美
180 国当前最有创意的设计均采用了这种方法，尽管这些努力被认为是技术上的伟大创新，但它们的本质还是立基于自然。

假装环境一片空白而对地区强行实施抽象的人为设计毫无意义且厚颜无耻。环境不是一片空白，自然早已留下烙印。数千年的风雨潮汐已经完成了设计，而这正是人们需要的形式和秩序。自然的设计根植于土地——在土壤、斜坡、树林的纹理中，更在溪流和江河的波涛里。

在这个框架内，我们有许多选择。当然，自然的模式并非神圣不可侵犯。有时候我们别无选择，只能因地制宜。但自然的设计仍是最好的起点。如果考虑到这一点，我们就不必因为规划的轻重缓急而饱受困扰。有些步骤显而易见。无论我们采取卫星城、绿带或带状走廊的模式，理智总会指引我们尽快保留溪谷和湿地。

只要有水流动，开放空间的益处便显而易见。虽然竞争压力给人们带来很多困难，但是沿着排水网络，我们可以激发开放空间的最大效益，毕竟防洪最需要的就是土地，而水资源保护地往往最适合游憩，且景色最美。

水还有一个重要特征——向下流动。如果我们在开放空间规划时遵循这一原则，就能立即保留下最好的土地，并保持土地的连接和连贯
181 性——简而言之，实现区域设计。

第十一章　自然的设计

我一直认为，与其随意对一个区域进行设计，不如找到大自然已经设定好的规划。一种方法是绘制该区域所有物理资源——特别是排水网络——看看会出现一幅怎样的图景。这种做法听起来异常简单，但是在已经尝试过的少数案例中，这几乎成了一个革命性的概念。城市和区域规划委员会主要由涉及物理设计和开发的有关人员组成。而主要考虑自然的人员，如生态学家和生物学家，几乎一直处于区域规划的边缘。景观设计师也不例外。

如今，变化即将发生。一个原因是伊恩·麦克哈格，这位极具说服力的苏格兰人担任宾夕法尼亚大学景观建筑与区域规划系主任。在一系列实验研究中，麦克哈格一直倡导“地貌决定论”的福音，意思是自然是第一位的。

麦克哈格指出，自然给人类带来许多有价值的功能，而且不求回报。例如，被称为“高地海绵”的森林有助于减缓洪水。地下岩层为人类存储饮用水。优质土壤为人类产出食物。沼泽地为鱼类和野生动物提供繁殖场所。但不幸的是，在制定开发规划时，人类不太注意这些功能，破坏了本应保护的东西。“……沼泽似乎已被填满，”麦克哈格说道，“溪流 182
被接上了涵洞管道，河流被水坝阻拦，农场被细分，森林惨遭砍伐，冲积平原被占据，野生动物濒临灭绝。”

麦克哈格说，破坏自然不但可恶，而且愚蠢。如果我们寻求合理的开发规划，首先就应该关注自然。应该对地下蓄水层、斜坡、湿地和其他元素进行识别和绘制。体现自然元素的设计应该是任何规划的核心。

几年前，麦克哈格得到了一个非同寻常的机会，能将这些原则应用于某个特定的地方。位于巴尔的摩西北部的绿泉和沃辛顿山谷的土地所有者找到麦克哈格和规划师大卫·华莱士，请他们想一个可以拯救这个地区的方法。

这是一个非常典型的处于郊区化边缘乡村的案例。该地区面积约为70平方英里，几个高原被三个山谷隔断——其中，沃辛顿山谷是马里兰狩猎杯的比赛场地。三个山谷距离巴尔的摩仅有约半小时的车程，山谷两侧虽然都是高速公路，但几乎未遭破坏。大部分地产都是大型房屋和农场，业主都是富人，并不着急出售土地。直到最近，由于山谷没有铺设下水管道，开发商仍在靠近城市的土地上施工建设，他们也未承受很大的出售压力。

但是，压力开始升级。即便山谷没有下水管道，开发商也一直在向外扩展。人们随处可见一些建在边缘地区的化粪池，而且有明显迹象表明可能还会继续建化粪池。土地所有者开始警觉。他们对地价上涨的前景并不是完全不高兴，但他们没有考虑保留土地作为自然保护区。他们担心一些土地所有者可能过早地出售土地，也担心出售的土地用于修建错误的建筑类型。他们认为大规模开发不可避免，但是也希望保持地产的乡村风貌。如果无法拥有这两个方面的最好结果，他们希望从两者中各取一部分。为此，一些主要的土地所有者成立了规划委员会，并雇用麦克哈格和华莱士，看他们能制定出什么样的规划。

183 麦克哈格和华莱士提出了一个很棒的规划方案。请注意这基本上只是一个规划，但是方案的简单特性使其极具可重复性。即使某个特定地区的人们没有把这些理念坚持到底，其他地区的人们也可以遵循这些理念。就像建筑师维克多·格伦的沃思堡规划一样，虽然沃思堡并没有使用该方案，但是其他城市采用了，这个山谷规划还是产生了良好的影响。

这个规划具有普遍性，因为它非常具体。它是针对一个真实地区的真正选择。这个方案密切关注现实，部分原因在于初始客户的要求和该区域相对较小的面积。但这也是该方案的本质所在。

几乎每个区域规划的共同点都是在一张图表或地图上显示，假如没有遵循规划师的建议，那么特定区域将如何迅速衰退。这通常以非常普遍化的方式呈现：一大片装有电视天线的屋顶，杂乱的路边标志，加油站和比萨摊的照片等。*然而，山谷规划则要贴近具体案例，它极为详细地反映了不受控制的发展后果。华莱士推测并描绘了住宅小区可能的发展地带，并将之补充进街道规划。这些不是不良住宅小区。除了曲线街道和死胡同，它们还具有最佳标准规划的所有功能。这种规划非常合理，也非常惊人。

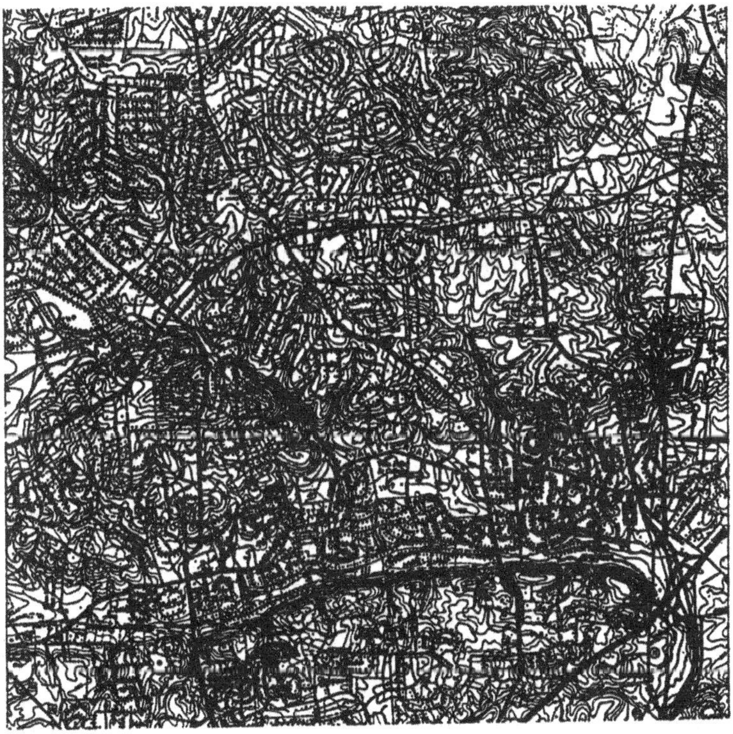

* 现在有个不好的倾向，就是使用长焦镜头拍摄照片。这样就缩小了视野，使得房屋看起来像被压缩在一起，1英里的路边招牌看起来就像被压缩成了几百码。没有被如此勉强拼凑在一起，这些场景看起来也相当糟糕。另一方面，这种拍摄具有误导性。图片似乎显示出房屋之间非常拥挤，但实际上，规划师将会仔细分析的问题是房屋并没有挤在一起。在几乎所有情况下，规划师都会建议，将来这些房屋会更紧密地聚集，以便更加有效地利用土地。这是一个很好的建议，但是，如果以长焦镜头拍摄簇群开发中的房屋，之前镜头中的房屋则看起来异常宽敞。为保持一致性，长焦镜头很难取代正常焦距镜头。

这种结果被称为“幻影”。根据规划，“不受控制的发展零星地出
184 现，无差异地扩散，肯定会破坏山谷，还不可避免地会给景观造成污染，
并且不可逆转地毁灭一切美丽和令人难忘的事物。无论每个住宅小区如何精心设计，无论小型公园是否如与住宅有什么关联，主要的景观都将被取代，记忆变得模糊”。

可惜，不受控制的发展也可能让人们大赚一笔。经济分析表明，到1980年，不受控制的发展将为该地区带来3 500万美元的开发价值。在麦克哈格和华莱士看来，这不仅仅是找到了一个更适合的模式，而且至少是能赚到钱的模式。

为了实现这种可能，麦克哈格通过对主要自然元素的一系列分析，
例如，水位和地质要素，绘制了该地区的基本设计图。他一个接一个地
185 追踪每种元素，在所有其他方面相同的情况下，确定最优选址。结果形
成了一种聚集性规划。由于每个元素的图表都覆盖在其他元素之上，于是就传达了一条信息：保持山谷的开放性，在高原上施工建筑。

麦克哈格和华莱士很可能在第一天视察山谷时便有了这个想法。关键是他们确实视察了山谷——这绝不是规划中的无意识行为。他们会问：什么才是当地的特色之处？什么让它看起来与众不同？他们从一开始就非常清楚：当地景观的特色在于宽广辽阔的山谷以及树木繁茂的山坡。

人们可能会认为，他们当时已经提出了最后的建议：保持山谷开放，在高原上施工建筑。不过，这个建议在很大程度上只是基于美学角度，没有任何研究能够止步于此。这似乎并不正确。山谷研究的权威性来自麦克哈格和华莱士的处理方式，他们继续证明，对于物理和经济因素的严格归纳分析可以得出结论。

但是令人满意的事情同时发生了。例如，针对地下水位的调查显示，整个巴尔的摩地区最好的地下水资源来自一种称为科基斯维尔大理石的石灰岩矿床，而山谷正位于其顶部。化粪池会危及这一重要地下蓄水层。而高原之下为维萨希肯石灰岩。这种岩石作为地下蓄水层并无价值，因此在上面进行开发不会对它造成任何破坏。人们得出结论：在

高原而不是山谷铺设下水管道。

相关研究逐步开展起来。针对地表水流量的研究表明，为了防止污染，河流两侧200英尺宽的地带应该保持开放。根据五十年一遇的洪水计算，冲积平原地区应该保持开放，而它们主要位于山谷区域。土壤分布图研究显示了哪些地区不适建造化粪池。梯度图显示了哪些斜坡应该重新造林以防水土侵蚀。此外，还有很多相关研究。保持山谷开放，在高原上施工建筑。 186

偏见是显而易见的。正如一些规划师一开始就设定前提：开放空间主要是构建开发的工具，麦克哈格和华莱士则把开放空间看成是主要的资源。观点往往会影响人们对不同事实的看法。一位有说服力的规划师可能会把山谷视为开发的良好通道，而且认为地貌障碍完全不会阻碍开发。例如，前面提到的科基斯维尔大理石。如果保护这种大理石不受污染至关重要，他会认为下水管道就应该铺设在山谷中。

不过，偏见也有优劣之分。麦克哈格和华莱士对于他们自己的偏见非常坦率。他们的规划实际上是一次布道。麦克哈格本质上就是一名加尔文宗传道者，祈求自然惩罚掠夺者和破坏者，他表现出将自然规划与崇高道德联系起来的良好能力。和所有优秀的布道者一样，他也提供救赎。自然惩罚施虐者，也会奖励顺从者。事实证明，开明的方式也是最经济的方式。在这个山谷案例中，如果人们遵循而不是违反自然规划，那么土地所有者可以多赚700万美元。

但是，怎么才能实现呢？麦克哈格和华莱士有一个非凡的计划，他们小心提出首先可以进行的步骤。例如，他们指出，根据现行县规，簇群分区可以立即进行，下一步是更新规章制度，强制执行簇群分区。与他们的方法一致的是，他们并没有一个静态的最终总体规划，而是提出一系列循序渐进的步骤，环环相扣。

但是还有一个非常严峻的问题。在这样的规划中，那些土地被标记为开发地段的所有者要比那些土地被标记为开放空间的所有者赚多得多。通过与律师安·斯特朗合作，麦克哈格和华莱士想到了解决这一难题的巧妙方法。他们建议土地所有者加入房地产私人联合会，挖掘出该地区的开发价值。联合会可获得地产、土地开发权、期权，可以出售土地给开发商或自行开发土地。出售开发权所得资金的一部分可以组成
187 一般合资，土地保持开放的股东可公平分享利润。可供分享的利润应该不少。例如，对高原的合理开发应该足够补偿没有开发山谷所造成的损失。

这个有趣的想法可能有用，也可能没有用。它所要求的那种开明的庄园制度需要一批极具远见和很好相处的土地所有者，而在大多数地区甚至在山谷也很难找到这样的土地所有者。不过，基本的规划技术应该在各地都适用。在大多数地区，土壤调查以及地质和水文数据均可获取，一位称职的绘图员可以按照同等比例绘制出所有数据，并置于透明叠加层上。相对困难的是解释工作。自然模式的形状非常不规则，而且在过去，人们很难弄清楚每种元素所占面积。麦克哈格发现光电管可以在几分钟内完成这项工作。在每个地图叠加层，绘制而成的特定元素显示为黑色。当地图叠加层置于白色背景时，光电管就像照相机曝光表一样测量反射光，读数可以立即转换成面积。

麦克哈格把他的技术应用于公路选线。数年前，新泽西州的一些团体对一条新的州际公路的前景感到忧虑。他们强烈反对新公路的走向，并且由于他们认为，这是公路部门决定的新线路，所以觉得提出一个建设性的反对提案是一个好主意，于是就请求麦克哈格制订一个方案。

麦克哈格确实制订出了方案。他认为在流氓、庸人和破坏者中，公路工程师是土地上最糟糕的，他们的方案非常愚蠢。首先，他要想出一个新方案，这个方案不是仅以标准化的成本—效益为依据，而是要衡量**社会**效益。

他坚持“社会价值”的八项标准：城市化、住宅质量、历史价值、农业价值、游憩价值、野生生物价值、水资源价值和土壤抗侵蚀性。他的假设
188 是，如果你能确定哪里是这些价值最为集中的地区，那么你就能确定禁止修建公路的地区。同时，你也确定了高速公路应该通过哪里——那些

价值明显最低的地区。

八项标准被绘制在透明地图叠加层上，以三色调显示。以土地价值为例，原始地价平均为1英亩3 000美元的地区为深灰色；1英亩3 000美元到1 500美元的地区为浅灰色；1英亩1 500美元以下的地区未涂色。当所有单独的叠加层彼此覆盖时，灰色阴影形成一个图案。该图几乎为黑白两色，如下方所示。

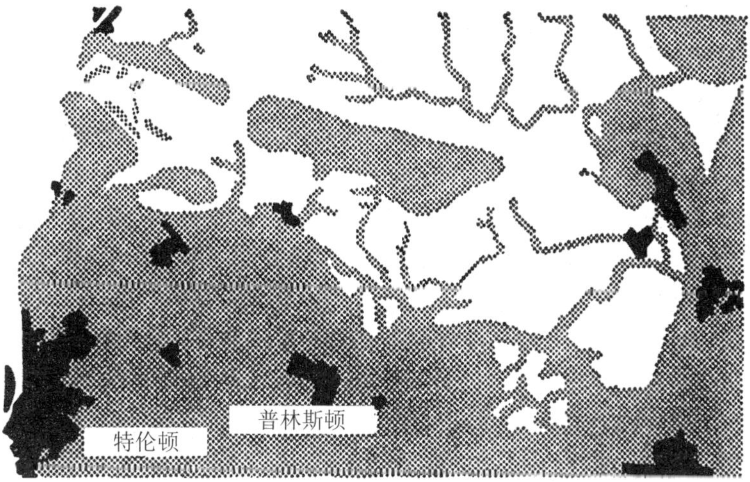

由于麦克哈格的社会价值标准相当广泛，所以地图中很多地区显示为黑色。可是有一处带状地区色调极浅。这里没有太多资源价值受损，也不需要迁走居民，因而地价低廉。这就是“社会价值最低地区”，而且麦克哈格认为，收购和建设这块地也最便宜。他提供了一张内部平面图。

麦克哈格的研究对公路部门的工作人员似乎没有产生任何显著的影响。他们的工程顾问假设的平面图达到了不同寻常的数量——共计 189
34张——并且在权衡了23个因素之后对这些平面图进行评级，包括开发方案对开放空间和资源价值的影响。不过，他们研究的平面图都没有依据麦克哈格的最小社会价值通道。（“如果公路……远离现有开发地段，而不能有效使用，”工程师表示，“那么公路的主要功能还没有实现。”）。1968年2月，公路局最终批准的是这条路线： 190

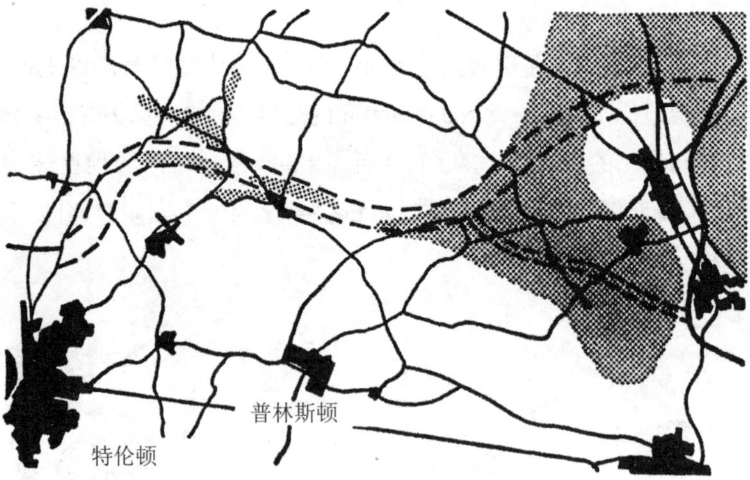

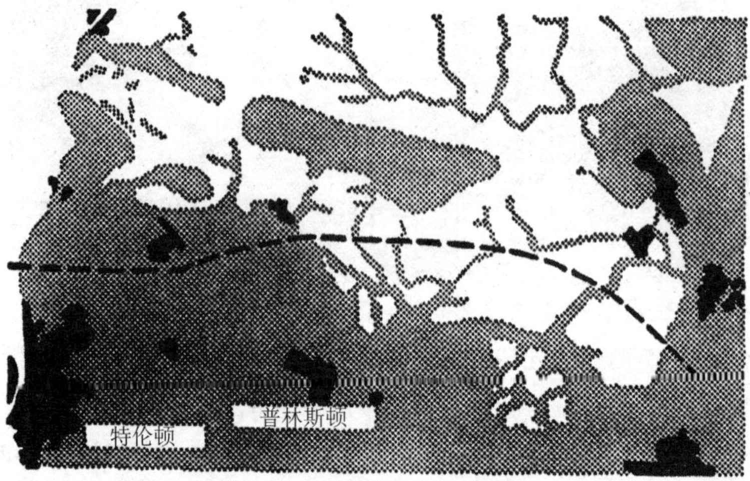

庸人胜利了？没有。工程师的方案接受批评，麦克哈格的方案也是一样。为实现叠加图层，他在图层上叠加了很多价值标准，但是，他提醒自己，他并没有衡量这些价值标准之间的相对价值。例如，岩石结构的抗侵蚀力被认为与城市开发同等重要。他还建立了自己的方案，假设公路远离居民时才能最好地为人们服务。公路工程师则普遍坚持相反的意见，并列出一些理由。

可以进一步认为，在定义社会价值时，麦克哈格采取了贵族立场。

他有一个标准是根据房屋价值来评估社会价值——该地区住房价格越高，社会价值就越高。有些规划师对此表示极力反对。有人认为，该方案相当于表示公路不仅应该远离居民，而且最应该远离富裕人群。但是，价值5 000美元的房屋的社会价值很容易与价值75 000美元的房屋的社会价值趋同——而拥有5 000美元房屋的居民搬迁时将遭受更多痛苦。

不过，无论麦克哈格的方案有何缺点，它确实公开提出了社会价值问题，并试图为扩大社会价值范围提供客观依据。当然，这些价值总是得到考虑的——是公开听证会的主要议题——但事实上，人们经常在事后才以强烈而徒劳的激情考虑这些价值。因为这些价值并没有用衡量术语表示，所以提高叫喊声的人们被认为是自然爱好者、观鸟者、社会改良空想家而遭到拒绝。人们要用方案打败方案。麦克哈格或许没有成功，但他朝正确的方向迈出了一步。

另一位有创造力的景观设计师是菲利普·刘易斯，他一直在对整个国家的景观进行同样的分析。几年前，他研发了分析小区域景观和资源的技术。在威斯康星州，有人认为这项技术对于该州5 000万美元的开放空间和游憩项目尤为重要。这个项目可提供各种保留关键连续景观
的机会，并创造和再造休闲区域。问题是：技术的关键何在？于是该州 191
请求刘易斯把他的技术应用于本州的景观。

刘易斯和他的同事提出将景观结合在一起的几个关键元素：水、湿地、冲积平原、沙土和斜坡。他们一个县接一个县地绘制这些元素。结果呈现出了一种并非随机的图案，因为每一种元素都相互重叠，并汇成一种图案。组合在一起的诸元素勾勒出一系列自然廊道。每个廊道不仅是其自身的关键资源元素，而且各元素一起形成了一个将该州各部分联系起来的体系。

"第一年调查结束时，"刘易斯说，"可以明显看出，这些元素和冰川运动经过岁月变迁，已经在威斯康星州景观表面蚀刻出了线性图案。平坦延绵的农田和宽广辽阔的森林各有其美。不过，正是溪流山谷、绝壁陡岸、山脉山脊，或咆哮或宁静的水域、肥沃的湿地和沙土融合在细长的图案中，将区域和全州优质景观廊道中的土地联结在一起。"

这是最典型的廊道图案。

令刘易斯最兴奋的发现在于，人们想要看到的大部分自然和人造景观都在这些廊道中得到保留。为了识别这些景观，刘易斯和他的同事列出了一个详尽的元素列表——深坑、泉水、洞穴、天然桥梁、印第安人的土丘、历史建筑——共220种元素。*为了弄清这些元素在该州的分布情况，他向州和联邦保护机构的县级代理人和田野工作人员寻求帮助。刘易斯给他们每个人一张自己所在地区的基本图，让他们定位所有可在该地区找到的元素。这项任务在很短时间内顺利完成。这些人对自己地区最小的小河和
192 小丘都很了解，他们通常只需要一周左右的时间就能完成他们的地图。

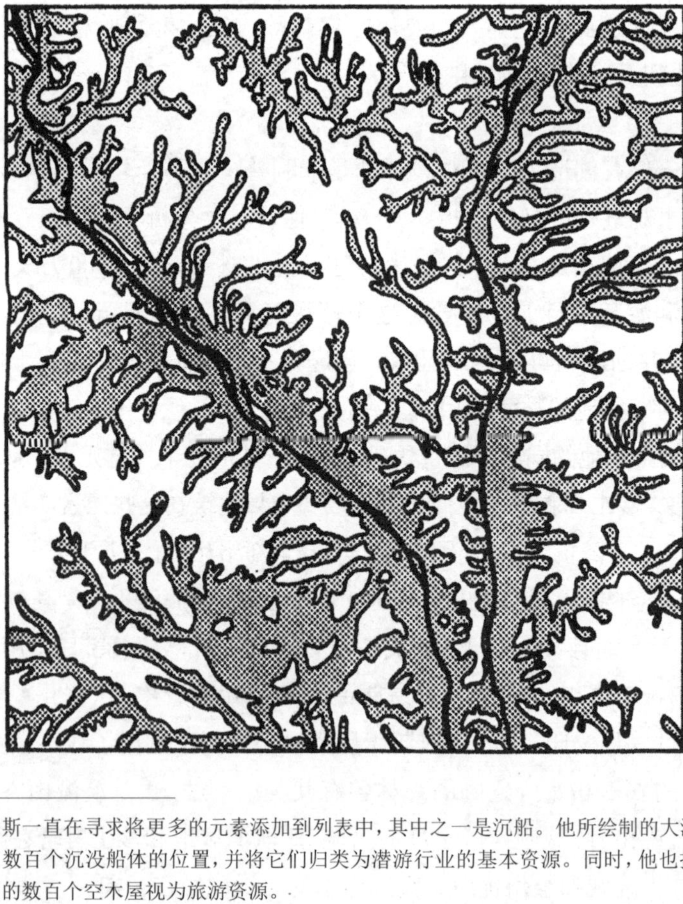

* 刘易斯一直在寻求将更多的元素添加到列表中，其中之一是沉船。他所绘制的大湖地图显示了数百个沉没船体的位置，并将它们归类为潜游行业的基本资源。同时，他也把遍布整个州的数百个空木屋视为旅游资源。

将所有单独的地图放置在一起时，刘易斯发现，所有这些景观中有大约90%位于廊道内，并且经常集结成群或处于“关节点”上。下面你将看到它们如何分布在之前显示的廊道中。

这些发现夸大了一个州把精力集中在廊道后所具有的杠杆力量。它们对于地方规划也产生了实际影响。廊道承载了吸引人们来到一个地区的价值，如果廊道被保留下来，那么地方政府可以给予更为优惠的税基，而不会让它们两侧的杂乱布局造成视觉污染。如果廊道受到保护，就可以鼓励人们沿着与廊道平行的边缘地带进行开发。

到目前为止，威斯康星州的景观目录是此类分析方案的唯一实例，尽管该州的做法引起了其他州的浓厚兴趣，但是很少有哪个州准备尝试 193
这种详细的分析方案。其中，一个很大障碍在于缺乏训练有素的实践人

员。即使现在相关人才多了起来，他们最多也只能盘点河道沿线的重要通道，然后开始考虑其他地方。不过，刘易斯毫不怀疑生态进路是规划的未来，他喜欢通过技术捷径发挥想象力来加速这一天的到来。其中让他着迷的一种可能性是使用卫星或机载传感器进行盘点工作。他相信，这些信息将来会被输入一个数据中心，规划师能够据此随时掌握土地利用的微小变化。

刘易斯和麦克哈格都是有创造力的人物，他们的一些想法似乎与众
194 不同，尤其是刘易斯。但他们的基本方法非常简单，事实上，简单到规划
师在多年前竟不愿意采用。这种方法确实对将要建立的景观有成见，而且到目前为止，它的重心是向人们展示哪些地区人们不得涉足。不过，这种方法很有潜力，它给人们指明了前进的方向。

这些示范所传递的信息鼓舞人心。它们展示的是当人们面对困难的案例时，很多关于“是发展还是环保”的辩论显然会变得毫无意义。一些土地应该保留在那里，而另一些土地应该开发，这两类土地在任何
195 地区都很充足，我们没必要把这个问题弄得一团糟。

开　发

第十二章　簇群开发

我们从未停止探索保留开放空间的方法。现在我们讨论如何发展开放空间。两者虽有冲突，但你绝不能只关注其中一个，而忽略了另一个。正如人们常说的，“我们总要有地方居住”。只要我们对未来能够拥有开放空间仍寄予希望，就必须构建一种更为高效的建筑模式。精打细算必不可少。给更多人提供住所的方案只能选一个，要么沿用现有城市蔓延模式，增加住宅建设用地；要么用较少的土地，提高它的承载力。后者是当前的最佳解决方案，且已付诸实施。“有计划的单元开发”“开放空间开发”“簇群开发”——无论以何种方式命名——它都预示着，曾经占据着不可撼动地位的传统土地滥用模式将被彻底颠覆。

在战后建房热潮中，开发商打破了旧有模式，不再用5英亩地去做1英亩地就能完成的事。他们必须这样做，或者他们认为自己必须这样做。一方面，毫无疑问，美国人近乎疯狂地渴望在郊外宽敞的空地上拥有一处独立住宅，或者尽可能独立的住宅。践行这一新型模式的必要性已不证自明，联邦住宅管理局及其他主要借贷机构早已将其纳入抵押贷款的标准。开发商要想申请抵押贷款，只能无条件遵守，否则分文不得。

郊区的开发形势同样严峻。多数当地人根本无意开发，认为至少不应该在他们的地盘上开发。他们把大地块区划（large-lot zoning）作为手
里的王牌，认为如果可以迫使开发商扩大单位住宅用地，住宅总量就会 199
相对减少，那么即使兴建住宅，也能保留社区的开放空间特色。虽然不同郊区划定的最小地块面积各不相同，但是多数郊区都会尽可能地抬高这一数值，从而实现财富最大化。他们认为，对最小地块面积的态度越

强硬，开发商越可能放弃这里的土地，去往别处。

起初，开发商的确去了别处，但是好景不长，这些郊区最终还是未能幸免，它们已经被包围。开发商很快又卷土重来，毫不迟疑地绕过郊区所设重重障碍，四处找寻成本相对低廉的乡村空地和尚未规划的乡镇。

因此，最好的土地首当其冲。开发商发现，此前已经有当地人开始破坏土地了。村镇的居民对像莱维特这样的人保持着警惕，当地形形色色的建筑商、承包商全部买进农民的临街土地，建起一排排占地面积大到离谱的混凝土平房。很少有人会在这么大片的土地上安家落户，但是由于这部分土地临街，整个区域看上去显得满当当的。同时，过早开发致使数百英亩土地丧失了有效开发的机会，而当令人生畏的入侵真正来临时，在可控范围内妥善处理的机会早已消逝。

偏远郊区面临的压力与日俱增。开发商无孔不入，他们无情施压，要求得到区别对待。如果最小土地面积高达三四英亩，开发商们就会猛烈抨击当地有关条例，向法院提起控诉，指责这些数值非但不是为大众福祉而设，反而将并贫苦大众排除在外。无论开发商的这种说辞出于何种动机，事已至此，法院甚至会废除某些冗余或带有歧视性的条例，类似情况已有先例。

然而，问题的关键与其说是土地面积大小，不如说是土地布局的均衡状况。除少数特例外，地块无论大小，住宅区均呈曲线型、等间距、无
200 差异化均匀分布。而在居住密度较大的地区，这种布局模式就不无讽刺意味了。即使地块面积很小，住宅间隔仍有数英尺，且布局重复，这样形成的住宅区就像是一个个玩具庄园，区别仅在于规模大小不同。

正是这些盒子形状的房屋，让那些敏感且收入不高的人如此出离愤怒。楼房屋顶上的室外天线林立，相互挤在一起——在长焦镜头下——整个景象状似恐怖照片。评论家却得出了错误的结论，他们认为，问题在于这些房子挨得太近了。而真正的问题恰恰是这些住宅排列得不够紧凑。

多年来，规划师一直辩称，如果能减少住宅用地，建成的住宅区将更具经济性和舒适性。他们建议开发商，与其将所有地域都分割成一个个

地块，不如将居民住宅组合成若干个住宅簇群，剩余的土地则作为开放空间。这一概念由来已久：它是新英格兰村庄和绿色环保的原则，且时隔多年仍广受欢迎。“田园城市”拥护者重新将其应用于几个模范社区的规划中。其中最引人注目的是20世纪20年代末新泽西州的雷德朋新城、新政时期的绿带城镇以及30年代末洛杉矶的鲍德温山。

虽然承载着某些乌托邦式期望的实验社区从未实现过，但作为社区中的个例，它们一直非常成功。但是它们整体上处于主流之外。它们的某些特色已经融入商业住宅区的设计，如车辆禁行区和无尾巷，而社区的基本簇群原则尚未得到运用。鲜有开发商主动关注它们。

然而，到了50年代早期，传统模式已经走投无路。它不仅外形丑陋，而且对所有利益相关方来说都是不经济的。社区给开发商施压，促使他们开辟大量土地以便给一定数量的人提供住所，并构建一个覆盖整座城市的道路网络和各种设施，将原本杂乱无章的建筑物联系起来。如此一来，不仅严重破坏了景观，还加重了社区的服务负担，耗费的成本通常超过税收收入。

对于新居民而言，开放空间已是妄想。一旦开发商开始到处建房，
原本吸引他们的树林和草地将不复存在；如果居民想了解下一个被毁坏 201
的自然景观，只需查验规划中的住宅区名称就可以了。开发商将树林，或者溪谷、高地、森林、泉水和溪流纳入住宅区的名称，并不是要保护它们，而是为了纪念和缅怀。住宅区的名称里暗示了即将被毁坏的部分。

居民自己土地上的开放空间于事无补。这不仅维护起来很麻烦，而且没有足以建成小庭院之类的私人空间。（房屋之间的开放空间达到了令人极其不愉快的程度：面积大到不得不打理，却因为太小而不够用，还是个完美的声音放大器。）附近根本没有太多的开放空间。大多社区要求开发商辟出一块地作为开放空间，也只能得到很小的一部分，而且通常是开发商剩下的无法做其他用途的土地。

开发商比任何人受到的伤害都大。无论他们以多快的速度，向多偏远的乡村推进，地价飙升的速度永远更快一步。与公众的信念相反，大多数开发商往往不会依靠投资土地赚钱。一方面他们没有资金长期保

有土地，另一方面他们不得不高价购买他人的土地。这些成本以往会转嫁给购房者，但到了60年代，开发商的加价已接近市场极限。

建筑商支付的土地成本的增长速度远远超过房屋价格。从1951年到1966年，未开发土地的价格上涨234%。而普通房屋及块段的售价只上涨87%，上涨的大部分原因是因为房屋面积较大，每平方英尺房屋售价仅上涨21%。即使在货币紧缩之前，开发商同样处于困境中。为确保能在市场上存活下来，他们非但不能涨价，反而需要不间断地支付昂贵的土地成本。

土地成本高的一个好处就是限制了开发商的选择。由于社区不允许开发商在他们的地盘上建更多住宅，所以开发商只有一种选择：尽可能在建设用地上建更多房屋，不管剩下的土地怎么用——也就是城市规
202 划师一直建议的簇群。全国住宅建筑商协会开展了一系列宣传活动，向建筑商和社区推广簇群开发方案。

簇群开发到处兴起。有些项目是由开发商主动发起的，他们聘请土地规划师拟订先进的簇群开发方案，然后以此为卖点出售社区。有时候，情况正相反，社区会承担销售工作。不过在大多数情况下，两种方法会同时使用，即方案和对策并举，其间错误和争议一直不断。

为了检验簇群开发的利弊，我们一起看看下面的案例。

一个中等规模的建筑商在郊区外缘一个富裕的小镇上买下一个112英亩的农场。这块土地舒适宜人，绵延起伏，还有一条小溪从中穿过，

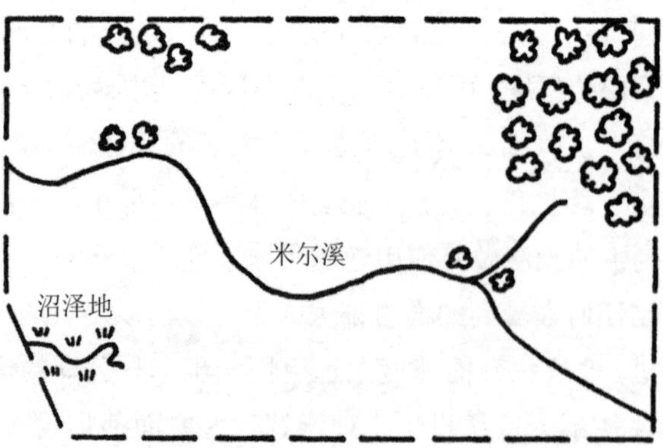

小溪的尽头有一片树林。这块地有一点缺陷——例如，有一块小沼泽地——但它可以很好地分区。开发商把它命名为“米尔溪森林”。

乡镇已经把这个区域划分成若干半英亩大小的地块。开发商研究了重新规划为0.25英亩大小地块的可能性后，却发现资金并不充裕，只好着手设计一个普通方案。这耗费不了太长时间。他也许会先自行整理出基本设计方案，很可能只是一个粗略的规划，然后交给土木工程师进行细节处理。

设计这样的方案纯属自作自受。凭经验，开发商知道必须预留出大约22英亩的道路用地，还要另外留出6英亩土地用于建运动场。剩下的 203
84英亩土地可进一步细分为半英亩大小的地块，而且有一部分土地需要大幅度改良。按照相关条例，大约只能建168幢住宅。为了能实现这一目标，开发商计划将小溪引入混凝土涵洞，平整林木葱茏的山丘，锯下其中大部分树木。他本打算把那块沼泽地填平，一起开发，但是又发现这样成本过高。因此，他决定把沼泽地改建成公园。

这是他提交的初步规划：

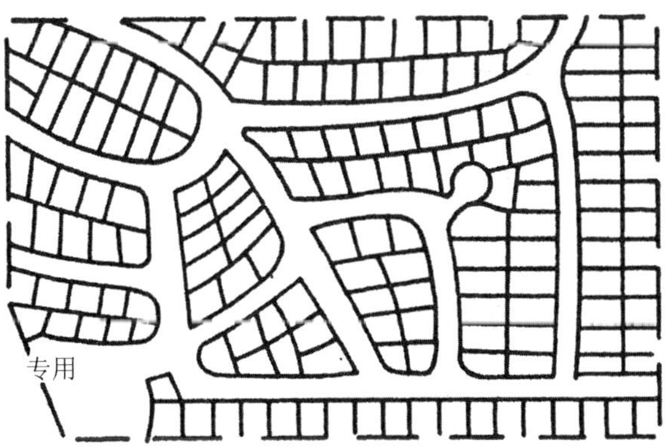

县规划师对此甚为不满。他认为破坏这么好的一块土地是一种耻辱，而且毫无必要。他建议开发商重新开始，采用簇群设计方案。对此，开发商将信将疑，又充满好奇。他们二人来到这块土地上，规划师大致介绍了接下来的开发计划。 204

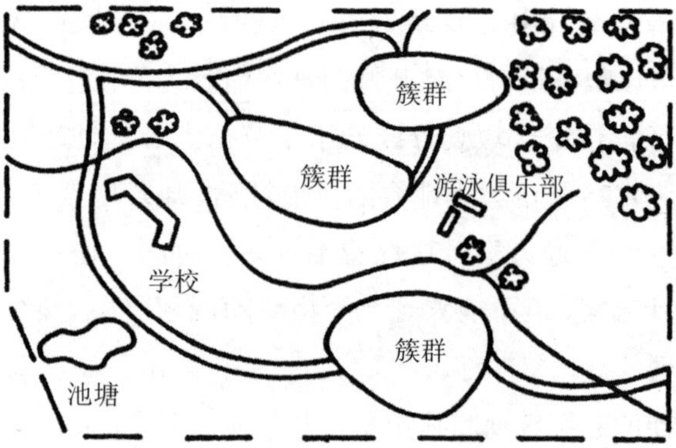

规划师指出，开发商使用簇群设计方案将会获得和前一种方案同样多的住宅，也许还能多出一些，而且这样能大幅缩减成本。按照第一种方案，每块细分土地需要花费大约4 500美元用于改良土地。如果采用簇群方案，开发商只需支付3 000美元左右。他只要铺设一般的道路，还可以减少公共设施投入，也无须调整溪流或平整山丘。

开发商的热情不断增长。但他仍心存疑虑，因为在规划和分区委员会的地方性法规中还没有增加有关“簇群”的条款。规划师认为，如果能制定出真正具有吸引力的方案，委员会自然会支持。在他的敦促下，开发商找来了一位名专业的选址规划师。

设计住宅簇群的过程存在各种可能性。选址规划师和开发商最青睐的办法是将168幢房屋规划成若干排住宅群，环公共绿地而建。以下是住宅簇群布局的平面示例图：

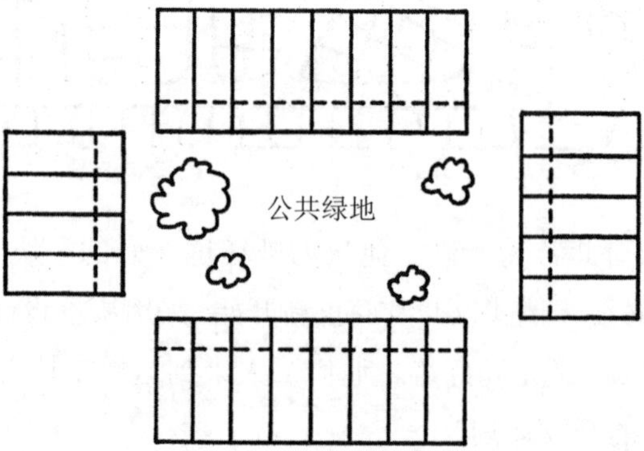

对开发商而言，显然这种经济型布局最有利可图。业主也能从中受益，他们能以同样的价格购得面积更大的房子——不管价格范围是多少——也更容易维护。虽然私有开放空间只有后院露台，但非常实用， 205
连同附带的公共绿地，这些足以满足有孩子家庭的特殊功能要求。

但是，镇上的居民绝不会容忍如此紧凑的布局方式，他们坚决抵制排列在一起的房子。在他们看来，这样的房子太像花园式公寓项目，而且住宅样式也很少，郊区居民对此会产生强烈的抵触。在征集了当地居民的意见以后，开发商决定按照改良后的簇群设计方案施工，即在0.25英亩的地块上建造独立住宅。

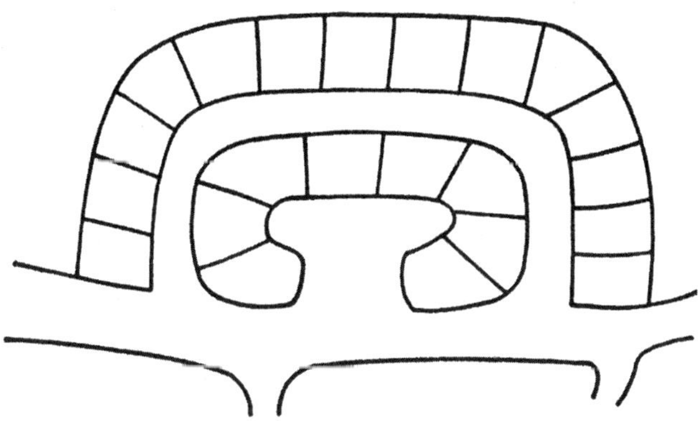

开发商会采用传统建造商的住宅风格——他在其他开发项目中已经取得成功的牧场式平房住宅和错层式建筑。这会让选址规划师倍感沮丧，他自己或许就是一名建筑师，希望看到符合自己选址规划方案的清新且高端的设计。开发商表示，他这样做已经冒了很大风险。他认为建筑师不懂如何估算建造房屋的成本，或设计符合市场需求的住宅，而且即使不考虑建筑风格过于超前的影响，推广簇群理念本身就困难重重。（在这一点上，开发商显得过于谨小慎微，不过他们的确有恐惧的理由。第一批簇群开发提案中的几处亮点并未被地方政府批准，究其原因，关键不在于新颖的簇群理念，而是因为住宅建筑风格。）

然而，总体规划堪称相对完整且科学合理。112英亩的建设用地中，

住宅用地占42英亩，街道用地占18英亩，余下可供开发利用的开放空间
206 大约有52英亩。每个簇群的中心区域都有一片公共绿地和游乐场。簇群间通常有游泳池、网球场和俱乐部。其余地域则被开发成景观美化量最小的田园美景。沿溪铺设游径和马道，栽上柳树，砍掉森林里的灌木丛，辟出小型野餐和烧烤区。其他包括斜坡草地在内的区域仍可保持自然状态。至于棘手的沼泽地，选址规划师发现，建造廉价水坝的资金足以用来建造一座池塘。开发商感到喜出望外，认为这是一项极好的增值销售计划。池塘里还可以养上一群鸭子。

开发商将一部分开放空间立契转让(deed)给地方政府。县规划师建议，除了赠送修建学校的场地以外，开发商还应沿溪预留一定空地以增加开发提案获批的概率，之后这里有望改建为社区公园，最终与该地区较晚建成的簇群住宅区中的空间连接起来。

不过，大部分公共开放空间将被让与房屋购买者。如果社区把它建成一个公园，房屋业主有权合法申诉，毕竟他们才是出资购买的人。尽管开发商一再强调让与开放空间的慷慨，实际上却早已将其计入成本，最后仍由业主买单。最公平的程序应该是让每位购房者支付房产费用，而公共开放空间的成本则共同分摊，公共空间的使用权是购房者的基本权益。

为维护公共区域，应当设立业主委员会。所有购房者自动成为会员，并义务分担维护开放空间和运营游憩设施的费用。在簇群开发区域，这些费用每年约为100美元，数额随业主添置精致设施数量的增加而增加。

业主委员会收到如潮好评，其中有许多甚至从20世纪20、30年代运作至今——例如，雷德朋市以及堪萨斯市的乡村俱乐部。有的甚至可
207 以追溯至更远——波士顿路易斯堡广场自1840年以来一直由一个业主委员会管理，纽约格拉默西公园可以追溯至1831年。现存超过350个业主委员会，除了少数特例以外，大部分运转情况良好。经验表明，委员会通常有两项关键要求：一是社区建立之初及时设立，二是强制性会员资格。

城镇居民必然会提出一个问题，即是否存在抛售的可能性。假如业主后来决定将公共区域抛售变现以另外购买房屋怎么办？历史记录令人放心。现实中，更改空间用途的情况鲜有发生。虽然联邦政府让渡所有权时，其中一个绿带社区趁机低价抛售了土地，但这只是因为原始契约中没有明确的规定。事实上，无论在哪里，业主几乎都无权分配公共区域。此外，地方政府也能自主抵制诱惑。开发商将房屋所有权转让给业主时，可以要求他将地役权登记为当地政府所有，并规定开放空间仍然保持开放。

由于簇群细分需要地方分区法规有所变更，所以少不了安排一场公众听证会，这必将引起动荡。虽然规划委员会成员大都赞成簇群提案，但是许多市民却不买账。他们成立了一个强有力的反开发组织（“公民维护开放空间联合会”），由于该组织的煽动和鼓吹，大厅内挤满了簇群开发的反对者。他们不耐烦地听取了规划师和开发商通过图表和幻灯片做出的汇报，接着提出一系列问题：开发商如此热衷于这一方案，有什么意图？如果这种新型住宅区卖不出去，那最后的责任是不是要我们来承担？如果该楼盘大卖，方圆几英里的开发商会不会蜂拥而至？到时候来的又会是怎样的购房者？新迁入的住户尤其关心这一点。他们的想法是，如果今天妥协了，日后必将面临前所未有的新麻烦。会议最终在尖酸刻薄的氛围中结束。

其实规划委员会早已大获全胜，事实上正是这些反对者给委员会提 208
供了与开发商议价的额外筹码。委员会表示，如果开发商能做出更多让步，来自社区居民的阻力或可全部消失。而开发商表示绝不让步。他对这件事件愤怒不已，扬言要放弃这一切并卖掉地产。去隐修会出家，他补充道。

开发商所言并不全是虚张声势，但他在这个项目上已经投入太多前期资金，无法全身而退，委员会深知这一点。经过劝说，开发商同意增加两英亩学校用地，并将养鸭池塘让给镇上用来建公园。为尽力缓解当地花园俱乐部的忧虑，开发商还保证将会保留北部区域的一排梧桐树。作为补偿，委员会也批准适当压缩其中一条行车通道的宽度。双方还就其他一些内容进行了磋商，最终敲定了这一细分方案。

首个半簇群开发案例为之后的工作奠定了基础。如今已有不少现实案例摆在将信将疑的委员会和公民团体面前，很快便达到了临界规模。到20世纪60年代中期，簇群社区已随处可见。如今，联邦住宅管理局积极推广簇群设计，修订相关标准，并激励开发商进行尝试。国防部作为主要的营房建设者，也逐步将这一原则运用于军事基地的多户住宅建设。

消费者态度一直是问题的关键所在，好在答案逐渐明朗起来。如果可以选择，人们大都会选择簇群住宅区。传统的独栋住宅仍然常见于大部分新房屋的建设过程，这一情况还会持续若干年。但市场的检验效果有目共睹。在同一地区，大多数簇群住宅区的销售业绩可以与传统住宅区持平，而且在相当数量的地区，已经远超传统住宅区。

最畅销的住宅往往布局最为紧凑。这里指的是“联排房屋”开发，其销量甚至让开发商自己都大为震惊。洛杉矶某大型联排房屋一经推
209 出，立即销售一空，于是整个地区的开发商纷纷放弃传统住宅细分方案，一股脑涌入当地联邦住宅管理局办公室，申请开发联排房屋。一时间，管理局甚至需要从华盛顿抽调人手协助相关文书工作。

联排房屋开发在市场上大获成功，因此一种通用型标准设计方案逐渐形成。然而，区域性差异仍然存在。东部的建筑商普遍采用威廉斯堡广场或新英格兰村庄设计方案。西部的建筑商则博采众长，采取的设计方案融合了殖民时期、当代、东方以及在行业中被称为汉斯和格莱泰的华而不实的建筑风格。

但基础方案大致相同：都是双层连栋住宅群，一楼设开放式厨房直通客厅，客厅又经由玻璃推拉门通向20平方英尺的庭院，庭院由8英尺高的雪松木或红木栅栏围着，大门正对着一片公共区域，与邻排房屋的庭院大约有100英尺的距离。公共区域的一端是游乐场，内有几个秋千、一个巨大的混凝土乌龟雕塑和一个沙坑。街道照明的光源来自老式巴

尔的摩煤气灯。

低价住宅区更是极力制造噱头，使人们容易因为局部而看轻整体。一些重要却容易被忽略的房地产项目，因平淡无奇而被建筑师和观察员轻视。过分强调建筑外观利弊兼具。在所有因素的综合影响下，这些住宅区严格遵循了基本的规划原则，即简单性和适用性，这一点可圈可点。这也是人们喜欢它们的原因。人们购买住宅不是因为煤气路灯或者菱形窗户，而是因为以同样的月供在这里可以买到比别处面积更大的住宅。

某些住宅区也提供服务项目，而且是种类繁多的一揽子服务。联排房屋房地产项目不仅为业主修缮草坪，同时还经常帮他们处理住宅的屋顶修葺与外墙油漆，有的甚至还提供儿童活动区域及保姆的日间监管服务。（“波默罗伊·韦斯特的管理人员将负责照料您的一切：景观、社区中心、游泳池，甚至还有您的住宅。无论是除草还是浇水，还是上漆或维修，这一切的一切您都不必操心，我们会全部搞定。您可以到湖边享受
周末时光，也可以到东方国家待上一个月，或者只是在自家花园里放松 210
片刻。在这里，您根本不用为自有住房担心，尽管放心地享受回报”。）

如此健全的配套服务对于定期到郊区居住的老年夫妇极具诱惑力。他们以惊人的热情谈论身后的草坪，欣喜于摆脱繁重家务的美好。这些服务组合同样吸引着年轻夫妇群体。他们不再需要时而涂漆，时而修缮房屋，忙得不可开交。年轻夫妇自己有更多时间陪伴孩子了。

游憩设施越来越精致。除了规模特别小的住宅区，几乎每个簇群住宅区都设有网球场和游泳池。随着市场竞争日益激烈，奥运会规格的游泳池逐渐成为标配。另外，还有俱乐部会所或社区活动中心，甚至还有专门的青少年活动场地。

一些规模较大的房地产项目，例如，科德角半岛上的新西伯里等，它们以休闲娱乐为设计主题，各个簇群都围绕一个特色活动——例如，这里划船，那里骑马。多数大型住宅区建都有一两个十八洞的高尔夫球场。在有水的地方，开发商都会想办法充分利用。他们借鉴罗伯特·西蒙在雷斯顿的做法，斥巨资打造人工湖，既可以供居民划船、游泳——欣

赏风景——又能使周边土地显著增值。在有水路的地方，他们投入大量资金修建船坞。

住宅区无论大小，游憩设施都将占去开发商的“启动资金”的一大部分，因为他们发现让有意购房者无可挑剔才是至关重要的。除了样板房以外，大多数开发商在项目初期首先要建造的是游泳池和俱乐部，既可作为接待中心又可充当售房处，一举两得。这样的复合式建筑群通常设计巧妙，一旦潜在顾客进入接待中心，除了穿过样板房间迷宫般的小径，再经由销售柜台返回外，没有其他的路可走。

在这一阶段，住宅区看起来像电影取景地一样古怪。联排房屋的
211 外墙两侧形成了一个二维空间，人们会惊奇地发现，前门的另一侧更真实。住宅区活动丰富多样。目前只有很少的住户搬进来，但是游泳池、小吃店和小型俱乐部似乎已经抢先入驻。（我曾参观过一个尚无人居住的住宅区，有一群快乐的孩子在绿地周围骑脚踏车，骑了一个小时又一个小时。他们为住宅区增添了一道生动的风景，我甚至以为他们可能是雇来的托儿。开发商回应：绝无可能。但是他说，这不失为一个有趣的想法。）

一揽子服务理念在退休社区已经被贯彻到极致。老年夫妇们可以申请按月分期购买一座小房子或公寓套房，以及一系列配套设施和服务——包括全套医疗、高尔夫球场、小巴接送、有组织的娱乐和兴趣活动、工艺品商店、社区活动室、图书馆及中心俱乐部。凡是人们能想到的，开发商都会以高超的技巧实实在在地打造出来。土地规划一般都是高水准的，所以建筑通常也是如此。企业家罗斯·科尔特斯的“休闲世界”房地产项目就是一个杰出的例子。科尔特斯先生如此迅速地建成这么多社区，其数量已经远超市场需求，致使接下来的建筑计划因资金短缺而搁浅。但不可否认的是，这些已建社区为乡村住宅簇群设计提供了绝佳的设计原型。

接下来何去何从？簇群方案创造了新的契机，同时也暗藏了各种各样的陷阱。其中一个例子就是开发商将簇群变成了旨在实现高密度住

宅布局的楔子，而这是不切实际的。也就是说，最吸引开发商的是簇群，而不是开放空间，是甜甜圈的外圈而不是中间的洞。有些开发商在他们有幸获得的土地上建造的拥挤住宅容易让人患上幽闭恐惧症，而冠以公共区域的空间本就寥寥无几，大部分还变成了停车区。

然而，压缩公共空间不是主要问题。从长远来看，无论采取何种布局方式，追求高密度布局都将是必然趋势，簇群方案是优雅地解决问题的最佳方式之一。尽管开发商意欲进一步滥用开发权，但是他们并没有话语权，因为社区才是基本准则的制定者，也只有社区才能判定居住人 212
口是否已经达到上限。

标准化设计是一大隐患。簇群很可能会发展成某种僵化刻板的规范样式，就像是正被它取代的战后传统布局一样。联排房屋开发项目就是一个例子。第一批基础设计尚佳却仍有不足，应该停止。虽然经验证明，联排房屋的销路的确很好，但是开发商仅局限于模仿建筑外观、煤气灯等，却忽略了地形、所处纬度及周边环境带来的影响。

簇群开发需要对住宅设计方法进行革新。开发商很少让建筑师参与设计簇群式住宅区——或者，根本不用建筑师。他们直接沿袭惯用的设计方案。在占地较多且偏远的地区，这不存在太大问题，传统独栋住宅在那里同样适合簇群式布局——甚至包括建筑商的牧场式平房住宅。然而，随着细分地块被压缩，住宅与其布局开始背道而驰。典型的单层住宅是为空阔的郊区而设计，所有设计元素均体现在住宅的前面，房屋与街道平行而建，这在一定程度上破坏了簇群式布局。此外，房屋侧面的窗户不仅丧失了原有功能，而且成了一大缺陷。透过窗户向外看，除了邻居家的窗帘，其他什么都看不到。房屋侧面的残余地带也成了天然回音室。通过拆除全部侧面窗户，设计更精良的簇群住宅很好地解决了这一难题——联排房屋不可避免地采用了这种做法。

建筑物外观需要以不同的方式处理。簇群布局容易放大缺陷。当独栋住宅以传统方式布局时，已有案例中特立独行的设计被大容量空间善意地分离开来，以掩盖设计中华而不实的部分。在殖民地时期，错层式建筑毗邻牧场式平房住宅，两种风格不仅不会冲突，还能留出足够的缓冲区和绿地，再融入汉斯和格莱泰建筑风格也有可能。不过，这些不同风格的建筑错落分布，可能会引起视觉混乱——形成一个不相称的玩具庄园，传统住宅区的所有视觉缺陷将无从掩饰。

213 为保证簇群式布局的整体协调，住宅区应统一建筑风格。联排住宅最容易实现这一点。即使在最不起眼的案例中，基本经济需求也会驱使开发商保持基础结构的整体一致性。无论这是否称得上簇群住宅区的变体，统一的屋檐线、钩钩角角以及某些重复性的基本特性，如窗户的高度和形状，都确保了住宅区的整体一致。形成住宅区刻板印象的原因不在于住宅区建设的千篇一律，而在于开发商掩盖这种同质性的手段。

住宅如此，土地亦是如此。平庸无奇的场地规划方案挤占着市场。研究簇群开发项目面临的最大困难之一就是，找对场地规划方案的最终决策人，如果有的话。小型开发商通常自己进行基础规划，需要专业援助时，他们更倾向于聘请能在规定允许的范围内实现土地最大化利用的前测量员或工程师。而更成功的大型开发商则会选择聘用受过培训且是行业内顶尖的土地规划师。无论开发商的建筑审美冲动是什么，他们都相信，只有亲身尝试才能探索出一个更为经济的布局方案。

大多数开发商很难吸取教训。通常情况下，他们只有在原有的平淡无奇的方案执行效果明显不佳时，才会聘用土地规划师。在我调研的约60个项目案例中，至少20个另行设计了最终场地规划方案以弥补原始方案的不足。(研究簇群开发最令人鼓舞的事情之一就是，可以看到那些**没有**付诸实施的方案。)

虽然场地规划越做越好，但是簇群开发土地方案带来的前所未有的机遇尚待进一步广泛应用。树木的处理方式就是一个例子。实际上，开发商尽可能多的保留树木是利在千秋的事情，所以他们不会锯掉所有树木，重新种植树苗。相比传统的开发方式，簇群开发方式可以保留更多的树木。但也仅此而已。在少数案例中，树木可以用作构成建筑风格的元素——在某些情况下，围绕着一棵参天古树修建广场，可能会收获意想不到的效果，当然，这只是特例。

开发商处理土地的方式同样缺乏创见。对劣质土地进行适度开

发可以创造奇迹，特别是连一座小山丘都看不见的草原或沙漠地区，而 214
真正尝试者却寥寥无几，且大都敷衍了事。开发商偶尔会自豪地向人们展示一大片种上草的烂泥地，并发表所谓“创造性利用表层土”的言论。其实，这片种了草的烂泥地——不过是开发商没有运走废物的惯常辩解。

在有山丘的地区，簇群设计潜力巨大，且亟待开发利用。随着平坦的谷底即将被填满，开发商们将目光转向山区，开始琢磨如何前所未有地将岩石和斜坡纳入簇群设计之中，尽管这两种元素曾被弃之如敝履。他们必须这样做。按照传统的分区和建筑标准，他们必须在假设土地平坦的情况下规划住宅区，然后采用特定的土地平整办法以削弱地形的影响。

洛杉矶地区就是一个恰当的例子。美国最恐怖的景象之一就是，浩浩荡荡的巨型平地机和铲土机在不断蚕食圣费尔南多山谷里的山丘。小山丘被直接铲平，大山丘则被切割重塑，看起来像是金字塔侧面，建筑物的“基座”上盖起了与谷底相同的牧屋。建筑结果并不符合人们的审美，由此引发的周期性山体滑坡和洪灾正是冒犯大自然的代价。

因噎废食全无必要。运用簇群原理，开发商可以因地制宜，利用而不是毁掉斜坡，这样既省钱又能保护地形。因为开发商可以将房屋集中建于山上，保留其他区域不受破坏。业主享有的清静空间只会增多而非减少，而且相比普通大地块住宅区，随着海拔的升高，山丘住宅的视野会更加开阔。

越是陡峭或遍布岩石的斜坡，簇群方案的应用价值越大。悬臂原理可以应对多数情况，正如弗兰克·劳埃德·赖特多年前在“流水别墅”项目中展示的那样，岩石作为结构元素其效果令人震撼。不幸的是，这
种想象仅限于度假区的高价定制家园和“第二”家园，尚未应用于任何 215
房地产开发项目。

它未被应用的一个原因是市政工程师的态度。作为保守派群体，他们对于山坡地区的规划要求开发商像在平地上那样铺设路缘石、排水沟和人行道，并且坚持街道比实际需要的宽。开发商对这些过度的标准表

示抗议，虽然这些抗议是正确的，但是他们随后却一直以此为托词。无论是陡峭或是平缓的斜坡，他们总是以保留“场地特色”借口，一贯逃避铺设路缘石、排水沟或人行道——按每英尺5美元价格计算，确实能节约不少成本。工程师持怀疑态度也是可以理解的，他们大多数人把簇群方案理解成开发商在钻法律法规的空子。规划师一直在争论开发商的案例，他们比开发商更关心公众利益。因此，他们能在争取放宽对山坡开发标准的限制方面取得一定成效也就不足为奇了。但他们还是会面临重重困难。

过度设计的标准也解释了，为什么在大多数开发项目中，溪流总是被如此草率地对待？开发商并不反对溪流的存在，但是由于相关法规的限制，他们必须将溪流引入涵洞，所以他们倾向于簇群规划的理由之一是可以保留溪流。但工程师更钟爱混凝土。只要溪流出现一点泛滥迹象，他们都会坚持要求“加固”堤岸，也就是将溪流引入混凝土水渠中。雷斯顿曾发生过类似事件：总体规划要求在高密度地区铺设暴雨排水沟，但实际主体排水系统仍是按照处理溪流泛滥的经验所建。在河堤本该加固的地方，却常常长满了蕨类植物和各类树木。县工程师对此表示强烈反对，他更希望用混凝土加固。经过长时间谈判，雷斯顿最终赢得了部分溪流，但是也失去了一部分。

簇群规划方案的核心问题在于，如何处理内部公共空间和私密空间。有一个教训非常深刻：私密空间无疑是最重要的。这个空间通常很
216 小，在联排住宅项目中，庭院平均不超过20乘以20平方英尺，具体尺寸由住宅宽度决定。但是，这些小空间的功能却非常强大。它们不仅是放置婴儿车，在阳光下打盹儿，享受欢乐时光的绝佳去处，还是难得的放置炭火烤架的地方。

露台和庭院对扩展住宅内部空间的表观尺寸也有很大优势。客厅通过推拉玻璃门与露台互相联通，因此住宅前面的厨房与露台后侧之间形成了相当宽阔的视觉空间。（按照开发商手册的说法，由于地域辽阔，远处露台几乎看不清。）

封闭式庭院或花园特别适合城市生活，事实多次证明，住户心甘情愿支付额外费用购买附带封闭式庭院或花园的住宅。经核查，附带南面花园的纽约赤褐色砂石建筑房地产广告证明，这笔额外费用可能高到不可思议。但是这种私密空间一般仅存在于经过恢复性修缮的住宅中。直到最近，城市住宅区设计师仍极力反对私密空间，他们声称私密空间并不经济，经常会出现维修问题，而且可能会影响市容。这些项目虽然提供了大量开放空间，但是设计师们宁愿将空间集中到公共区域，以确保设计井然有序、浑然一体。

由于这些集体公共空间屡遭诟病，最终仅在少数复式单元及花园项目投入建设。这种混搭风格并不总是十分合适，对于某些建筑师来说，这种趋势甚至是灾难性的。我记得曾和一位建筑师参观过一个混合项目。我们从他设计的公寓大楼上向下看，看到一栋带私人花园的复式住宅，那不是他设计的。在一个温暖的秋天午后，人们在花园里忙着做这样或那样的事情。我忍不住想："这是多么愉快的景象！"而他却带着强烈的道德上的愤慨说道："建筑师可以撤掉自己不喜欢的设计，这真是可怕的妥协。"在他看来，这些花园的存在与城市的整体面貌格格不入，空间用途自私利己，破坏了城市的和谐统一。

但是，老套的粗犷主义正在消亡，虽然进程缓慢。新城市项目的发
展趋势是既要建高楼大厦，也要建两层或三层住宅，并将公共开放空间 217
与私密露台和庭院连接起来。与过去刻板的工程项目相比，这些新项目看似有点凌乱，但是这一缺陷（如果可以称为缺陷的话）只有在看到成品时才能显现出来。实际上，庭院和花园能为大厦住户的生活带来生气。

最棘手的问题是如何处理私密空间与公共空间的关系。在大多数情况下，设计师会利用砖墙或高栅栏围合成私密空间，划分出明确的界限。这种方法最大限度地保护了居民的隐私空间，但也相对压缩了内部公共空间，因此一些建筑师更倾向于使两种空间贯通并融为一体。除了象征性的低栅栏和矮墙外，从私有开放空间到公共开放空间几乎没有其他界限标志，这样的设计既简约，也保证公共空间尽可能宽敞。

这样会导致界限模糊。如果建筑师也要在自己设计的住宅区里居

住,他们就不会这么做。在任何一个住宅区里,人们的居住密度越大,邻里交往的频率就越高。在侧重公共区域的住宅区,邻里交往的频率达到最高值。人们更喜欢聚在一起喝喝咖啡,和邻居相互串门,这虽然有其优势,但是没了栅栏的阻隔,这些活动也会成为一种负担,面对如此频繁的社交生活,人们无处可逃。

但是如果不设障碍,也就无从划定界限。主妇们抱怨,这样会打扰她们的午休,她们没有办法躺在沙滩椅上舒舒服服地阅读或小憩。另外就是娱乐问题。当夫妻俩想在户外招待客人时,所有行为都会暴露在众人面前,邻里关系自然会变得紧张。(他们能理解这是我们几年都没见过的一对外地夫妻吗?我们应该邀请他们一起喝一杯鸡尾酒吗?他们会在晚餐前就离开吗?)诗人关于"好篱笆造就好邻居"的观点是对的。总之,经验表明,私有开放空间必须保证私密性。

公共空间和私有开放空间之间无须对立,它们相辅相成。即使在超高密度的房地产项目中,两种空间也缺一不可。私人花园之间如果有
218 缓冲区,内部公共空间就不必太大。如果私人花园的三面或四面有建筑物,它们看起来就会比实际的大。*

一般的公共区域包括一块长方形绿地、一些篱笆和树木,以及一个游乐场。这种布局效果固然不错,但是千篇一律。虽然偶尔也会添加一些新颖的设计元素——例如,一个配有巨型壁炉的露天场馆——但是在多数情况下,其创意都是标准配置:一个独立式的雕塑,或者一排煤气街灯等。

正如乔治王朝时期的建筑师们所熟知的那样,紧凑型住宅布局的最大优点是既可以围绕建筑物设计空间布局,又可以围绕空间布局设计建筑物——二者逐次进行,不能双管齐下。然而,簇群方案下很少有亟待开发的情况。例如,既然要预留内部公共空间,为什么不遵从原则,通过建筑设计实现这一点?与室内通道相互连通的开放空间最吸引人,但是这一古老的原则很少被应用。更别说新月形走廊、拱廊或回廊了。

---

* 纽约格林威治的麦克杜格花园虽然古老,却是一个经典案例。这是一个老房子街区,房屋后院的后半部分融合成了一片公共空间。古树与住宅的花园一起使空间环境看起来很开阔,令人身心舒畅。但事实上,它的面积并不大。公共区域本身只有35英尺宽。

仍有许多新方法值得探究。例如，公共空间一定要建成绿地吗？绿色公共空间过多，过分强调绿地，让某些极负盛名的田园城市社区深受其苦。没有围墙或惹眼的前景和背景，再广阔的绿地也会显得单调沉闷，甚至会令人感到压抑。（例如，在夏天，雷德朋那过于厚重的绿色几乎让人窒息，所以，雷德朋的景色还是在春天最好看。）

留白和反差是建筑设计中的常用手段，实现这两种效果的最佳方式之一是铺筑庭院或小型广场。公共区域设计堪称完美，强化了绿化效果。很少有设计可以使一棵大树如此迷人。所铺筑的庭院也成了私人开放空间和周边公共区域之间很好的过渡区，如果住宅簇群周边有大片 219
绿地，视觉效果会更开阔。它们是喷泉的最佳背景。

然而，在许多人看来，铺筑的庭院给市场带来革命性的冲击。乡村最美观的设计之一就是因为这种成见被放弃了。选址规划师计划将簇群设计在高尔夫球场的中央。另外，鉴于周围都是绿地，他将簇群中的公共空间设计成了铺筑的庭院。开发商对此不甚了解，于是请来市场顾问帮忙判定。顾问认为这种方案过于激进，建议将这些空间直接建成草地，看起来才能“美观且柔和”。

即使按照商业标准，这样谨小慎微也毫无根据。几个世纪以来，铺设庭院在消费者中均反响良好，如果能重新启用这一理念，效果也将会一如既往地好。查尔斯·古德曼在华盛顿西南部滨河公园住宅区中的铺设庭院设计就是一个范例。与建筑师克洛伊蒂埃尔·史密斯在附近国会公园住宅区中的草地空间设计相比，古德曼的庭院设计似乎更严谨。两个住宅区项目都很畅销，两种不同类型的开放空间的效果都相当好——结果再次证明，两种不同的方法都取得了令人满意的效果。

乡村地区拥有大量公共空间，可以用来尝试更多以前没有做过的事情，比如放牧。如果田地和草地按照生产性用途使用，效果将比任何常规景观都显著。譬如，羊群会增添开发商希望推销的庄园风情，也是平整草地的最好办法。土地养护也不必再雇人来做，业主几乎可以零成本坐享其成，甚至还有赚头。在科罗拉多州度假区项目中，房屋集中建于斜坡之上，剩下的300英亩草地作为公共区域。业主们把它作为牧牛场出租。

有人提议建一个完整的农场作为公共区域的中心。在纽约州北部
的一个小溪谷房地产项目，曾有人提出类似方案。人们虽然希望提案能
够完美执行，可事实却不遂人意，农场附近细分区的相关经验表明，居民
220 对农场活动及其散发的气味所持新鲜感仅能保持一天左右。接下来，他
们就会因为平静的生活被打乱而跟农场主争吵不止——拖拉机早晨五
点钟开工，滥用有害喷雾剂，使他们的孩子受到伤害，诸如此类。另一个
可能会出现的想法是建一个以驯马场为主题的马术村。这项计划曾在
雷斯顿初步开发方案中提出，但是经过慎重考虑，最终被放弃。马厩已
经有了，但是距离人们的住宅区太远。开发商发现，人们虽然喜欢骑马，
但是却不愿意住在马场附近。

尽管住宅区内空间环境设计仍有很大的发挥余地，但是最大的挑战莫过于如何将不同的空间连接起来。人们并没有努力去发掘各种潜在的可能。总体而言，簇群开发是逐个项目进行规划，项目之间或项目与社区开放空间之间的关联性不大。超大型房地产项目或“新城镇”，因其规模宏大，可自主建立社区开放空间系统。但是，即使已有大量此类项目正在筹备之中，未来住宅数量的增长仍主要取决于中小型房地产项目。

然而，它们的开放空间并不一定杂乱无章。通过适当的激励措施，个体开发商能够规划各自的开放空间，使其最终融入总体规划体系。关键是当地政府要认识到发展的必然趋势，并提前制定好开放空间网络框架。一旦某一区域开始建设，所有开发商都能立即参与其中。尽管开发商们会感受到巨大压力，但是仍有强烈迹象表明，如果规划委员会愿意躬先士卒，开发商仍会顺势而为。

费城做出了优秀示范。20世纪50年代，东北部偏远地区仍保留有
5 000英亩的开放地域，大部分为农业用地，连绵起伏，丛林掩映，小溪在
中间流淌。这里非常适合开发建设，尤其是连排住宅区开发。费城城市
规划师埃德蒙·培根仔细设想了这一地区的未来走向，认为没有理由将
221 基本土地利用模式的决定权交给投机建筑商。他建议制定一个土地细

分总体规划。开发商有权补充细节，但是开放空间和住宅模式必须提前规划完毕，且必须由一家大型开发商统筹安排所有工作，以确保最终成品是一个有机整体。

培根的想法是，如果采用簇群方法，这里可以容纳约6.8万居民。整个地区可以划分为一系列的社区群，形成一个基于溪谷的开放空间网络。为使小块土地获得审批，建筑商必须指定某些地域为城市绿化用地。与以往零散空间的简单聚合不同，这里应该相应地建立连续的开放空间系统，它不仅可以高度实现休憩功能，还可以同时连通和界定社区。下面是该地区一个地段的规划设计平面图，黑色影画线指代公共开放空间。

建筑商们接受了这个理念。总体规划详细列出了待做事项，也规定了最佳居住密度——每英亩约9个单元住户——而且与正常需要承担的 222
费用相比，街道和土地改良花费将大大缩减。第一家建筑商于1959年开始动工，此后不断有其他建筑商加入，采用的设计方案均与原始方案别

无二致。

结果却不尽如人意。尽管有如此先进的设计方案，人们实地所见却平庸之极，令人扫兴。售价在1.1万至1.3万美元之间的住宅基本都是标准连排住宅，仅在外观上有些差异，而且并不是所有房屋都正好位于规划师设定的环形组群中。但是，设计方案仍有可圈可点之处，人们只要对比距城市几英里的传统联排房地产项目，就能发现这个方案的独特魅力。虽然簇群社区的住宅价格对业主不会有丝毫影响，建筑商却能从中获利。另外，补充修建的溪谷网络宏伟壮观，虽然没有耗费城市任何成本，有一天却会是城市的无价财富。这的确只是普通社区，但这恰是重点所在。如果这种社区的便利设施能够面向城市的中等收入阶层，那么
223 它在其他地方的潜力也不容小觑。

第十三章　新城镇

多数人认为，下一步应该是全新的城镇建设。他们觉得更大的住宅小区还不够，我们应该将簇群理念付诸实践，变愿景为现实。新城镇不是房屋住宅的简单聚合，更应包括工厂、医院、文化中心等生活配套设施，旨在建成全新的社区。这类社区不仅非常宜居，同时也是大都市发展的最后良机。

全面推进城市化这一愿景终将成为现实。开发商一直努力朝这个方向发展。全国已有十余个大型社区在建，每个社区可容纳的人口数量在7.5万以上。此外，另有约200个规模相对较小的在建“规划社区”也采用了相同的基本设计方案。不断有大公司参与进来。海湾石油公司向华盛顿外围的雷斯顿开发项目注入启动资金，现已全面接手这个项目。康涅狄格通用人寿保险公司则投资了巴尔的摩外围的哥伦比亚项目。通用电气公司成立了专项事业部，支持建筑商规划新城镇和兰德式智囊中心。

一些新型社区建设的前路受阻。近期，几乎所有建筑商都深受高息贷款所累，大型住宅项目的发起者更是首当其冲。他们只能依靠大量借贷维持运营。因此，如果房地产市场持续不稳定，他们很快就会丧失利息偿付能力。由于缺乏足够的流动资金，许多开发商在住宅项目的第一 224
阶段就被迫停工，有的开发商甚至已经宣告破产。

这种情况在房地产行业早已屡见不鲜，然而新城镇的倡导者仍保持乐观态度。他们认为，信贷约束并不能说明新城镇理念就是错误的，只能说明良好的融资环境正在形成，联邦政府也需要适当介入。尽管政府表示强烈支持新城镇建设，但是迄今为止他们所给予的支持大都停留在道义上。住房和城市发展部极力引导社区和开发商，通过抵押保险和贷款来征集土地的方式共同开展新城镇项目，可是现行的立法授权却漏洞百出。

有关部门正在推行“联邦政府担保的现金流债券”援助计划，旨在为新城镇项目开发商提供所需资金，用于偿还借贷利息，直到有足够的项目资金回流。作为交换条件，开发商必须把针对中低收入人群的住房纳入规划。联邦政府还另外出台了一系列激励措施，以促进各州与当地政府合作推进新城镇项目建设。国会始终不肯拨款资助新城镇项目——大城市的市长们更是唯恐避之不及——不过，随着时间的推移，国会可能提供更多授权方面的援助。

但是这并不意味着我们会建设大量新型城镇。我来解释一下。对于规划效果更佳的郊区开发，我无意评判其利弊。事实上，大多数新社区只是为了适应新城镇这个头衔而建。正如规划师所看到的，我想探讨的是这一理想新城镇模式的有效性，这不只是一个维度的问题。从哲学和物理学角度来看，真正的新城镇应该是一个个“**完整的**社区”——可以完全独立于现有城市存在，确切地说，它有助压缩城市规模。

各项参数应该与大约半个世纪前英国人埃比尼泽·霍华德的主张高度一致。同此后的几代规划师一样，霍华德一直为城市发展寻求解药。他说：“人们通常以为只有两种选择——城镇生活和乡村生活——
225 其实不然，新城镇的出现提供了第三种选择，而且第三种可选方案完美地综合了城镇生活的活力和热情，以及乡村生活的美丽和安逸。”

霍华德提出在乡村地区建设“田园城市”——在5 000英亩的绿化带上建一个大约1 000英亩的社区。这个社区拥有土地所有权，并把土地租给开发商，按照社区的规划进行施工建设。这将是一个平衡的社区，除了住宅开发，还可以有本地工业和繁荣的农业，让这里所有的居民都有就业机会。

霍华德认为“田园城市”本身就是一件好事，而且还是城市发展问题的解决方案。他认为伦敦过于庞大，而且不健康，那里的土地价格也高得离谱。田园城市一旦落成，将吸引大量城市人口移居至此，可以有效遏制伦敦的土地价格，进而使伦敦重新发展为密度较低的城市。他大胆预言："新城镇将如磁铁一般，凝聚所有人的奋斗成果——吸引人们自发地从拥挤的城市回到我们仁慈的大地母亲的怀抱。"

如今的新城镇规划师不会使用善意的乌托邦式说辞，而是用更科学的方式表述同样一件事情。他们也不喜欢城市化。把对城市的全面控诉作为基调，正是新城镇提案一再流产的主要原因。我们尝试过，控诉也没断过，但是城市已经陷入一片混乱，无可救药。医学类比比比皆是。城市历经患病、癌变，基本已无药可救。未来已至，我们不必强求，但是可以重新找出路。

令规划师和建筑师们最为兴奋的是，有望从零开始规划新城镇。摆脱了原有方案、建筑物和人为因素的束缚，规划师和建筑师终于可以运用各种新工具，以及系统分析、电子数据处理、博弈理论等方法，兼顾环境设计科学，以期建成比以往任何时候都更完善的社区。

不过，人们在主要参数方面已经达成基本共识。首先，新城镇必须均衡发展，也就是说，必须有能够适合各种不同收入群体的住宅类型。其次，新城镇必须能够自成体系，有自己的工业和商业，有条件为社区内 226
想工作的所有居民提供就业机会。人们不需要再往返城市上下班。

人们不必因为文化需要而专门造访城市。新城镇将能实现自给自足，交响乐团、小型剧院、本专科高等院校等一应俱全，镇中心具备中心城市的一切服务和都市生活特征。游乐设施配套提供，家附近就有公共绿地、网球场、高尔夫球场、远足步道及自行车道等。

要想实现这一切，新城镇必须真的是一个城市。近来，新城镇倡议者已经开始用"新城市"来描绘他们的社区。但是，这些城镇与我们熟知的城市仍有区别。"新城市"中既没有脏活累活，也没有贫民窟，更没有种族聚集区域，或者说没有任何形式的聚集现象。住房密度相对较低，街道不会拥堵。然而，这仍然是一个城市——正如一个开发商所说："这是一个完整的城市，具备城市所有的组织架构。"简而言之，除了城市的缺点以外，它具备城市的一切特点。

这是一个不可能实现的愿景。当然，更多更大的新社区即将落成是好事。就建筑等层面而言，一些社区确实反响良好，为我下一章将要探讨的大规模土地汇集和开发提供了许多可资借鉴的宝贵经验。

但是，这和建设自给自足的新城市不是一回事。我正在质疑这个理念的有效性：纯粹的、不妥协的愿景——我们即将建成的社区，前提是所有必要的立法都获得通过，所需资金都到位，以及所有的关键参数都合格。

其实这根本行不通。原因并不在于经常被诟病的常规性障碍——地方政府各自为政、缺乏成熟的设计条款等，而是这一理念本身出了问题。

作为大都市的组成元素，即使在最理想的状况下，新城镇也无力解
227 决未来人口增长带来的问题，更不可能显著改变大都市的已有架构。英国新城镇没能做到这些，斯堪的纳维亚的新城镇更是从未作此打算。

作为一个社区，自给自足式新城镇本身就自相矛盾，因为你无法将城市的有益元素分离出来，并打包应用于其他大型社区。即使你可以做到这一点，能否确保仅有良性元素而没有任何恶性元素？目标尽管愚蠢，却意义深远。

我会进一步说明，让人们一直待在各项功能健全的同一个地方工作和生活，这种理念本身就是一种倒退。况且美国人迁居频繁，根本无法有效地固定在某个地方。流动性强确实容易滋生问题，但是作为一个动态过程，这种现象只要与主流生活方式不相悖，那么是不是自给自足式社区也无关紧要。

美国规划师往往会过度规划。即使现实约束条件再大，只要可以从零开始，过度规划的诱惑将无法抗拒。当然也有例外，实际上，理想新城镇规划最引人瞩目的是其终极目标。一切各得其所：不存在未知结局，没有任何疑问，但恰恰是这种凌驾于细节之上的整体性愿景激发了不满

情绪。找到通往遥远乌托邦的道路是一回事，而在边界及界限内全面实现乌托邦又是另外一回事。

这些规划方案似乎说明，这就是注定要走的路。这些规划在满足居民需求的过程中一波三折。居民才是需要去适应的主体，如果他们不能适应某一方面，那就太糟糕了，因为没有任何法律规定可以改变规划方案。方案的设计层次清晰，复杂精妙，因此，即使只改变其中一个元素，整个规划就将难以付诸实施。

更倾向实用主义的规划师指出，这种着眼于“完结状态”的方案定位与行业公认的交互、反馈和规划持续存在原理背道而驰。评论家马歇尔·卡普兰曾说过：“规划是整齐、理性、合乎逻辑和固定的，可供选择的替代范围非常有限……1980年以后的社区势必要进行变革，要向前发展，规划师虽然深谙这一点，却在制订方案时常常忽略它。所有区域均 228
已规划完毕，几乎没有为不可预见的需求预留弹性空间。过时——无论是已经规划的，还是未规划的——并不在考虑之内。”

真正的方案只有一个。规划师偏爱的几何形状会有所不同，但无论是线形，还是同心或分子结构，最终方案基本大同小异。奇怪的是，仍有大量专业人士认为有必要重新起草方案。几个研究生在当前规划教条的熏陶下，花上短短数周时间也可以做出几乎完全相同的方案——他们经常做类似的课程设计，他们的设计思路也与制作精良的方案思路大体一致。这几乎是完全成熟的方案。他们通常是先构思视觉概念，然后运用图解法制定方案。这些方案为社会学和经济学研究提供了支撑文献。设计理念永远排在首位。

所有设计之所以看起来大同小异，是因为它们都出自同一设计理念，即标准重建项目中的设计原理：强调高层楼板和超然的开放空间。只有最终承认该设计并不太适合城市居民时（“我当然不赞同简·雅各布斯的观点，但是……”），建筑师们才想起将其改头换面，转而推向郊区甚至更外围的地区。

新城市中心是一家超大型购物商场，周围是办公楼和公寓，外围是各种类型的居民区或者“城中村”，它们向远处延伸开去，又形成了各自的外围空间。放眼望去，这一切令人叹为观止。规划师将着重探讨人性尺度，为弥补这一内容在方案中的缺失，他们会在宣传册中附上反映人们未来生活的地面草图。标准草图应是这样的：人们悠闲地坐在户外的咖啡馆里，推着婴儿车的母亲要么看向巴黎风格的报刊亭，要么在等待
229 单轨电车。[*]

但这只不过是扩大化的同一个从前的重建项目。这里还是同样的活动分隔区，同样固守的秩序和对称原则，同样令人嫌恶的街道及其功能，以及同样缺乏吸引力的周边环境。

其实根本没有周边环境可言。城市重建项目的鸟瞰效果图大都会抹去附近街道和建筑物上的污垢。对于新城镇的设计者来说，不存在所谓的重重障碍需要克服，即便是有，也只可能存在于项目之外，他们根本不会特别在意。背景是一大片空间尚未分化的广阔地域。规划师感觉像是偶然找到了一个人类从未涉足的宜居星球。图中很难看出以前的城镇、工厂、拖车村庄或铁路轨道的痕迹。即使有绿地，那也是模糊不清，你根本分辨不出它是农田还是森林，高原还是低地，或者可能只是一簇藻类植物。

边界内的空间处理同样夸大其词。新城镇不会像传统大块土地住宅小区那样浪费空间，但这并不意味着一定不存在这种现象。新城镇特别强调绝不浪费任何空间，其中楔形建筑和绿化带的整体性理念就是基于这一点。如果规划师想证明闲置大面积土地是遏制开发的最佳方式，那么开发活动的确应当受到遏制了。

其实不然。城市最密集的部分或者核心部分看上去特别广阔。市

---

* 新城镇的规划手册及各类宣传资料里的主题和插图已经趋向规范化。如果可以整理出一本通用手册，将节省不少人力物力。它涵盖以下内容：(1) 1945年的农田航拍图；(2) 十年后，同一区域的航拍图，含细分区；(3) 密密麻麻的屋顶和电视天线的照片；(4) 经营性公路上的霓虹灯、加油站和比萨店的照片；(5) 交通堵塞的车辆实景图；(6) 国家公园入口处的"客满"提示牌；(7) 山坡上正在作业的推土机照片。接下来是美好的事物：(1) 英国斯蒂夫尼奇、瑞典魏林比或芬兰塔皮奥拉新城镇中心的照片；(2) 丹麦哥本哈根的蒂沃利花园；(3) 美国新城镇中心的印象派作品，画上是手握气球的一群孩子；(4) 围坐在桌子旁边的智者的照片，看向指着地图的规划师；(5) 合理规划的步骤流程图。在前面或者后面附一两张气氛插图。最受欢迎的是一张两个孩子手牵手在树林里漫步的照片。

中心的实质是集中和混合，而购物中心始终占据了规划方案中的广阔空间，大城市也是如此。由城市核心地带向外延伸，密度逐渐下降，外围的住宅建在半英亩或1英亩的地块上。这也引发了外围绿化带的有争议问题。绿化带是为谁设计的？居住在绿化带附近的居民早就为自己谋 230
划了最大面积的开放空间。住宅区中心的高层公寓或花园公寓里的居民占绝大多数，最需要开放空间的群体却住得最远——在某些规划项目中，甚至在2英里开外。

诚然，高层住户可以随时透过窗户眺望绿化带，但是如果他们想去绿化带那里，距离也不算太远，步行就可以实现。可是，如果把现在的郊区居民的步行习惯当作一般指标，那么即使距离再短也是一种妨碍因素，并且随着距离的增加，开放空间的利用率也将随之急剧下降。

最好的居住地应当兼具城市和乡村的优点：熙熙攘攘但是没有噪声，集中却不混乱，人们不需要往来出行，令人兴奋且没有危险。简而言之，规划师想把城市的优点剥离出来，融入郊区的开发建设中，即虽然它不是城市却具城市性。

唉！其实城市的优点也好，缺点也罢，都只是同一功能的不同表现。我们应该最大限度地利用其优点，摒弃其缺点，但是要将两者剥离开又是万分艰难。缺点如何克服，优点又该如何利用？大多数人一致认为，城市的魅力之一就是小商铺的世界性——爱尔兰酒吧、德国甜品店、售卖自制意大利面的意大利食品杂货店，以及圣徒日的街头节日活动等。但是，这种世界性和民族大融合相得益彰的场面，并不为新城镇规划师喜闻乐见。

相反，城市的明显缺陷之一就是破旧的阁楼建筑，以及曾经辉煌的社区变得不修边幅。但是，因为破败不堪而低价出租的阁楼建筑，成了微小企业的天堂和创建新公司的孵化器。同样，略显破旧的社区逐渐演变成了“新波希米亚”，随着先遣部队搬迁到又一个破旧社区，这里最后成了高租金地区。

如果确实能成功分离出理想的城市特性，而且能摆脱原有环境条件
加以应用，那是再好不过。建筑师和规划师有许多可以从都市化改造区 231

借鉴的经验：例如，意大利山城和普罗旺斯是紧凑型发展的绝佳选择，威尼斯是一座专为行人设计的城市。然而，在引证自己想要的东西时，人们倾向于弱化那些不太理想的特质，尽力彰显其优秀特质。当规划师开始考虑美国城市有什么值得参照的特质时，这一点表现得尤为明显。

接下来我们讨论都市生活特性问题。几乎所有的新城镇企划书都会着重强调这一点。新城镇没有典型的郊区购物中心。城镇中心高度城市化，文化活动丰富多彩，专卖店、二手书店、工艺品店、另类主题餐厅、露天咖啡馆等细节设计处处体现格林威治村及乔治城的风情，其中以乔治城命名的新建住宅区不计其数。

诸事并不总是尽如人意。中产阶级的郊区购物中心是为了满足他们的需要而建。蓬勃发展的各类机构也极大地迎合了中产阶级的需要——例如，西尔斯罗巴克公司和豪生国际酒店集团——顶楼和底层都预留出来，作为市中心大型百货商店的分店。超市提供同样的选择，摆在你面前的大量商品也是一样的，和其他大型超市相差无几。你能找到任何知名品牌的玉米片、番茄酱以及加工奶酪。但如果你想要购买某种特定的商品，比如一把莴苣，那你恐怕要空手而归了，因为这类商品只有在小商店才能买到。

对开发商来说，餐馆似乎是一个特别令人烦恼的话题。在大多数新建的战后社区，餐馆都曾因为过于平淡无奇而屡遭居民抱怨。这绝不是开发商愿意看到的结果，他们大都竭尽全力引进一家正宗风味餐厅或者至少保证一流的经营品级。其中有一个例子，开发商用丰厚的租赁条件，诚挚邀请一个意大利家庭在新城中心经营一家格林威治乡村风情餐厅，但终告失败。

然而，落户环境并不相宜。首先，受邀餐馆老板往往会因为缺乏资
232 金熬不过经营惨淡的日子，等不到社区居民数量稳定并拥有充足市场的时候。目前来说，只有餐饮连锁店才有雄厚的资金。其次，无论资金充足与否，全方位的经营战略都不可避免。服务元素之一——如餐馆选址，要适合地方团体召开会议。午餐时段的用餐顾客通常是在新城镇中心工作的人，属于消费蓝碟子特餐或公司三明治的群体，而不是中午要

到城里的法国或意大利餐馆喝两杯马提尼的人群。周末的用餐群体主要是带着孩子的准购房者，在这种情况下，餐馆老板不得不提前备好高脚椅。晚上，餐馆通常会接待什么顾客呢？几个酒吧里的常客，个别住户，也有少数游客。

为了生存，餐馆供应的餐饮必须符合大众口味。遍寻所有社区，你会发现，即使经营最好的餐馆，通常也只供应最普通的美式菜品——如虾仁杯、香葱酸奶烤土豆、牛排、羊乳敷料沙拉、甜品站推荐的甜品等。作为主食，这些都是不错的选择。不过，仍有居民抱怨没有体面的外出就餐地点，就算食物足够美味，他们还是会不停地抱怨。

社区餐馆的形象已经根深蒂固。夜幕降临时，餐馆老板会在胶木餐桌上面铺上格子桌布，调暗灯光亮度，取出蜡烛放到网眼容器中，再请一位钢琴师表演。但是，固有印象很难消除。对居民而言，这仍然是一个社区服务中心，他们能联想到的就是日间购物、孩子，还有妇女团体的午餐聚会。

另一方面，新城镇还缺乏自给自足的能力。那里不会有罪恶。尽管新城镇声称拥有城市所有的吸引力，却没有关于夜总会及博彩场所的供应，或者任何最轻微的罪恶。新城镇的确在最大限度地迎合大众口味，但绝不是一味地哗众取宠。新城镇坚决抵制低俗趣味，因此不会包容任何低俗文化，不会有艳丽的“脱衣舞”，也不会有低级的舞场。有人建议用“玩乐宫”填补此项空白，这一概念源于英国的谣传，即在自由游戏时
间，人们聚在类似大型工厂的建筑物里，进行各种即兴活动。但前提是 233
活动必须有益健康，好比城市中心的固定性狂欢节，人们可以从中体验到受关注和优越感。

酒吧是恬静文雅的：在英国的新城镇中，一些小酒馆收拾得中规中矩，似乎应该被称为酒精诊疗所，而不是真正意义上的酒吧，它们只能算是附近餐馆的鸡尾酒廊，带背景音乐的那种。这一切无可厚非，新城镇不会因为这种追求健康的生活方式而遭到居民的诟病：这反而是吸引人们住在这里的原因之一。但是你愿意光顾它们吗？

这类社区对中等收入阶层普遍具有吸引力。一群颇具城市思维的瑞典规划师在设计魏林比新城时，急于建成高度城市化的城镇中心，于是费尽心力地设计了吸引人驻足的广场、喷泉以及别具匠心的街道装饰。但是他们没能保住那些都市风格的店铺。令这群规划师沮丧的是，尽管有几家店铺发展势头较好，达到了中上水平，却也只能止步于此。

英国新城镇的情况亦是如此。规划师将焦点过多地放在了城中心精美的雕像、设计巧妙的喷泉等上面。然而，租赁店铺的企业大都流于世俗，甚至有些市井，因此，整体效果终究还是落入俗套。（餐馆食物的味道难以描述。甚至连新城镇的规划师都觉得难以下咽，他们宁愿到附近的老城区就餐，有人到访时更是如此。）

规划师想要改变这一现状却无能为力。这些中心缺乏城市的本质属性——所处区位。都市生活特性（urbanity）不能浮于表面，而是高度集中的多样化功能和支持多样化的强有力市场之间相互作用的产物。城市中心需要依托腹地，但绝不能建在腹地，只能建在中心位置。这是
234 实现新城镇自给自足理念遇到的根本矛盾。

最激励新城镇倡导者的自给自足方式是实现居民在同一个地方工作和生活的理念。这绝不是另一种形式的郊区。在理想的新城镇里，规划师希望可以实现人人有工作，而且工作种类可以涵盖所有的技能和职业。

当然，有些工作不在其列。新城镇规划不提倡脏活累活以及会产生烟雾、噪声等环境污染的工厂。规划师却认为这不会造成任何不平衡，反而乐观地认为工业正朝着这个方向发展。他们认为，由于自动化、原子能、计算机的使用等领域的蓬勃发展，工业正在实现以无烟清洁设备和脑力劳动为主导的自我转型，新城镇正好为此提供了理想的环境。他们进一步认为，由于这种密切关系，新城镇将成为分散就业的有效助推手段。靠近城市的产业集聚区这种现有模式或将被打破，产业集聚区将分散到各个区域，以便就近消化区域居民劳动力。

这些规划师误判了工业发展趋势。郊区势必会建起更多工厂，就像

一定会容纳更多居民一样，然而两者一起涌进来将令情况更为棘手。至于就业，我想说明一点，完全自给自足的社区是不可能实现的，并且无法实现本身也是一件好事。

新城镇要想实现自给自足，必须有能够输出的商品。提供洗衣服务足以让一大拨人忙碌起来，几乎所有新社区都可以提供相当数量的本地就业机会——商店职员、送货员、加油站工作人员、医生、律师、银行职员等。但是社区可以提供的服务类工作数量终究有限，更为重要的是，这无法给社区带来驱动力。新城镇必须有主导产业，而且不能只有一种，否则就只能是公司城镇（company town）的翻版了。

值得注意的是，最著名的从零起步的社区均位于政府所在地附近——华盛顿特区、堪培拉、巴西利亚、昌迪加尔和伊斯兰堡等地。尽管这些重要都市可能有众多令人欣赏的特点，但它们本质上是个单一功能的城镇，不能作为完整社区的范式。 235

新城镇规划师强烈希望人口能“均衡”分布，即涵盖各个收入、教育和技能层次的人群。如此固然美好，但是要想社区每位居民都能找到一份合适的工作，规划师需要创造的不只是一个微型城市，而是一个微型都市。

目前没有一个新城镇接近这些标准。英国新城镇中的某些制造业工人性质的社区确实提供了很多就业机会，但工作范围覆盖面不广，因此仍有相当数量的人到城里或镇外去谋生。

实际上，几乎不可能始终将工作与家庭捆绑在一起。即使社区可以提供大量工作，从事这些工作的人也不一定仅限于那里的居民。事实上，这种概率很大，而且多数情况都是如此。不少提供在家附近工作机会的地方，已经出现了一种通勤与反向通勤现象。魏林比就是一个例子。在9 000个工作岗位中，大多数劳动者并不住在这里，其中大约7 000人从外地赶到魏林比上班，而居住在魏林比的2.7万劳动者中，有2.5万人选择到外面上班，主要是到斯德哥尔摩市中心。在现代工业社会的任何发展阶段，这种不同程度上的混合通勤模式正是大多数新城镇的实际情况，而且很难有其他解决方案。

工作地点和居住场所“合二为一”的理念与当前主流发展趋势背道而驰。工厂确实正在向城外迁移，某些扩张型产业也逐渐向更适合生产的偏远地区转移。然而，由此推断规模分散型就业模式正在兴起是极其站不住脚的。随着工厂搬离拥挤、生活成本较高的城市区域，中心城市的管理型、专业型和服务性人才需求也在相应增加。城市作为区域中心的作用更胜从前。为城镇工作的人员是人口均衡发展的基础，任何有此共性的新城镇都会像郊区一样，即有很多人不得不通勤上下班。

人们可能会问：“就近工作到底有什么好处？”答案有很多，其中一
236 个令人向往的想法是，人们可以沿着小路步行5分钟，或乘坐一段小型巴士，到树林里的园区式办公室工作，甚至可以回家吃午饭，像法国商人以前那样。这一切“邻近性”的便利并非没有代价。事实上，很多人更愿意将工作和家庭分离开来。他们希望整天一起工作的人和邻居是不同的人，甚至享受工作地点与他们的妻子之间有一定的距离，并且大多数妻子的想法也是如此。此外，通勤不一定意味着受折磨。许多上班族表示，这是他们唯一能够享受阅读等减压方式的时间。

为了说明这一点，我们假设某个案例中的新城镇规划师实现了他们的梦想。他们确实建成了微型都市，吸引了形形色色的人群——低收入人群、高收入人群，蓝领、白领，两类人群的入住率为一比一，而且都找到了匹配自己才能的工作。

即便如此，自给自足仍无法实现。人们并没有真正的自主权。总的工作岗位可能数量很多，但合适的岗位却寥寥无几，对于受教育程度越高，职业技能越熟练的人，符合他们的岗位就越少。假如你是一位电气工程师，整个地区合适的工作岗位也许只有一个——也就是你正在从事的那个。实际上，你就住在一个公司城镇里。即使你不喜欢这份工作，社区里也不会有其他选择。而如果你确实喜欢这份工作，那么与雇主谈判时，你将处于不利地位。在晋升或涨薪的隐性谈判中，或者仅仅是在阐述你的观点时，至关重要的是要让雇主充分认识到你足以胜任与此相当或者更好的职位。再舒适的居住环境也无法弥补职业选择的缺憾。

自给自足模式同样损害雇主利益。当居住地点与工作场所合二为一时，雇主可能会大谈特谈未来的美好生活以及工作之外的福利。但是尽管如此，在争取有一定技术专长的员工时，雇主也会处于绝对不利的地位。正如雇员需要广泛的就业选择，雇主也需要接触各类人员。工作 237
地点越偏远，雇主的处境就越艰难。在距离中心越近的位置，他们挖掘潜在雇员的效率越高，因为他们不必再为留住雇员而以转让股份以及提供新城镇住所作为条件。

理论上，如果新城镇间通过环形快速交通系统直接联通，可达性问题就可以解决。如此一来，住在新城甲的人，就可以走环线到新城乙或丙或丁去工作。埃比尼泽·霍华德在其原始企划书中曾提出过类似建议。他提议建设一个联通新城镇的环形城市铁路系统。类似的建议反复被提出，而单轨铁路也无可厚非地被视作一种可行的解决方案。此外，他还建议在外环另建一个高速公路带。

这种迂回式设计是非常糟糕的交通规划。根据经济性原则，公共交通线路必须充分利用高密度交通的道路节点。即使与该地区的交通流量相匹配，我们在建设良好的公共交通运输系统过程中依旧面临重重困难。建成的交通网呈辐射状，各轨道交通线路在城镇中心汇集。新建的大型放射性公共交通系统将耗资巨大。

公路当然可以通往那些公共交通无法到达的地方。新建的绕城高速极大地改善了郊区间的交通状况，越来越多的商业开发项目如雨后春笋般兴起，发掘了从老城区到郊区轴线以及周边路线的发展潜力。但是我们仅能建设这些环线。其他的跨郊区高速公路将耗费大量的昂贵土地，同时将进一步扩大汽车的使用，这对规划师而言前景不容乐观。从长远来看，这样的高速公路系统在经济上不可行，同理，类似的快速交通系统也难以实现。如此高成本的设施服务于低密度交通也是得不偿失。

理论上，唯一能证明这些系统可以催动足够交通量的方法是，强行使新城镇居民不要在本地工作，而是到沿线城镇工作。这是对新城镇理念的驳斥，也是两个可能世界中最糟糕的地方——没有城市的郊区，真 238
正边缘的视觉效果。

作为大都市开发问题的主要应对方案，新城镇理念并不切合实际。根据区域规划协会推测，像纽约这样的大都市，想要通过建设新城镇的方法来应对未来二十年的人口增长，就必须建设100个能容纳10万人口的新城镇。其实现难度可想而知，就算有这个可能，协会也不会有太大兴趣。结果将是人口日益分散，建设任何有效公共交通系统的可能性不大，最终的交通出行模式必然极端低效。

区域规划协会认为，人口增长的核心问题是就业。协会鼓励工商业集中在数量相对较少的新建的中心，或在原有中心的基础上再建的中心。这些中心的周围则会启动住宅开发，当然，工作场所和居住地不会捆绑在一起。

真正重要的是有工作，而不是就近工作。区域规划协会的规划主任斯坦利·坦克尔说："人们喜欢在都市区域生活和工作，同样地，与其在步行可达、自给自足但就业机会有限的新城镇上班，他们宁愿选择到距离远但就业机会充足的中心区域工作。无论是找工作还是招聘员工，交通便利都是必不可少的条件。"

按照新城镇规划方案，人们非但不必离开新城镇到外面工作，而且在任何时候都不用离开。新城镇希望能提供健全完善的整体环境，从而大幅度消除城市生活的无根性和流动性。

新城镇的终极目标是打造一个"全生命周期社区"(life-cycle community)，全方位配备人生各个阶段所需的居住条件、活动项目以及文化环境。不可否认，所有社区都存在一定数量的流动人口——例如，文化中心的规划需要一些工作人员暂住——毫无疑问，随着陆续有人
239 打破这个周期，势必会造成社区人口不断流出。然而，大多数人认为完全没有离开的必要。从出生到死亡，他们可以在此度过生命的各个阶段——幼儿园、中小学、大学、生育、退休——只需要在生命周期的相应阶段搬到对应的单元住房或居民区就可以了。(然而，规划师没能做到"善始善终"，目前尚未发现任何新城镇规划方案提及墓地。)

这一理念已是明日黄花。从19世纪初乌托邦公社时代起，就不断有

人尝试开创一种基于理想社区的美好生活，但均以失败告终。这种社区与18世纪初农耕时期的美国主流生活方式格格不入，与现在相比更是背道而驰。

规划师们普遍支持这一社会学。数十年前，人们都觉得流动性是一件坏事，他们担心流动人口会造成社会**失范**，同时也过度强调结构化社会带来的精神慰藉和小城镇生活带来的归属感。事实上，这只是怀旧之情在作祟。美国人经常迁来搬去，即使需要为此付出巨大代价，他们也在所不惜。有人迁居是为寻求机遇，而迁居最频繁的正是新城镇想要挽留的各类管理人员和专业人士——比如规划师，他们属于迁居最频繁的专业人士。

通常来说，新中产阶级聚居的郊区通常位居人员流动率排行榜前几名，甚至是榜首。芝加哥南部的帕克佛雷斯特就是一个例子。这是由开发商菲利普·克卢兹尼克于战后不久建成的，是当时全国最现代化的新城镇，至今仍在某些方面保持领先。与大多数新城镇不同，这里在建设之初曾被定位为自治的政治单元。

开发商大都惧怕这样的安排。他们宁愿按照自己的方式做善事，即通过非官方的民众团体实现民主表达。他们担心如果居民一旦拥有政治控制权，就会给区划和税收带来种种弊端。但是，一个真正的政府也意味着一个真正的社区。帕克佛雷斯特社区确实让克卢兹尼克度过了一段艰难的时光，但是他们对社区管理的参与既全面又深入，社区也因 240
而发展地越来越好。由此可见，人们更倾向于在能够亲身参与管理的社区居住。

然而，与老式社区相比，帕克佛雷斯特社区的人员流动量要高出一大截。居民对此比较关注，我发表的一篇关于帕克佛雷斯特的研究报告曾提到这一点。我注意到，绝大多数暂住居民都选择住在租赁公寓，且随着独户住宅的增加，越来越多的住户选择长住下去。但是，有不少人因此恼怒不已，特别是那些常住居民。与开发商和新城镇规划师一样，住户们希望看到社区的稳定，他们将人员流动视为对社区品质的反映。

但人员流动是正常的。收留暂住居民也不是新型社区的败笔，而是一大亮点。无论社区如何“均衡”，受过大学教育的中等收入人群，不管他们的数量有多少，都占据了社区的主导地位，这一点毫无疑问。当他们离开某一社区时，并非一定是出自本意。许多人离开是因为他们不得不这样做。也许是岗位变动，也许是要另谋高就。总之，这便是职场法则。

有些人不必离开却仍然选择离开，是因为社区没有适合下一阶段生活的住房了。正如他们所说，是时候该“毕业”了。新城镇规划方案将通过扩大住房选择类别以减少此类住户的流失。（帕克佛雷斯特便是一个成功的案例。建房之初，开发商的注意力几乎全部集中在价格1.4万至1.8万美元的租赁公寓上，因而备受“不属于任何阶级的”社区年轻人群体的热捧。但是随着时代的发展和收入水平的提高，一些人开始到附近社区租赁价格更高的住宅。于是，开发商当机立断，新增大量价位更高的公寓，以满足人们在同一社区“以房易房”的需求。）

扩大住房供应类别是新城镇的必然发展目标。任何能够提供一定住房供应类别的新型社区都更具吸引力，并且大都更适合人们居住。但
241 也不能一概而论。不能轻易断言人员流动量不大的社区就是失败之作。流动量太小的现象仅存在于居住结构单一的“静态社区”。如果要达到真正的平衡状态，必须使人员流动量成为社区的内在特性。

正如我一直主张的那样，无论新城镇的理想能否实现，人们在整个过程中做出的巨大努力势必能产生重大影响。其中，积极的影响在于，有许多打着新城镇旗帜发展起来的社区最终很可能成为绝佳的居住地——即使它们未必真正达到了新城镇设想的标准，或者更确切地说，因为它们根本不能算是真正的新城镇。

但同样重要的问题是，我们不需要建造什么。新城镇运动本质上主张分散主义。其实际规格基本可以表明，规划师的目光早已锁定城市周边甚至更远的地方，因为在如今的大都市根本无法找到他们需要的大面积未利用土地。

如果新城镇运动可以消除其反城市乌托邦主义，就不会产生分散主义效应了。新城镇规划方案的许多目标还是值得称赞的——住房类型

的多样性选择，工业、商业和居住区的混合开发，休憩活动与开放空间的巧妙组合。这些大都只适用于建筑面积较大的地区，甚至还有人建议，新城镇应该建在城市内部或者周边地区。例如，最近新泽西州拟建一个新城镇，并计划成立一个专门机构，在哈肯萨克草场上创建一个城市综合体。这是一大片沼泽地，距离曼哈顿五英里。 242

当然，都市区域内还有很多难题有待解决。一方面，政府管辖权纠纷问题不断——就哈肯萨克草场提案来说，大约有18个地方政府参与其中。好地皮百年不遇，一般来说要么形状不规则，要么价格昂贵。这些土地必须经过更有效率的处置，才能使住宅区布局更加紧凑。社区受到这些现实条件的制约未必是坏事，也许这正是我们需要的。

另一方面，有人辩称这并不是真正意义上的新城镇。倡导者坚持认为，新城镇的整体理念不是陷入或者制造根本无法解决的纠纷，而是摆脱这类情况并重新开始。白板状态至关重要。听过一些关于新城镇的讨论后，人们会觉得其终极目标与其说是打造一个切实可用的社区，不如说是对规划领域的自由探索。这类规划方案必须是实验性的、全新的、具有时代创新性的。在最近一次会议上，一个新城镇的倡导者被问到“城市附近为什么不能建新城镇”时，他回答道：“如果你是在经历了各种意外频发，并且一次次做出妥协的情况下尝试这些宏大的创新项目，那么你很可能会被迫放弃初衷。”但是现今的城市不会如此，因为它们始终处于一种意外层出不穷的混乱状态中。

但是这破碎、凌乱且纠缠不清之处正是主要问题所在。任何到别处寻求解决之道的行为都是纯粹的逃避主义。虽然建设新城镇可以大幅度改善郊区状况，但是作为拯救城市的一种手段，这个运动仍有些不切实际——这更像罗伯特·赫尔曼所说的那样，其实是在通过找情妇来改善与妻子的关系，纯属隔靴搔痒罢了。

那么这团乱麻真的无可救药了吗？如果衡量标准完美无缺，那才是真的无可救药。如果我们到处寻求解决方案，那也是真的无可救药。城市问题根本不存在真正的解决方案。各种意外频生，有好的，也有坏的，按下葫芦浮起瓢。这才是城市的存在方式，同样也是人的存在方式。 243

第十四章　项目概况

我一直认为，通过建设自给自足的新城镇来扩大都市规模并不是一个好方法。我不反对建设更多优质的大规模住宅区和“规划社区”。而且我们会不遗余力地对其给予支持。如今，大规模土地征集和开发逐渐成为主流，且呈良好发展态势。与小型住宅区一贯的混乱布局相比，它们在土地利用和住房及社区服务方面更有成效。在投资成本相同的情况下，新兴规划社区提供给购房者的服务水平远超传统社区，而且规划社区往往更令人赏心悦目。

然而，大规模开发方案中通常布满陷阱。我不是指特定企业发生的某些不幸事件——这无法避免——而是指反复出现的制度主义，这是许多大型项目的共同特征。即使强有力的财政支持也无法解决这一问题。政府为土地征集提供更多援助，制定长期总体规划，建立准公共开发公司等——这些措施可能会有帮助：他们也可以促使最应该避免的问题制度化。起草新法规过程中，我们通常只有在费尽周章之后才会发现，建立新法规不能强行要求与住房立法一致，否则只会将项目建设的劣势最大化，而最小化其优势。

我要表达的重点与我对绿化带和开放空间规划的看法大致相同。
244 随着规划土地面积不断增大，规划的性质和规模也随之发生变化。我们普遍认为，一系列小型规划所能达到的效果远不及一个大规模的总体规划。在某些方面的确如此，但是也不尽然。总之，规划越全面详尽、复杂精密，越具普适性，所诱发的陷阱越大。

第一点显而易见。大型住宅项目看起来就要像大型住宅项目的样子。项目启动的时间和地点似乎并不重要。国际上普遍如此。所有到魏林比新城，以及英国和欧洲新型社区做朝圣之行的人通常都会提前结束旅途，因为途中遇到的一切都似曾相识。但是也有例外。沉闷的芬兰人居住的房屋的明亮色彩搭配倒是令人十分愉悦。可大多数新型社区采用的仍是制式灰色，也有偏冷色调的。其中，丹麦人在哥本哈根外围建起的一排排营房，其庄严程度堪比纽约市政项目。

总而言之，相比差异性，其千篇一律更令人印象深刻。这些项目无论是投资建造商还是政府机构所建，无论是社会需要还是受金钱驱使，无论是整体布局还是空间规划——甚至是造型奇特的雕塑——都呈现出相同的循环模式。

像所有巡回的观察员一样，我将旅途中搜集到的项目资料整理成一个厚达35毫米的大文件夹。有一次，它不幸从箱子里滑落，所有的资料全都混杂在一起。当我试图重新整理时，却发现很难分辨出它们分别收集于何时何地——甚至属于哪个大陆。它们彼此的相似性极高，像是同一个超大型项目的各个组成部分，令我仿佛置身于猜谜节目现场。为挑选最见多识广的建筑师和规划师团队，参赛者需要根据随机排序的文件猜测项目类型及项目位置。是布朗克斯的中等收入者合作住宅项目？ 245
还是伦敦郡议会的一个居民区？是波兰新工业城的职工公寓？还是标准化美国军事基地中的已婚军官营房？参赛者根本无从区分。

不容置否的是，指示牌充当了提示的作用。可是，指示牌所能传达的信息不只限于该项目的名称和这个国家的语言。我发现，指示牌的出现频次，以及它的语气口吻可以作为项目规模的一项很好的指标。由于某种原因，似乎小型项目中的指示牌使用次数相对较少，但随着项目规模扩大，每英亩土地上的指示牌密度以惊人的比例增加。在超大型项目中，指示牌几乎随处可见。“禁止停车”“仅供自行车停放”“脚踏车禁止入内”“公共设施仅供居民使用”等。即使不知道上面写的是哪种语言，你也能明白它的大概意思：不允许。

设计也能体现出同样的相关性。有人认为，大型项目的基本单元——例如，一排联排房屋——会被创造性地设计为小型项目单元。事实上，大型项目更应该如此，因为设计师的施展空间越充分，设计出最佳项目的概率就越大。虽然理应如此，但是这种主张通常不被采纳。最贴切的住宅设计案例——在几乎所有住宅设计类型里——都不会见于较小规模的项目。而且，某一类建筑师并不一定比另外一类建筑师更好，有时他们甚至是同一群人。

大型项目中存在一种制度主义，影响范围覆盖项目的全体相关人员。这种制度主义有时表现为施加给设计师的强大外部压力。公共住房建设就是其中最极端的例子。直到最近，在相关基本立法和行政法细化后——几乎有一个电话簿的容量——在建筑师们动手设计图纸前，大部分关键性设计决策就已经制定好了。

但是，重大压力的作用更显微妙。一些特大项目的着重点并不是用
246 严格的物理指标限制规划师和建筑师，恰恰相反，而是充分给予其自由，鼓励他们提出全新的方案。的确，存在需要磨合之处。尽管享有自由，或者也正因如此，设计成果通常可以预见。

大型项目通常遵循一个设计理念。这个理念有时很明晰，有时并不明晰。但是团队成员很可能在设计之初，即项目初始阶段就会提出一些基本设想并达成一致。例如，他们可能一致同意理想的社区必须配套建设一所小学，实现严格的人车分流等等。由于这些设想恰巧符合标准假设——事实上是国际标准——因此，它们的官方说明也相当标准。

场地大小与标准化有很大关系。如果设计师们不得不参与小型或不规则场地的设计，他们没有足够的空间充分体现标准化构想。建设标准化社区需要大量空间，最好是平坦的空间。你会发现，无论假想的梦幻社区何时形成图纸，场地看起来都会非常平坦而且不受复杂地形或旧址的限制，也不会妨碍总体目标的实现。

这就是问题所在，在理论上和实践上都是如此。画布越宽敞越干净，设计就越容易僵化和教条化。行政城市就是例证。例如，巴西利亚是引人瞩目的建筑表达形态，但是综合各方面，如果建筑师和规划师没有占用这一空白场地的话，它可能更适宜人类居住。印度昌迪加尔和巴基斯

坦伊斯兰堡也是如此。一篇评论文章指出，它们“无非都是迎合景观设计的抽象图解秩序罢了”。这个评价也许有点苛刻。原始的新兴城市很难一眼看出优势，它们最后会被建设得温馨舒适。然而，如果以史为鉴的话，由于种种人为因素，最终项目成果往往与最初的规划有很大出入。* 247

常言道：“要往大处着眼，否则根本无法改变人们的思想。”也许确实如此，但是劝告人们制定大型规划有时候会显得干预太多。未来城市会是一个面向建筑师和规划师的委员会，不断激发他们其他方面的潜力。尽管建筑师和规划师都是好人，但他们未必是特别优秀的社会哲学家。有些人，比如杰基尔博士和海德先生，在需要的情况下，他们可以变得非常残暴。他们可能擅长从事充满想象力和创造性的工作。他们也可能致力于“人性尺度”设计。但也很可能因为极度憎恶项目统一性而表示永远不会生活在这样的社区。当被问及如果有机会自由设计整座城市时会有怎样的构想，他们的回答可能使你瞬间毛骨悚然。他们下笔迅速有力，画下一个或圆形或正方形或三角形或变形虫形状的图案，勾勒出基本的蜂窝结构单元，然后一个接一个地不断重复画下去，然后用线条连接起来。现在，一切都处在平衡状态下，可以达到最佳人口容量值。一个大圆圈囊括了一切。就是这样。这就是生活的**恰当**形式，是将我们从都市混乱中解救出来的唯一合理方案。

我并没有进行人身攻击。建筑师和规划师缺乏编织城市复杂关系网的能力，这不是他们的错。没有人有这样的能力，即使专业团队也无法做到。在这一点上表现得越谦逊，在空白状态停滞的时间就越短。

建筑师和规划师所憎恶的约束条件可能也是件好事。面对各种各样棘手的情况——非常规选址、恶劣地形、另一个时代的建筑环绕其中、

* 巴西利亚展示了人们彻底推翻乌托邦设想的能力。按照原有方案，除其他方面以外，同一政府机构或专业的人员将住到同一栋公寓楼里。但是人们并不喜欢这种安排，没多久他们就会自发选择混合居住模式。架设在室外的空调外机和电视天线林林总总，令人眼花缭乱，严重破坏了建筑外观的统一性。城市周边的临时棚户区渐渐发展为永久性居住区域，居住人口的数量比城市还多。据悉，总规划师卢西奥·科斯塔对此感到非常震惊，他表示再也不想访问巴西利亚了。

废弃矿坑等，建筑师们反而有可能创作出最好的作品。苏格兰的坎伯诺尔德新城镇与大多数英国平淡无奇的新城镇迥然不同——在某些方面
248 到了残忍的地步——其中表现最好的一方面是选址所面临的挑战，人们选的是旧矿山巷道遍布的拱背岭。*

如果我们打算利用政府援助激励新社区发展，那么向地形复杂的地区追加特殊补贴是个不错的办法。这首先会提供一个必需的重点的对立面。大片处女地开发带来的优势也显而易见，但是寻找这样的场地将迫使开发商和规划师们将目光投向城市外围，因为这是唯一还可能找到这类场地的地方了。

应该激励他们向另一个方向探索。毕竟在城市附近开发新社区是十分困难的。总的来说，虽然建设住房用地供应充足，但是场地大都奇形怪状，道路纵横交错，且深受之前开发项目影响。由于土壤条件非常恶劣或者坡度极其陡峭，大部分需要避开的土地都会被绕过。乌托邦式
249 建设空间不足，且由于土地成本高，居住人口密度一定会高于理想的新型社区。场地限制排除了从零开始的全新方案。

这样更好。此类社区更容易被大都市接受，因此更具吸引力。各种约束条件更能促进设计师发挥想象力。

超大型项目的另一个难题是，它们通常要一次性完成设计，即使是

* 原选址更具挑战性。不久前，我问伊恩·麦克哈格作为苏格兰人及景观设计师对于坎伯诺尔德的看法。他回答道："哎呀，说起来是有个故事。我碰巧接到了为坎伯诺尔德选址的任务。但是最终选址其实不是我的首选，而是退而求其次的选择。我的第一选择是座真正的小山，精致壮观秀丽，位于格拉斯哥西南部一个视野开阔的大山脊上。出入通道顺畅，可以俯瞰景色旖旎的克莱德河口，西南朝向采光良好。唯一的缺陷是斜坡过陡，无法满足一般建筑的基本场地要求。"

麦克哈格灵机一动，为何不干脆用露台将城镇联系起来呢？从山脚一直延伸到山脊，下一户人家的屋顶是上一户人家的露台。如此一来，建筑密度虽然大，但所有人都能享有私人景观。我做了技术可行性研究，结果显示这种设计方法相当经济可行。作为最佳创新案例之一，这不是一次创新演练，而是在特定严峻条件下做出的应对方案。然而，正因为该方案极具创新性，这令负责审批的官员深感不安。"这太具革命性了，为什么之前英国没有人尝试过这种创新？"他向麦克哈格埋怨道。

当天晚上，麦克哈格就决定接受美国宾夕法尼亚大学的聘请担任景观建筑系主任。

那些直到后来才开始建设的部分也是如此。一个巨大的基体和所有组成部分都按照初始设想进行详细的设计。项目类型稍后会介绍，但是我们仅涉及最合适的类型。

一次性设计的最大缺陷是人们必须固守某个特定时刻的理念和设想。没有空间及时获取经验、测试各种方案，没有重新考虑的余地，没有机会及时跟进总是不期而至的意外惊喜。大型项目的大规模融资如果鼓励一次性设计方案，也不是什么福音。如果要得到政府支持，就应该有意识地鼓励更复杂、更具累积效果的规划方案。

随着时间的推移，分阶段设计方案在市场机制中的优势逐步凸显。该方案针对市场不断进行测试，自我约束带来的最终结果要比任何总体愿景好得多。当然，必须从一开始就做出重要承诺：例如，基本流通模式，干线下水道，购物中心和工业园区的位置等。同样，即使项目落成需要好几年的时间，规划师们也必须详尽地直接说明项目开发第一阶段的设想。而且，除了这些初始步骤外，详细规划应该推迟。

项目一经启动，各种经验教训也会层出不穷。有的设想将转化为现实，有的则不会，而且必然还会不断出现惊喜——某一特质意外地深受欢迎，或者原本是为实现某一功能而进行的设计却对另一功能的实现大有裨益。

洛杉矶鲍德温山开发项目的最大亮点或许就是用红木围成的小庭 250
院。这一设计原本并不在初始方案中。一些后来增加的设计元素深受欢迎，所以就被照样复制到了所有花园式单元房的设计中。正如我在下一章中将要讲到的儿童游乐区一样，事物并不都能按照原来的轨迹发展。在帕克佛雷斯特，为小孩子们建造的一个有护栏的多功能区域对家长们来说也是一个很好的娱乐场所，星期六晚上他们在这里开派对。而在工作日，青少年会守住它不让小孩子进来。

累积方案的另一大优点是规划师能从状况不佳的市场中获利。在大多数大型项目的早期，会经历一段需求缓慢下降的时间。整个地区的市场暂时饱和，财政陷入困境，但正是这个时候，人们能学到最宝贵的经验教训。

只要客户的数量比房屋或公寓多，任何事情都会发生，开发商和设计师的所有假设似乎都被证实了。但是，还没有发生真正的考验。人们别无选择，在住房短缺时期他们的喜好可能会被误导。如果一个特定类型单元的等待名单太长，喜欢这种单元的人就不想加入这个名单，而去选择他们不是特别喜欢的单元，原因仅仅是他们能够买到房子，从而为设计师提供了证据，这就是人们想要的。然而，当市场走软时，情况可能很快会发生变化。人们的需求不一定下降很大，他们需要的是未售出单元的选择余地，因此可以有所取舍。

说到他在建造英国新城镇方面的经验，弗雷德里克·奥斯本爵士指出，由于房屋暂时供过于求，好的规划可能会因此受到青睐。"没有这样的优势，"他说，"也不会有自由的市场选择——租户或业主都没有。依照我们房地产开发商的经验，曾经有两个短暂的时期，当时我们的住宅
251 供过于求，这给了我们一个严重的教训。置业者的真正喜好给我们随后建造的住房类型带来了有益的影响。"

一次性设计可以防止规划师利用显而易见的教训。首先，这些教训来得太晚了。其次，即使教训来得不太晚，建筑商和规划师有时陷得很深，他们甚至看不到眼前的教训。几年前，旧金山地区完成了大型人寿保险住房开发项目。这些住房都是高层塔楼，内部庭院周围配套了双层复式公寓。尽管当时该地区住房短缺，对两类单元的需求却有极大的差别。大多数人不想要塔楼单元，因而一年多以来，几栋塔楼几乎还处在空置状态。但是，与塔楼单元相比，成本更低的配套建设的庭院单元却取得了极大的成功。人们为了买到这样的住房，宁愿加入一年最多有一次机会的等待名单中。

消费者对自己的喜好再清楚不过了，但是公司却不能从中吸取教训。它们相信基本计划是正确的，如果有需求，它也不能打破平衡转而建设更多的庭院单元。整个项目几乎立即建成，不仅如此，该公司在洛杉矶完成了基本完全相同的开发。一个大型项目势不可挡。

公共房屋设计依然如此无力的原因之一是缺乏市场约束。需求得到了保证。住房项目不能仅仅是比他们要取代的贫民窟好，二者之间没

有别的东西。相关消费者没有市场制裁可用，因此所有这些关于恰当设计的规定都成了自我强化的。实际上，多项研究表明，许多设计特征对于人们来说效果非常差，几十年间都是如此。可是它们却仍然存在。 252

开发商为获得足够资金开发大型项目遇到的困难带来了许多问题。大多数借贷机构都非常保守，往往坚持以传统惯例为贷款条件。我看到过几个例子，开发商愿意冒风险采用新鲜而富有想象力的设计，但是却被迫用常规设计取而代之，以满足放款人的要求。

但是，资金筹集困难的确也有好的一面。它可以限制开发商过度规划。即使是那些占有大片土地，并且相对而言资金相当充足的开发商，也很少能有足够的资金来启动整个项目建设，或者只是进行整体规划。当然，他们会有一个整体规划，他们的宣传资料也会给人们留下一种印象，即他们已经充分考虑到了项目的每个细节。这些项目的宣传册富有想象力，新项目的整体生活中的每个元素都被绘制得极具吸引力。然而，它们的暗示性更强过描述性。

重点在于项目精神，并且理由充分：大项目都是建立在信贷层层加大的基础之上，开发商对整个蓝图的实施能力取决于首期工程的顺利完成。这也是他的筹码所在，他并不热衷于实现任何最终愿景。如果事情不如预期的那样顺利，他也无法轻易走下去。而事情往往不会很顺利。*

---

* 就这一点来说，欧洲开发商似乎不太务实。无论是私人出资还是政府投资，开发商们总是倾向于对一个大项目进行全盘规划，即使该项目需要在很长一段时间内分阶段完成。凡尔赛附近的“新城镇”Paris Deux就是一个显著的例子了。它令许多法国人感到既愉快又愤慨，因为它第一眼看上去太像美国城镇了。和许多美国开发项目一样，临时设施的设计都体现出极大的天赋，名为“药店”的繁华集市是未来店铺的象征。样板公寓单元——多层大厦单元——巧妙地环游泳池而建。销售大厅内，一些身穿制服的售房人员引导着人群，很像我们一些老年社区的销售模式。人数最少的队伍是去往“封闭”小隔间的。

但规划还是很严谨的。第一批客户的首付款就是支撑后期工程的资金筹码。开发商并没有通过在规划中留白而两头下注。各式住宅单元的数量和比例都已设定，所有四层的设计相同的建筑也都已精确定位。市场可能会将它淘汰出局，就像之前其他欧洲城市郊区的类似项目所遭遇的那样。然而，在美国人看来，这种方案似乎过于僵化，从美学角度来说结果也不好：面对疲软的市场需求，它显得太过无力。一旦计划失败，将会有大批住户发现自己身处一座“鬼城”之中。 253

目前最具指导性的风险投资就是位于弗吉尼亚州费尔法克斯县的雷斯顿镇。开发商罗伯特·西蒙的设计理念中包含了许多愿景和构想——其中有些想法相当大胆——但他需要一个灵活的整体规划。建筑师威廉·科林规划出了一个建筑群落，包括七个村庄、一个工业园、镇中心以及一个开放空间网络。他对第一个村庄中心进行了极为详尽的规划，环绕一个人工湖将其建成。而其他部分的规划却一片空白。他希望每一部分都有各自的独特之处，而整体又能够提供各式各样的娱乐设施和生活方式。

然而，想要为后面几个村庄制定详尽的规划将会耗资巨大。实际上，市场上依然存在很多的问题，因此，西蒙让自己的规划保持开放状态。事实证明，他做得很好。

1965年投入使用的第一个村庄无论建在哪儿，都会成为建筑学上最有趣的一个新社区。西蒙是一个有品位且信念坚定的人，同时他也不拘一格。他的规划风格统一，但也有明显的差异性。例如，三排独立的房屋分别由三位不同的建筑师完成。其中一处由建筑师克洛蒂尔·史密斯负责，舒适而令人愉快。另一处由查尔斯·戈德曼负责，朴素且充满都市感。第三处由威廉·科林和詹姆斯·罗森特联手打造，感觉介乎前两者之间，具有明显的现代气息，但同时又会让人想起地中海的渔港。一幢高耸的公寓大楼则是整个村庄的中心。

一个有趣的创新点就是在村庄中心店铺上面建造的两层公寓。建
254 造这些公寓并不是因为它们会有好的市场。众所周知的商业事实是，店铺上面的公寓往往都不太容易出租。专家告诉西蒙，这样的想法简直是昏了头了。但他还是想那样做，理由关乎审美。通过观察各类购物中心，他发现仅有一层高度的商场基本没有宜人的建筑风格。为了保证质量和美观，他想至少建造三层，而店铺之上的公寓似乎就是答案。这些建筑取得了极大的成功。

村庄周围是专门为独立住宅划分的土地。西蒙将这些房屋的设计权交给了客户，但同时也设定了严格的建筑权限。他还将一些土地出售给当地建筑商。但结果并不尽如人意。有些房屋的设计太过传统，令建

筑批评家们极为失望。还有一些特定房屋的建筑风格令村民们大失所望。一位当地建筑商在那里建造了几幢奢华过度的殖民地豪宅，当地人称之为“塔拉斯”(Taras)。这也引起了一阵小小的骚动。联排房屋的居民认为，许多独立住宅并不符合雷斯顿风格，而“塔拉斯”无疑最不协调。这样的豪宅的确有些不协调，但是这类差异也并非一无是处。这类文明社区的危险之处就在于它的品味好得过分，以至于看上去并不真实。适当有一点糟糕的品位可以令人感到轻松。

西蒙在最不恰当的时间里进行了过度扩张。第一个村庄的房屋虽
然已经售出，但它们的出售速度还是赶不上这样一个大公司的置存资
产费所需的现金流。西蒙的土地在不断升值，但是为了贷款安全，他不
得不提早将其出售。这样一来，账面价值的上升也无法变现。[*]1966年 255
的收紧银根使情况更加糟糕了，一些当地分包商因为资金短缺不得不
停工。

另一个问题是雷斯顿交通不便。它本该是交通最便捷的地方。通往杜勒斯机场的新高速公路正好从雷斯顿中间穿过，而且路上几乎没有什么车。然而，联邦航空局却拒绝在这里打开通道。在未来的某个时候可能会修建公路，但并不是在西蒙需要的时候。在最关键的第一年里，人们不得不绕道去雷斯顿。

1967年，西蒙的主要支持者海湾石油公司为保护投资而强势进入。他们用内部人员管理雷斯顿，将西蒙淘汰出局。新的负责人告诉大家，他会采用一种更为强硬的方法。尽管海湾石油仍会继续采用原有设计

* 拥有大片土地的开发商面临的一个最大问题就是，他们无法恰当地将土地升值资本化。他们可以抓牢每一块土地直至做好开发准备，从而获得最大利润。但沉重的额外维持费用会迫使他们不得不放手。如果一个开发商以每英亩1 000美元的价格购买一块土地，一年后以每英亩1 500美元的价格出售，他便会有现金回报，这对满足债权人的要求非常重要。但是，如果他拥有土地，却想要留作以后开发或销售，那么账务就不会这么好处理了。几年以后，土地的价格可能是10 000美元每英亩，但是这个未来升值并不会产生现金来偿付利息和税收。如果在房产充分增值之前，他自己能拿出足够资金来维持运转，那情况就会好很多。事实上也没有多少开发商能拿出足够的资金。正当游戏开始变得有趣的时候，很多人都会被迫变卖有巨大升值潜力的土地。

蓝图中的大致规划，但也会更加注重自己青睐的市场和风格。

如今有些人认为，西蒙是因为目标太高而栽了跟头。他们还认为，所有这一切都证明了先进的建筑和联排房屋群设计都不适用于郊区。这简直是无稽之谈。给雷斯顿造成损害的是资金短缺，而不是好的建筑设计。当然，错误也是存在的——如果说有什么错误的话，那就是西蒙还不会灵活变通——但是他的确做出了伟大甚至是持久的贡献。任何乡镇或城市兴起最吸引人的地方就是它第一阶段的设计以及它所吸引的居民。这在很大程度上决定了未来几代人群体的成长特征。因此，雷斯顿十有八九也是这样。

詹姆斯·劳斯的哥伦比亚在很多方面都不同于雷斯顿。它横跨马里兰州霍华德县境内的巴尔的摩—华盛顿公路，位置更靠近中心区域。
256 它拥有强大的长期资金支持和以市场为导向的设计方案。劳斯也是一个很有品位的人，但是他对大多数建筑师的评价都很低，也不太强调房屋的都市风味或建筑特色。他会把大块住宅开发用地转包给其他建筑商。他成就的核心是产业发展和区域商业中心的建设。这将是一个很大的中心，尽管规模相当可观，但坦率地说，它还是郊区。村庄会为它提供一个垄断市场，但劳斯的目的是把整个周边地区同时加以利用。

他的总体设计集创新性和实用性于一体。和雷斯顿一样，它也是一个村庄系统，村与村之间和村庄周围都留有开放空间，还有一个人工湖。然而，毫无疑问，这些村庄是为中产阶级设计的。每个村中心都会建一所小学而非中心广场。小型公共汽车系统会有自己的通行车道，连接各个村庄和主要中心。除了第一阶段以外，整个规划都相当开放。后期建造的村庄也将绘制在图纸上。

雷斯顿和哥伦比亚由两个非同寻常的人设计，这在其他任何地方都是无法轻易复制的。但是，除了它们所有的奇特性和变迁，两者都为未来的社区发展提供了优秀的原型。它们被誉为新城镇的模型。但是，它们之所以具有普遍性是因为它们没有一味地遵守理想新城的规范。它们既不是自给自足或完全独立，也不是全生命周期社区。他们的承诺是成为位于郊区的一流社区。

它们都靠近城市——雷斯顿距华盛顿16英里，哥伦比亚距巴尔的摩14英里。它们既能及时为居民提供工作，也将成为通勤城镇。此外，搬运车也会频繁往来。重要都市地区的就业结构特别不稳定，只要我们坚持举行定期选举，就会有许多房产销售、志愿者等工作。

正因为雷斯顿和哥伦比亚都处于大都市腹地，它们才非常值得关注。在尝试分阶段方法过程中，它们得到了很多重要的经验教训。在接近它们的目标人群之前，这些项目都会经历一个漫长的建造过程。并且毫无疑问，它们也会经历资金短缺时期以及适应一些难以预料的市场 257
变化。

最典型的折中案例是芬兰的新城镇塔皮奥拉，距赫尔辛基仅6英里。这是一个令人叹为观止的地方，愉悦而富有活力——一个看起来不像项目的项目——就像所有不同寻常项目的情况一样，这次是因为一个男人。塔皮奥拉的缔造者是律师银行家海基·冯·赫尔岑。他乐于与人交往，并且认为新城镇建设的最大问题就是千篇一律，毫无生气。他一直以来都反对标准的营房设计者所青睐的住宅设计项目，所以一旦得到建造塔皮奥拉的机会，他就决定尝试一种新颖而灵活的方法。

塔皮奥拉的设计并非一蹴而就。阿诺·艾勒威负责的总设计蓝图为建筑师们设计各个部分留有很大的余地。冯·赫尔岑雇用了许多建筑师，并鼓励他们多做实验。项目具有统一性——一切都采用白色——但是也有各式各样的住宅和公寓，既适合蓝领群体，也适合白领。各个部分由一个大型城镇中心巧妙地连接在一起。它的中心点是一轮人造“月亮”，一个放在最高建筑顶层的大大的发光体。冯·赫尔岑也是一位表演者。

冯·赫尔岑是一个位非常有说服力的布道者，因此，塔皮奥拉作为美国新城镇典范的一些局限性很容易被忽略。这里的人口密度非常低(大约26人每英亩)。它限定的人口总数为2万人，这是非常令人愉悦的，它本质上是一个郊区。但它仍然是一个辉煌的壮举。它充分证明了灵活且分阶段的设计方法对于一个地方的人文精神和灵气，或许还有一点幽默气质是至关重要的。

房地产专家希望国会能提供大量的资金支持，这样新城镇的建设就不必经历漫长的酝酿期了。这样的援助是一种福利，有了它，就不必采用灵活、累积的方法。公共住宅和城市再开发的历史说明，在我们这一
258 方面有理由感到忧虑。那些促成最初立法的理想主义者并不想要老套的设计。他们不希望大批规章制度令新颖的方法变得几乎不合法。但是，很多年来情况一贯如此。同样的事情也可能发生在一个新城镇项目上。除非极其小心地预测出隐患，否则很可能会发生这样的事。

大规模援助并不意味着项目规模大。它应该是政府提供总规划中未包含的土地征集和规划的补贴或抵押贷款保险的前提条件。他们故意留出空白空间，他们也坚持按部就班的进程。他们鼓励多样化的设计方案和住宅类型。如果激励没有陷入过度理想化，它还是有用的。它并没有很好地制度化。或许，到时候新城镇的拥护者会证明自给自足式的最优人口，以及完全均衡的社区的合理性。我还是持怀疑态度，但假如有多种设计方案，他们应该都尝试一下。但是，也不要让它成为标准。我们的首要任务是在此时此地鼓励优质的社区开发，从而获得大量经验。

关于过去，请允许我以18世纪伦敦的发展为例进行总结。那些曾经建造了如今对我们很具吸引力的居民区广场的企业家们，有些是偷工减料的建造商和流氓，但有些的确是极具天赋的设计师。读一读约翰·萨默森的《乔治王朝时代的伦敦》，我们会为他们在处理大型项目上的丰富经验而折服。塞缪尔·佩皮斯·科克雷尔负责监督育婴堂在布鲁姆斯伯里地区所拥有的大量土地细分，这是一个很好的例子。下面是他在1790年制定的指导方针，总体规划中应该包含针对各个阶层的住宅单元：重点是居民广场和公园，新项目的规划应保证其边缘与现有社区完美融合，规划应该遵从分阶段的开发方式，以便“每一部分都保持独立而不彼此依赖，前期利润回报可以帮助其他施工者继续执行项目”。

259 所有为现代项目规划起草指导方针的人几乎都很难做得更好。

第十五章　游乐区和小空间

参观各种住宅开发项目时，我不禁对儿童游乐区的一种奇怪现象深感困惑。孩子们似乎更喜欢在别处玩耍。开发商和建筑师一再向我保证事实并非如此。他们总是展示优秀设计获得的奖励，还让我看了一堆住宅区游乐场的照片，里面无一例外都挤满了小孩儿。当然，很可能是我参观的时机不对。

也许这其中存在某些偶然性，但我还是相信自己亲眼所见，而且在我研究的大多数开发项目中，正式的游乐区相对来说常被弃之不用。在中产阶级住宅项目和公共住宅项目中都是如此。我在自己尝试拍照时无意中得出了这个结论。我想去拍正在使用中的游乐区。但是一次次地，我似乎总是选择了“错误的时间”。偶尔我也会碰到游乐区里全是小孩的情况，但更多时候根本达不到规定人数，有时候甚至一个小孩也没有。在这件事上没有任何自主选择权的婴儿，可能会由妈妈带着去那里。但是想要找到小朋友，你最好还是去别处看看。

去那些他们本不该去的地方找找看。他们会去忙碌的地方——大街小巷和停车场。这是送货员们卸货、父亲们周末洗车的地方，也是孩子们可以骑着小车到处转悠的大天地。

这种混合交通状况正是设计师们最想避免的。如果说现代项目规
划有什么标志的话，那就是将儿童游乐区与车辆和成人交通隔离开。雷 260
德鹏的最初设计在这方面是做得最好的。但是大部分新项目都将游乐区建在项目的内部区域，并用栅栏和隔板等小心地将游戏区与交通要道和周围街区分割开。

这其中虽然有道理，但不一定是孩子们的逻辑。例如在雷德鹏，孩子们的确会在开阔的公共区域玩耍，但他们活动最频繁的地方似乎还是停车场，以及房屋之间的空间。这让许多父亲很是抓狂，尤其在周末的时候。（“我就不明白了，”有人曾对我抱怨道，“已经给他们留出了这么好的绿地，他们为什么非得在这儿闹呢？”）在森林公园，双层花园式公寓建在一起，这样所有的车辆都会停放在内部停车场，而公寓前面的大块草地就留给孩子们玩耍。这个设计的确可行，但还是没有达到预期效果。孩子们也不常在安全的草地上玩耍，他们还是会去停车场玩。

孩子们总想获得优先权，他们也总是能得到这一权利。每次骑三轮车或者自行车时，他们都去寻找坚硬的地面，而坚硬的地面总能带他们来到某个地方。有些项目的确会提供相对连续的循环网络，有时候是雷德鹏式的地下通道。但在大多数项目中，路面坚实的汽车道就提供了这样的网络，这正是孩子们想要的。孩子们也是相当霸道的，送货员对此很有感触。要是有足够多的孩子，他们就能掌控整个交通。

他们的模式值得借鉴。我们有精确的技术来测量车内人员的出发地和目的地，但是儿童车辆交通量几乎没有受到重视。我自己没有进行系统的研究，但是通过简单的观察就能看出，这种交通往往遵循某些一再出现的模式，并且有充分的理由证明这一点。（为什么没有儿童对自己的交通情况来做一研究呢？他们能发现许多我们发现不了的问题。）

这种模式的一个线索是房屋的门，它是真正的门。在许多开发项目中，后门是唯一用到的门，而其他项目受街道位置的影响，前门才是人们
261 出入的起点。对于不同的项目，孩子们选择的路线也大不相同，这主要取决于学校位置、最近的商店、可以通行的小路，以及妈妈们的咖啡会行程等因素。然而，这些模式一旦形成，就会相当有规律。它们对于开放空间和游戏设施的使用也有很大影响。如果开放空间和设施位于交通路线的沿线，孩子们就会经常来玩，而且随着距离的增加，其使用率会明显下降。

这似乎是一个相当普遍的现象。就拿一个英国的例子来说，几年前，儿童游乐区成了韦林花园城的一大问题。孩子们总是不去他们该去

的地方玩耍。当地的规划师在一份极其宽容的报告中看到这样一种现象："对规划原则一无所知的孩子们总是凭心情或者按游戏规则随处玩乐。也有人抱怨说，他们就像小狗一样，总是会跟着领头的到处晃荡。孩子和小狗总是会从前门出入。孩子和他们的玩伴会在从房子前面一眼就能看到或者容易接近的地方玩耍。那些主干道附近或者从主干道一眼就能看到的游乐场和车库是孩子们经常玩耍的地方。与那些造价更高，却位于房屋后面的草地相比，路边的草地更受孩子们欢迎——即使那些房屋后面的草地上有秋千和跷跷板也无济于事。"

当然，还是有必要设置一些非正式的游戏区域，但其中大多数似乎是为某种全能儿童设立的。一方面，他们没有区分清楚年龄大和年龄小的儿童的需求。孩子们的年龄差别不是很大也会产生摩擦。例如，6—12岁的孩子一旦没有了足够的游戏空间，就会去占领别人的地盘，他们总是缺少游戏场地。大多数游乐区对他们来说似乎都太小了点，而对年龄较小的孩子来说又太大了。

护栏是另一个反常现象。它们总是在最不需要的地方格外显眼。在有护栏的游乐区玩耍的大多数孩子都是由妈妈带过去的。如果旁边没有游戏指南，那里总会有几个成年人。护栏确实有它的用途，但有趣的是，它们的用途总是和设计师的设想大相径庭。 262

这些使用或者滥用情况为以后的设计提供了思路。但是设计师们很难看到这些。事实上，他们不会回头去研究孩子们或者成年人如何利用他们设计的项目。*即便回过头来，他们强大的职业能力使他们只看到他们相信的东西。记得我曾经和一位设计师一起去参观他设计的一个小项目。他对这个项目的游乐区尤其感到自豪，这个设计还被刊登在一个前沿建筑杂志上。游乐区的设计很美观，中央有一座自由式的优雅雕塑。可是，我们到那儿时，整个游乐区空无一人。而它附近的一个小巷

* 规划师克拉伦斯·斯坦是一个例外。在修订他的《美国新城》时，他提醒大家注意，人们使用规划社区的方式与他和他的规划师同事的预期完全不同。他认为人们往往是正确的。在注意到人们将雷德鹏的车道当作游乐区时，他说："我已经研究了这一现象背后的原因，这样我们今后就能在很大程度上将儿童和汽车分开了。我们永远不可能做到尽善尽美，我们也不应该停止尝试。冒险精神理应永世长存。"

子里却热闹非凡，那里堆满了承包商丢弃的旧板条箱。那才是孩子们玩乐的地方。但设计师对此并未感到丝毫失望。他只是专注地欣赏自己设计的游乐区。我想，恐怕在他心里那些小孩正在雕塑上攀爬玩耍呢。他告诉我，这算得上他最好的设计作品了。

我并不是说不规划的地方比规划的地方好。但是，有足够多的案例表明，孩子们经常爱去未经规划的地方玩耍，这并不是因为他们缺少别的选择。他们积极地寻找这些玩乐场地——部分原因纯粹是出于任性，作为孩子，他们同时也有相当合理的理由。

来看看这饱受诟病的街道。人们总是嚷嚷着要让孩子们远离街道。不言而喻，街道是最不可取的玩乐场所。孩子们常常跑到街道上玩的原因之一就是因为许多社区没有多少娱乐场地。但是街道也有其正面价值。作为行业的佼佼者，简·雅各布斯曾指出，许多大人极为排斥的非
263 常拥挤、混杂的活动却对孩子有极大的吸引力。

他们喜欢聚在一起。带栅栏的街道上会有很多孩子玩耍，即便附近就有游乐场。没有栅栏的街道也是如此。街道上来往的车辆存在各种各样的危险，但是观察孩子们如何应对这些危险会给我们带来很多启示。一直令我惊讶的是孩子们在纽约上东区的第三大道上玩触身式橄榄球的方式。他们对时机的把握几乎无可挑剔。他们既要顾着玩游戏，还要用眼角观察信号灯和来往车辆的节奏。从某种意义上说，这是一种匮乏现象，孩子们值得拥有更好的。但这当中没有任何价值可言吗？

跟着孩子能学到许多经验教训。他们喜欢一些乱七八糟的东西，要是能明令禁止就再好不过了。他们最讨厌那些告诉他们什么不该做的障碍物和标识。对于这种事，规划师不能太过纵容，否则大人们就不会有安生日子。但孩子们的冲动行为也并不是完全不合常理。为他们着想的建筑方案会相当有效。

美国最好的公共住房项目之一就建在旧金山市外的复活节山上。山坡上满是岩石，建筑师弗农·德马斯和唐纳德·哈迪森没有把它们清理干净，而是将岩石基本保持原样。尽管他们的确也提供了游乐场设

施，但还是将小山本身设计成了一个游乐场。那些喜欢标准规划的人都觉得这里乱七八糟，但孩子们很喜欢这样的设计。他们到处游荡攀爬——没有任何绳索——这里令人感到亲切。

有许多原因表明，我们应该更加充分地开发利用地形。除了能吸引孩子以外，岩石和小山丘还能构成更加有趣的布局。即便大自然没有提供这些东西，开发商也能够做到。对开发商来说，这样做也更经济。清理这些岩石耗资巨大。据我了解，他只需较少的开支就能将它们变成资产。这样做需要想象力，但也并不难。中央公园在这方面能给我们提供
许多经验。这里似乎无边无际，但是因为奥姆斯特德和沃克斯有效地利 264
用了地形，所以在视觉上它只是一系列的空间，有些地方紧密相连。

像复活山这样的地方是例外。在大多数私人和公共住房项目中，游乐区似乎都是由管理人员设计的，而且是不喜欢孩子的管理人员。一切都规划得井井有条，便于维护。标志和护栏显然是为了困住这些可怜的小家伙。有些游乐区看起来就像一些小小的监狱群，这些并非都是出于无意。

市政和学校操场都是千篇一律的标配。里面必然会有一大片沥青铺就的场地：旋转护栏、标准化的秋千、滑板和钢筋攀爬杠。另一个亘古不变的特点就是没有树木。孩子们喜欢树木，特别是树枝低可以攀爬的那种树。但是对管理员来说，树木意味着危险，需要他们为此做额外的维护工作。所以这里没有树。

这里也没有泥土。有人可能会觉得应该有很多泥土，因为它便宜、可塑性强，而且还可以在孩子跌倒时起缓冲作用。孩子们对空地感兴趣的原因之一就是那里有泥土。他们可以用泥土做很多事，比如，挖掘。只要有一方土地给孩子们玩乐，他们就有巨大的能量来挖隧道，洞穴以及各种各样的土方工程。可是这样的娱乐场地基本不会被列入公园项目。

孩子应该拥有一些“软软的”公园，应该给他们专门留出一片没有规划和开发的天地。费城就有一处全国最具创造力的城市娱乐项目。

在偏远的东北部地区规划中，规划师们留出了许多树木繁茂并蜿蜒穿过新开发区中心的溪谷。规划师和娱乐项目人员专门留出了这样一个未开发的地方。他们还配备了诸如网球场和棒球场等设施，同时也确保孩子们有能够独自探索的地方，那里不会有人在一旁吹哨催促他们。那些
265 刚来这里定居的成年人不太能容忍这一做法。在城市里长大的他们一向认为森林很危险，有些人甚至不允许自己的孩子在那里玩耍。当然，孩子们会以自己的方式适应环境。他们就喜欢这种粗犷的地方。

英国的“冒险活动游乐场”可能是开放式设计方案最著名的案例。这些游乐场大多都设在废弃区域，而且混乱不堪。例如，有些地方会有堆积如山的废旧木材和汽车，孩子们可以自己决定如何利用这些东西。事实上，他们会在自己建造娱乐设施的过程中找到乐趣。按照流俗的标准，这些地方是极不安全的。然而，到目前为止，相关记录表明这里发生事故的概率要比正规游乐场小得多。

如今至少这个国家的游乐场设计开始改革了。一些私人团体和基金会在很大程度上推动了改革进程。除了和市政府周旋以推荐更好的规划方案之外，他们还为初期项目提供了第一笔资金，让一些顶尖建筑师和景观设计师有机会在小空间里大显身手。

在无拘无束的英国人的意识里，这些地方几乎都算不上是冒险活动游乐场——大人们负责设计，孩子们接手掌管——但是从精神上和细节里，它们彻底摆脱了传统游乐场的模式。这里没有配备常规设施，而是采用了迷宫般的规划设计——用石头建成的圆顶小屋，能够爬行穿越的隧道和管道，树屋以及木质窗格。整个游乐场都没用沥青或草坪，而是由各种类型的铺路材料、木屑和沙子组合而成。他们还利用水流制造出奇妙的场景。普通游乐场可能只有一个喷泉或者水池而已。但在新型游乐场里，水流是真真切切循环的，它们从管道或喷泉涌出，沿墙壁而下，穿过迷宫般的水闸，最后流回原处。

理想的基本设计非常具有普遍性。就好像是为某个社区的客户服务后再为另一个社区服务，规划师无须从零开始重新开展工作。一些最好的新游乐区都是由传统住宅项目中的公共空间转换而来。最著名的

一个例子就是曼哈顿下东区的雅各布·里斯公共住宅区。这里的中央 266
开放空间曾是最为惨淡的一个区域。但是景观设计师保罗·弗里德伯格与波美斯和布雷内斯的建筑事务所合作，联手打造了四个独立的“户外空间”。其中有一个凹陷的圆形露天剧场，它具有双重功能，平时可以举行活动，夏天就会变成一个巨大的喷泉。这个地方极具吸引力。事实上，它的设计非常别致。居民们也为自己能在如此奢华的社区居住而倍感幸运。然而，这里的居民大都是低收入人群，主要是黑人和波多黎各人。他们非常喜欢这个地方。当然孩子们也不例外。他们似乎都不介意这样精美的设计。

有些游乐场的设计会显得附庸风雅，也会有一两个失败的案例。但大多数设计还是卓有成效的。孩子们喜欢形式自由的设施，因为这样的设施能变成他们想象的任何东西，而孩子们的想象力漫无边际。看到他们在游乐场中自创各种各样的游戏和情景，而且兴致远比在标准化的游乐设施高得多，真是极为美妙的一件事。附近的传统游乐场几乎空无一人，孩子们却在新型游乐场中尽情地跳跃、攀爬、欢呼。令人奇怪的是，他们在这样的小天地里并没有发生更多冲突。

拥挤可能是这些地方最显著的特征。每平方英尺的地方都会有数量惊人的孩子在玩耍——人数比大多数其他游乐场要多得多——并且一贯如此，这说明交通的纯粹密度也是其中的原因之一。例如，那儿为什么没有出现更多的事故呢？尽管有沙土和柔软的地面，这些地方**看上去**还是很危险的。很多地方可能会让孩子们摔倒，再加上他们相互推撞和到处攀爬，所以他们必须要有雷达般敏锐的感觉才能防止受伤。或许这就是他们没有受太多伤的原因。

明显的危险是一个安全因素。传统游乐场的设施存在许多内在危险——从8英尺的钢滑板顶部跌落，被荡来荡去的秋千击中等。因为游乐场的一成不变，孩子们往往会低估危险。而新型游乐场就不会有这种情况。这里的设施都有明显的挑战性，这似乎更加激发了孩子们的
勇气。 267

空间小是另一个安全因素。在传统的游乐场中，大面积的沥青场地

让孩子们有足够的空间畅快淋漓地玩耍。而冒险活动游乐园不仅空间狭小，并且布满了各种障碍物，以至于孩子们每次在玩得太疯时都不得不放慢节奏。

有些观察家认为新型游乐场过分强调设计，因而忽略了工作人员。他们说，在这一点上我们有太多东西要向欧洲国家学习。尽管他们的许多游乐场也很受欢迎，但他们在设施上花费的精力较小，却大力培养优秀的工作人员来给孩子们展示如何充分利用这些设施。而我们的公园在培养这类人员或其他工作人员的预算相当短缺。

当然，我们的公园预算几乎在每个方面都是短缺的。虽然这是地方政府需要解决的问题，联邦政府却无意中加剧了这一问题。几乎跟所有的补助金一样，给公园项目的补助金都被用于基本建设支出，而非运营。由于各个城市必须通过自己筹集配套资金才能获得补助金，所以他们只能用极少的资金进行充分的监管和维护。由自然之美总统工作组简·雅各布斯提出的一个最好的建议是联邦政府开始给公园项目提供运营补助金。相应的，各市将会开展针对园区和负责娱乐设施的年轻工作人员的培训项目。这个建议还没有普及到其他地区，但这一天终将会到来。

一些新型的小游乐场受到欢迎并不能证明空间小是优势。大多数游乐场之所以空间小是因为没有多余的空间可用。然而，它们的确证明，在有限的空间内我们可以挖掘出比传统娱乐区更多的用途。这也是我们未来需要做的事情。我们要建更多大型公园，但是，一个明显的事实是，各个城市并没有足够的资金来做这件事。如果提供更多的娱乐设施，这些城市必将会建成越来越多的所谓"袖珍"公园，并且更加有效地
268 利用空置土地和各种奇形怪状的空间。

传统公园的官员并不看好"袖珍"公园。他们认为那些空间太小，几乎没用，而且很难维护，终究会成为故意破坏行为的牺牲品。但是有什么办法呢？跟一些大空间相比，许多小空间的确存在更多管理问题，但是它们可以按照官方意愿发挥作用。一个重要的经验就是要有一种群聚效应——城市到处都要有公园，每个社区必须有足够多的公园，这

样就只需要一位工作人员提供服务和维护了。另外重要的一点是，社区居民都要全面参与到这个项目中来。有些袖珍公园最终败落就是因为没有满足这两个条件。这些公园是孤立的，无论是规划还是运营，都没有社区居民的持续参与。有些地方虽然满足了这些条件，却依然存在许多维护问题，比如费城的项目。但总的来说，这些公园还是给人们带来了很多好处。

另一种紧缺的小空间就是上班族和购物者都需要的市中心停车场。尽管我们市中心不缺少小型开放空间，但几乎所有的这类空间都被用作了停车场。当然，将它们规划为公用场地会花费大量资金，但作为交通量最大的区域，它们会带来巨大的收益。最好的一个案例就是塞缪尔·佩利为纽约市中心捐赠的小型公园——紧跟潮流又恰到好处，以前是一个夜总会所在地。它的宽度有42英尺，长度为100英尺，造价超过100万美元，但这个公园就是那些真正无价的极好的基础设施之一。一直以来提倡这类实验的景观建筑师罗伯特·锡安利用周围建筑建了一个非常舒适的户外封闭空间。这一空间的整面后墙是一个瀑布，它的声音使街道的噪音不再那么刺耳，让“绿洲”这个词也显得极为贴切。另一个值得借鉴的特点是椅子——那种可以随意搬动的舒适的椅子。

证明小公园的重要性并不意味着否定大公园的重要性。满怀对停车场的热情的一些人认为，如果把和中央公园占地面积相同的土地规划成多个小公园分散在城市各处，对纽约来说会更好。当然，我们应该两者兼顾。（同意建设中央公园的市领导急于找到其他可以建公园的地方。如果没有房地产商的介入，今天在东河沿岸就会有大片壮观的森林和海
岸公园。）但是中央公园对这座城市极为重要，我们绝不会像建设它那样 269
建别的东西了。

然而，目前各个城市最需要的还是更多的小空间。这些都是可以实现的目标。通过重建和清理，再加上市民的大力支持，我们可以做到。但愿有一天我们有足够多的小空间，到那时人们就会觉得，购买同样面积的土地建造一个大公园会使城市变得更加美好。但那是一座我们还
无需跨越的桥梁。 270

景观行动

第十六章　景观规划

在前面的章节里，我已经讨论了景观的两个部分——开放空间和开发空间。现在，我想将二者合二为一进行讨论——人们所认知的景观。不要把它理解为地图或模型，或者面积数据表。比如，开放空间和开放空间的效果不太一样，虽然前者对后者有帮助，但是效果更重要。景观是大量的认知的集群，是我们必须明白的事实——是眼睛视网膜上的映像。我们在很大程度上都在应对错觉，这也是好事。如果我们真的无法保留广阔的乡村土地，那我们必须尽可能多地保留较小的空间，哪怕只是星星点点的土地。

说得夸张一点，我们必须保留景观。我不想说我们会用虚假的表面绿化来蒙蔽人们，或者我们应该美化工厂和炼油厂。城市景观应该属于城市。城市景观的建设过程中必须要有巧妙地方法、表现力，以及视觉技巧。到现在我们才开始着手这项工作，但是，如果我们处理得好的话，未来更拥挤的景观也能比今天相对更加开放的景观令人感到更加愉悦、更加广阔，还有更多绿色。

任何技术突破都没有必要——铁锹和锯子已经被发明了。而社区有必要系统地看待他们的景观——就像大多数人大部分时间看待景观一样。一旦开始系统化工作，大量令人兴奋的机遇将显而易见——郊区和郊区以外的景观，以及城市的周围、河滨地区和城市中心。有些机遇 273
需要资金，大量的资金。但许多都是庞然琐事——你们不会看到路旁的溪流再度扩展，高墙已遮掩天际。这不是针对区域设计的浓墨重彩的方法。总体而言，那些景观的大量映象和对于景观的认知才是真正的区域设计。

我的康涅狄格州之旅让我明白了开放空间和开放空间效果之间的差别。早些时候，我提出了一项关于州政府为当地开放空间的购置提供补贴的建议。这项建议获得立法部门通过，并且有一个良好的开端。我想尽可能走访更多的具体空间，去看看它们的成果。

看看有多少优良的大片土地获得保留，以及它们被用于哪些好的娱乐性用途，这都会令人满意。可是这趟旅程让我失望，起初我没弄清楚为什么。后来我开始意识到问题出在视觉上。除非能把它们找出来，不然你根本不知道许多空间的存在。空间当然重要，但是仅仅把它们保留下来还不够。它们应该被看到，这就需要我们尝试采用从来没有真正试过的景观开发方案。如果不这样做的话，即使是一个双重购置计划，它也只会削弱一个社区、一个区域，以及一个州的外观。

我们的乡村正在成为被遮蔽起来的乡村。一个问题当然就是商业和住宅开发，以及广告牌将乡村封闭起来。但最严重的还是绿化。真是太多绿化了。随着农场被放弃，它们正经历二次增长，这一进程在新英格兰地区进展得更快，如今的林地比殖民地时期还要多。在统计学上，这使得开放空间状态让人非常满意，从飞机上看一切都是那么美好。也许我的印象太过主观，但是大多数新种植的林木无一例外都是绿色，
274 你驾车经过时会看到千篇一律的绿色，林业工作者钟爱的齐整的松树种植园是彻头彻尾地在催眠。你会觉得好像正在穿过隧道，一眼望不到头。

更重要的是二次增长所遮蔽的东西。从山坡上望去，许多山谷的景色都被不伦不类的大量绿化遮挡了，几年前的开阔草地也已消失不见，许多仍保持开放的草地也被遗弃，外观惨不忍睹。这里将成为几辆废弃汽车的坟场，而且你随处可以看见倒退的前兆——零星的柏树、各种树苗，还有一片杂草。

如果你沿着岔路走走，还可以欣赏到很多美丽的风景。有幸拥有农场和乡村地产的人非常喜欢这一切。可是，对绝大多数人来说，这些风

景根本不存在。

被城市边缘包围的乡村风景虽然有巨大的潜力，本应令人非常愉快，但实际上并非如此，因为人们根本看不到它们。在新英格兰最美丽且辽阔的开放空间要数格拉斯顿伯里的草地，一处位于康涅狄格河畔的自然、广阔的公园式牧场，后面配了白色的尖塔。这里距哈特福特市中心只有6英里，简直就是新英格兰景观的缩影。

但是，如果人们并没有看到一处景观，就没办法说它是美丽的。很少有人知道这处草地。从康涅狄格河上无法看到它，因为河的两岸长满了杂乱无章的灌木丛。在附近新建的高速公路上驾车的司机对它顶多只是匆匆一瞥。我发现，即使在格拉斯顿伯里，许多人也从没见过这处草地，更别说在草地上散步了。

如此缺乏视觉享用机会将对购置计划产生重要影响。让人看到开放空间只是一个益处，但是随着土地竞争日益激烈，这个益处将十分关键。人们可能并不喜欢一块土地的风景这个事实或许有助于让其保持完好无损，但也可能让它非常容易遭到破坏。当商业开发迫在眉睫时，公众的反对行动也将无据可依。在格拉斯顿伯里案例中，一个出色的保护委员会竭尽全力争取最大利益。然而，在许多其他地区，这样的空间正在公众默许之下失去。地产所有者和生态环保人士在午夜前两分钟敲响警钟。一个保留某某地方委员会即将成立。编辑会收到请愿书和 275
信函。但是这一切都太晚了。大多数市民根本无所谓。他们为什么要关心呢？他们根本不知道自己正在失去什么。

考察景观的过程中会深深打动你的另一件事，就是一个场景中的少数元素如何歪曲对整个景观的认知。在康涅狄格州，当你从威尔伯大道减速驶向沃林福德收费站时，可以看到一处特别令人愉快的风景。路旁有一个池塘，池塘旁边耸立着沃林福德的建筑和一个尖顶教堂。在这里做短暂的停留，你可以欣赏到一幅非常怀旧的康斯特布尔的画作。

这里的风景经不起近距离观赏。大多数建筑都是19世纪末期的商业建筑，教堂是普通的哥特式，池塘也是泥土和野草的泥沼。但是司机们无法近距离观察。从他的角度看，场景确实很美，是驾驶人渴望且会牢记的一个视觉里程碑。许多已经成为沃林福德居民的人说，他们就是因为看到了这处风景才决定搬到这里居住的。

另一个类似效果的案例是从纽约市通往北方的塔科尼克大道。许多人认为它是东部地区最令人愉快的驾车专用道路，如果你问他们为什么，他们会说，这是因为道路的很长一段都经过开阔的耕地，十分壮观。但事实并非如此。只有一小段路经过耕地，有更长的路段穿过林地，在有些路段树木挨得太近，以至于产生了和人们抱怨其他公路一样的幽闭恐怖症的效果。但是耕地给人留下了生动的印象。当你从林地路段驶出来时，这里的风景特别引人注目，你眼前是一大片起伏的草地，上面点缀着古老的农场、畜棚和粮仓。人们记住了这断断续续的摩西奶奶的场景。尽管这样的路段只有几英里，但是在他们的印象里它足有30或40英里。

相反，一小块荒芜的土地也能让一个区域看起来毫无生机，而事实并非如此。沿山脊线走向的道路尤其容易受到影响。它们可能让你欣赏到数英里保存完好的乡村风光，也可能让你目睹汽车坟场、路旁旅馆和以混凝土平房和灰泥火烈鸟为标志的不成熟的临街开发地带。一处
276 风景的开放性和美观99%取决于它最显眼的位置的景色。沿着这样的公路驾驶，你的空间感受会比郊区高密度开发区域的空间感受要弱。

这样的失衡状况带来了很多机遇。如果相对较少的场景因素具有这样的杠杆效应，那么相对较小的行动也一样。在一块风景优美的空地开辟出一片草地，一排沿河栽种的美国梧桐，一排从山顶移除的标志：单独一个这类项目看起来微不足道。但总体而言，它们对环境有重大影响。

但是，就政府管辖权而言，这些庞然琐事却落入无人之地。谁能照管它们？和官员们讨论这些可能性时，大多数人表示这个想法很伟大，但是他们部门没有权限。做这项工作的钱从哪里来？虽然有获取土地的计划，开发土地用作娱乐用途的计划，以及要农民栽种树木的计划，但是却没有把景观完整保留的计划。因此，景观项目只能在所有其他计划的夹缝中求生存。

能把这些项目统一的机构并不存在。规划机构是逻辑工具，但涉及景观时，它们大多数都存在运行缺陷。它们甚至看都不看景观一眼。这个地区的视图是鸟瞰图、模型图和航拍图，它会从人们看到的这个地区的最终视图中被移除一两次。城市的景观也是如此。针对我们的城市所做的大量研究中，很少有关于大多数人眼里的城市可辨识度的研究。研究的视角居高临下。典型的项目草图、公园规划或者桥梁都是从空中数千米高的直升机上看到的模样。而大多数人都不在那上面。

鸟瞰图的支持者认为，随着人们乘飞机出行频率的增加，航空视图日益成为人们日常经历的一部分。确实如此，在夜间，灯火辉煌的购物中心、立交桥和公路都清晰可见，留给人们大都市的印象。然而，出于某种原因，大多数普通航班乘客对此似乎并不感兴趣。除了起飞和降落期 277
间，他们只管埋头阅读报纸或杂志。在洲际航班上，一位健谈的机长会邀请乘客看向窗外的密西西比河或其他景点，前提是他们不是正在观看电影。但是，唯一一次大多数旅客通常都会向窗外看的是，此时飞机刚好飞越约塞米蒂谷。

规划师和建筑师自己也有缺乏远见的时候。为拥有更广阔的视角，他们能看到大多数人看不到的结构和形状。这正是他们应该做的，而其必然结果是他们常常忽略了人们所看到的小规模的场景。[*]作为人，规划师从大体上来说具有敏锐的观察力。我认识几位规划师，他们能根据肉眼观察，敏锐地分析当地场景最细微的方面。但是在很多情况下，这似

---

* 为了揭示这个崇高的观点怎样误导了最好的建筑师，我引用了哈里·安东尼亚代斯·安东尼的论文:《勒·柯布西耶的城市理念》(《美国规划师学会杂志》，1966年9月)。安东尼对勒·柯布西耶的工作有很高的评价，却又认为他的城市开放空间——在昌迪加尔——不成比例。为了更好地理解为什么会这样，安东尼想起了1946年他在勒·柯布西耶的工作室工作时的一段经历。“我的第一个任务是为法国城市拉罗谢尔-帕利斯的‘住房单元’画一个5栋板式公寓楼的总平面图。我按照我对他的理念的理解，以符合逻辑且有序的方式将各栋楼等距排列。他看了我画的图之后，说道:‘不，伙计！这不是我想要的空间。我想要那种能够播放音乐的空间。’空间要播放音乐！他接着将各栋楼重置，让它们在开放空间之间达到和谐的比例。尽管这件事表明他对开放空间之美的深切关注，但是这种开放空间设计方法本身也存在一定的谬误，它忽视了人性化的东西。在飞机上欣赏到的风景符合美学要求吗？人类能独立自主地仅凭自己的肉眼感知到实际规划中这些开放元素的比例吗？答案是不能：行人眼中的街道视图和密闭空间才是城市环境的美学标准。”

278 乎是业余爱好，并不是常规规划过程的一部分。

为什么不提供点实惠？再三考虑康涅狄格州未开发土地的潜力时，我突然想到这个州可以用自然景观#城市景观津贴计划来刺激一下城镇。作为开放空间计划的补充，该州可以为社区景观计划顺利实施承担50%的成本。这个想法不是指栽种一定数量的树木，尽管这是负责任的表现，而是让社区重新审视自己，并且让这一过程在规划项目中常规化。成本不会太高。这个计划一旦落实，社区就会想办法联合许多已获资助的公共项目，并激发他们的热情。我建议州政府以100万美元的种子基金为起点。州政府官员虽然很感兴趣，但是他们觉得已经有了足够多的新项目，并且这对立法来说也不是恰当的时机。

大约就在这个时候，约翰逊总统决定成立一个自然美工作组，我有幸参与其中。显然总统很乐意接受这样的建议。我们第一次同他见面的时候，他谈到佩德纳莱斯乡村的柏树，并给自然美下了定义。他认为，虽然树木并不多，但它们看起来很美，他希望所有美国人也能在他们的居住地享受到这种树木和乡村带来的快乐。他要求我们提出行动理念，并补充强调让我们不用担心政治可行性或立法时机。那些是他的职责所在。

有了这些支持，将自然景观-城市景观计划提升为联邦计划就不失为一个好点子。我的同事都喜欢这一理念，由我负责起草工作组报告，于是我把自然景观-城市景观计划作为重点推荐。我不敢冒昧地说哪个机构能把这个计划做得最好，但是我确实建议每年需要2 500万美元的资金投入。

总统反应强烈。他在向国会汇报他的自然之美信息时，涵盖了报告中的绝大多数关键建议，自然景观—城市景观提案成为1965年《住宅
279 法》中的一项条款，并获准授权前两年拨款5 000万美元。这项举措在国会赢得了强烈支持，轻而易举获得通过。

结果是城市景观比自然景观多。新的住房和城市发展部是管理机构，尽管它关注的是整个都市地区，但这一计划的重点是建成区域。糟

糕的是，它被称为"城市美化"。简而言之，除了社区正在做的工作以外，这项计划为它们的绿化和美化工作提供了50%的配套资金。就像联邦政府的开放空间计划一样，它也与行政方面挂钩，给它的拨款不通过州政府，而是直接拨给当地政府。其主体条件是绿化计划必须是社区综合规划工作的一部分，而不是与其他项目混在一起。这项计划仅适用于公共开放空间，在我看来，这是一个不幸的局限，但是对于能完成的工作来说也具有一定的灵活性。还有一个极好的条款，允许将90%的示范补助金拨给想做真正的实验的社区。

但是，仍然没有任何关于乡村景观的计划。州政府可以用他们自己的激励计划填补这一空白，但一个类似的联邦计划将是巨大的刺激。所需的许多元素已经存在。由户外游憩局管理的土地和水资源保护基金为州政府提供的资金用于娱乐开发，他们可以将这部分资金用于景观工作。另外一个来源是农业部。它的小流域规划经过改进，激励了库区周围的娱乐开发。它的农田退耕计划也让景观行动有很大可能性，就连农民的植树造林计划也有更多直接潜力。基金最初成立的时候，土壤保护是基本原则，出于审美目的的种植被直接排除在外。如果国会改变一两个措辞或许有帮助，但即使现在，法规也无需任何限制。许多种植活动都是为了美观，无论出于什么目的——例如，在加利福尼亚州许多平坦的山谷里，景观实际上就是一排排作为防风林种植的树木。

其他计划也可以作为例证。关键是它们没有通过任何共同努力集 280
中到一起。当然，它们可以被落实，但是责任却落在最不适合这项工作的团体身上：当地政府。翻阅联邦资助清单手册，你会发现当地官员遇到了多么令他们困惑的问题。这些符合122b条款的要求吗？如果他们从农业部拿到拨款，是不是就失去了从住房和城市发展部获得拨款的机会？如果州政府负责给项目提供50%的非联邦份额，而联邦政府提供50%，是不是意味着他们将提供25%？

一位当地规划师发现，在东部的小山谷里有一个很好的机会可以向世人展示，如果把所有这些项目都集中在一起将会取得怎样的成功。那是一种理想状态：一个新的立体交叉道打开山谷，以便进行住宅和工业开发，同时仍保证它不被破坏，还有适度繁荣的农业，极好的溪流网络，以及一些努力保护土地和景观的土地所有者。规划师去华盛顿拜访了各种机构。他建议人们成立非正式工作组，并制定山谷规划计划来作为其他地方可以效仿的典型。大家都认为这是一个好主意，但也解释说他们没有获得明确授权。看看下次是否可以。

这样的机会将会持续落空，除非有机构也有钱来完成这项工作。联邦景观计划能够做到，也不需要很大一笔钱。计划应该有资助，但是这项计划的主要目的之一是让当地政府学会如何利用现有的其他工具。

这些努力最终会让城市和农村都受益。在接下来的三章里，我会探讨具体的行动机遇。为了方便起见，我会稍作区分，从乡村的路边开始，接下来是农场景观，然后从郊区过渡到城市。但是我们应该强调它的连续性，因为基本不可能在城市景观和自然景观之间画一条线将两者加以区分。它们混杂在一起，而且理应如此。也许城市最重要的风景不在城里，而在远方。

281 城市景观应该由行动计划整体处理，我会沿着这个思路提供一些建
议。然而，没有这类计划的事实是我们没有理由不向前推进项目，临时
项目、微观视图、或其他项目。这是另一种情况，它的行动是以前规划好
282 的，这样也好。城市设计充满野心，也许我们最好一步一步来。

第十七章　观景道路

由于景观实际上就是我们从道路上看到的一切，因此政府考虑拨款数10亿美元建设一个大型的景区道路和公园道路系统，这是件好事。计划通过与否目前尚无法预测，而近期获得通过的其他项目大都有立竿见影的效果。然而，在计划实施之前，有必要认真研究观景道路建议书。一定会有这样或那样的问题，在找出问题的同时，我们可以更好地了解如何利用已有的工具和资金，以及还需要什么样的帮助。

颇具讽刺意味的是，观景道路项目的前期主要目标恰恰是阻止公路工程师修建新道路。当加州公路局开始考虑按照高速公路标准重建沿大苏尔海岸线走向的著名的一号公路时，当地的环保主义者顿时感到惊慌失措。旧的公路虽然蜿蜒曲折，却也壮美如画，四车道或八车道的高速路会让大部分如画美景消失殆尽。由州议员弗雷德·法尔领导的工作小组获得立法部门批准，进行景区道路研究。

这反过来促进了观景道路项目立法，其关键成因在于州政府和地方政府共同指定和保护了景区道路上的景观廊道。

这在全国引起了巨大反响，民众纷纷要求推行联邦计划。1965年，
约翰逊总统提出将景区道路计划作为《公路美化法案》的一部分。事实 283
证明，时机尚未成熟。景区道路不仅没有新的资金支持，而且会减少用于各州支线公路的资金，这无疑遭到了各州的强烈反对。还有人指出，当局成立的专门工作小组正在研究理想的景区道路计划的要求。国会认为法案的其他部分有待完善，最好等研究工作完成再做决定。这项条款被取消了。

由公路局戴维·莱文领导的工作组精力充沛地接受了任务，他们分配任务的方式不同于大多数研究小组。他们要求各州公路部门配合完成紧急调查，这令不少州措手不及。每个州都收到列有不同类型景区道路的基本规格的手册，它们的公路部门要给出相应具体建议，包括详细路线，享有的优先权，以及成本费用等具体的提案。联邦政府机构负责提名国家公园道路。

所有建议书收回以后，经统计，各州大约提名了136 500英里的道路，估算成本为187亿美元。莱文和他的团队仔细分析了所有计划书后，将项目精简到最小，并于1967年3月发布。

最小项目本身就是一个弥天大谎。报告提出一个十年计划，是长达55 000英里的景区道路，总成本达40亿美元。虽然多数路段是基于旧道路改造，但大部分资金将用于新建景区道路。新建道路占总里程的21%，以及总成本的67%。

如果是各州自己的公共工程，公路部门可能根本不会这样花钱，部分原因在于他们对景区道路的兴趣已经被激发出来了。然而，随着时间的推移，他们很可能会对这一想法越来越感兴趣。只要景区道路有可能转移州际系统建设，就会遭到高速公路人员的抵制。但是现在已经竣工在望。即使工期延误无法避免，但是州际系统很有可能在大约六年内基本完工。接下来怎么办呢？高速公路人员需要一个新的原理。最初建
284 设州际系统是因为军事动员的需要。何不为了实现自然美和游憩功能再建一个新系统呢？

如果我们需要更多新道路，那就建新道路。但这不是理由。工作组接到的任务暗含了一个新系统理念。他们不遗余力处理任务细节，值得赞扬。大胆的提议让我们注意到基本问题，其中许多建议都蕴含着优秀计划的基本元素。引起争议的是这项任务的先决条件，即是否应该有两个道路系统——一个常规的和一个景区的。

我认为：(1) 我们应该把钱用于优化各类道路的观景廊道；(2) 除特殊地区需要新建有限数量的道路外，我们应将主要精力应放在既有的法定道路上，而非新建道路；(3) 道路标准不应太高，否则将掩盖道路应

该提供的价值;(4) 提出更灵活的观景廊道的概念,特别是在城市地区;(5) 四十年前,城市公园大道是一个了不起的想法,如今早已不合时宜;(6) 通过改变景区道路提案的优先顺序重新拟定一个计划,该计划比原来耗资40亿美元的系统效率更高,成本却只占原来的一小部分。

问题的关键在于,人们应该把重点放在现有道路上还是新道路上。各州公路部门的选择是后者。他们提交的建议书重点提到了现有二级公路和乡村小道的吸引力。而关于经费预算和用途却主要集中在新道路上。在某种程度上,他们认为这是公路局想得到的反馈,而他们不想减少经费支持。

不容置否的是,修公路的人喜欢修公路。他们发现如果有了资金,在乡村开辟新道路比改造现有道路更容易。他们可以按照更高的标准去设计。他们可以绕过居民区和人们抵制修路的地块。他们不必足额支付所有土地使用费,也可以减少与土地所有者既得利益的冲突。修路 285
者不用清理广告牌、垃圾场或路边碎石,也不必理会交叉路口、商铺和加油站等。这里是白纸一张。

这正是问题所在。毫无疑问,新修道路无疑是缓解交通拥堵最有效的方式,但它也是提供景区道路最有效的方式吗?在特定情况下,答案是肯定的。新的法定道路显然顺理成章地提供了通往游憩设施的急需通道,或者打开了进入风景优美地区的道路,如果在此过程中美景未遭破坏的话。密西西比河沿岸的蓝岭公路和大河路就是最佳案例。

然而,除了这些特殊情况外,新路线很可能是提供观景道路的效率最低的方式。它们的造价非常高。按照公园大道标准修建的道路,每英里成本高达100万美元。即使是乡村地区的双车道观景道路,每英里成本也高达20万美元。(改造现有道路的成本为每英里3万至10万美元不等。)因此,问题不仅在于建新道路是否可行,也在于如果在现有道路上投入等额资金可以取得的效果。公路部门在这方面的主张极度失衡。大多数情况下,最优推荐的规划路线的成本将是其他所有道路景观计划成本的两至三倍。

但是，没有建设新法定道路的最重要的原因是美学考量。就观景道路而言，全新法定道路工程建设与所提供道路的质量简直南辕北辙，太没意思。

这不是因为公路部门的景观美化工作做得不好。问题在于景观本身。新路线大都沉闷枯燥，因为它们破坏了景观的整体美感。这与城市再开发过程中遇到的问题相似。彻底消除以前的街道模式也将消除城市的基本结构及某些最珍贵的要素。景观结构也同样不能幸免。

景观是人们经过长期的积累建立起来的，通常分布在道路周围。赋
286 予景观以生命力的要素——农舍、粮仓、畜棚、绿树成荫的小巷、村庄、十字路口的教堂——要么在路边，要么紧邻道路。事实是，大部分临街土地，甚至乡村最偏远的路线，也会因为开发效果不理想受到损失，而且其中大部分已经被放弃，就不会有二次发展。但是，道路沿线就是机遇所在。没有临街空地，就不能抓住机遇修建新道路。

景观有正面，也有背面。一般来说，新法定道路就是景观的背面。距离不会太远——也许只有一条山脊线那么远——但视野却大不相同，而且远不尽如人意。农场到市场之间的乡村仍在原地，但是由于山脊的存在，我们看不到它。

举个例子，沿着与旧的40号公路平行的新洲际公路驾车穿越马里兰州。这里必须修建新公路。旧的路线损坏严重，不可救药。景观被路边餐馆、加油站和广告牌挡住，交通危险得令人害怕。新线路就不会遭到如此损坏。它焕然一新，可是从审美角度看也不尽如人意。在新的公路上行驶，你很难意识到你正开着车经过皮埃蒙特最富饶的农田。你是从它的背面看着它。经过萨斯奎哈纳县时，你可以看到一片壮丽的景色——山顶上有座农场，一大片草地从山顶绵延到河边。但是，经过大部分乡村路段时，你能看到的都是树林。这是多么令人赞叹的天然景观——绿色、无污染，但是千篇一律。

科德角是关于新公路与旧公路的另一个例子。旧的6号公路是整个东海岸最慢的道路之一，夏季周日下午的交通几乎停滞不动。新建的中海角公路偶尔也会拥堵，但还算是一条通行效率极高的交通干线。可是

旧的6号公路正是被科德角和其他因素影响了通行效率——连续弯道、压缩公用事业用地的城镇和榆树——都导致它变成现在的样子。中海角公路是必须要建的另一条公路，但是它没有真正的方位感，除了可以瞥到巴恩斯特坦布尔县附近的尖顶外，你还以为自己正驾车穿越新泽西州的松林泥炭地。

不可否认，某些新道路确实开辟了之前不存在的景观，特别是当它们穿过悬崖绝壁或高耸的山脊时。例如，宾夕法尼亚州收费公路的某些
路段开发了农场山谷等美丽景观。我们应该记住，一两处优美的风景 287
能让我们对景色的看法增色不少，并使我们相信这条路上会有一系列风景，虽然实际情形不是这样。

然而，多数情况下，新道路不能展现出地形稳定的乡村的最佳状态，一旦进入地形起伏较大的森林和山区，它就会变得十分单调。许多公路工程师都偏爱森林——林地很可能属于公有——而且许多拟建的观景道路都经过国家森林。许多森林并不是很好的森林，有些是等距成排的针叶树，这是仅有的人造景观。为何如此设计路线？满目绿色会带来压迫感，没有村庄，没有农场，也没有路口的商店，更没有霓虹灯或乡村酒吧来解除沉闷。只有景区岔道、野餐区——树林，一英里又一英里。

工程师的标准太高了。对于一些交通量较少的观景道路，他们设定了适中的规模，但是他们最想修建的道路等级却对地形要求很高。对于新建的双车道观景道路，工程师们在300英尺的道路上设置的速度为40英里每小时，以便将来可以额外修建一条双车道道路。曲率和坡度均为5%。与限速为70英里每小时的高速公路相比，这些标准看起来较低。但是，如果直接用于旧道路重建，这将会抹去大部分令旧道路风景优美的品质。

为什么沿着乡村小道开车会让人如此快乐？这不仅仅是因为沿途的风景，还有道路布局的紧凑性。你会经过急弯陡坡和林荫小道等。有时候，你可以看见远处山丘的风景，当你经过森林时，它又窄得就像穿过隧道。但是，景观边缘总是如出一辙——石墙、一排枫树和一个畜

棚——太相似了，我们甚至不知道什么时候该加速。

紧凑的布局需要改善。弯道取直，陡坡修平，移除妨碍通行的树木
288 和石墙。景观的边缘向后退。

改进之后的道路的通行能力和安全性都得到了大幅提升。但这是有代价的。部分乡村道路按照现代化标准改造完成之后，车辆可以行驶得更快，撞上路旁树木的危险也随之降低。但同时也减少了驾驶的乐趣。旧的、尚待改造的路段仍有工程师们谴责的过山车效应，通行车辆必须额外小心路边状况。但驾驶的乐趣也在其中。

新建的高速公路未必枯燥。有些确实令人非常愉快，而且重要的是它们最安全。克里斯托弗·滕纳德和鲍里斯·普什卡雷维奇在合著的《人造美国》中评价了13条高速公路的美学品质，又对比了它们的致死率。最愉快的驾驶带来较低的死亡率，而最单调的驾驶会导致最高的致死率。另一项研究中，罗格斯大学经济研究所对各种各样的道路进行对比，并以事故受伤率与道路美学特性之间的关联性为基础得到估算结果：观景公路每年每1 000万英里行车里程比非观景公路的受伤率低约8%。

乡村小道也不一定就不安全。在以现代化标准设计的高速公路上，每10万英里行车里程的交通事故比其他类型的道路上少。因为这个差距，人们普遍认为处在另一个极端的乡村小道最不安全。然而事实并非如此。高速公路安全研究所发现，当交通事故集中发生某个县城时，一般多是集中在交通繁忙的二级公路上的高风险路段。而乡村小道上则很少或不会发生事故。

树木也不像设计规范显示的那么危险。不合理的“30英尺原则”就是一个例子。近期，一个公路工程师安全委员会建议，除了其他方面，30英尺宽的乡村公路路面上不种植任何树木。公路局要求各州公路部门引起重视。他们照做了。一些公路工程师执行得一丝不苟，已经着手安排毁掉高速公路旁已栽的成千上万棵优质老树。由于缺乏符合条件的
289 相关规定，大规模清理乡村最美公路旁的树木在所难免。

支持这项规定的人早已了然于心。这一理念旨在为失控车辆预留

停下来的空间，而不至于撞到东西。(正如安全人员所说:“这是为失控车辆提供恢复正常的最大可能空间，以及与失控车辆不相宜的最小可能的不连续范围。”)工程师对交通事故记录进行统计分析后发现，如果公路以外30英尺内没有障碍的话，那么约85%的失控车辆可以避免重大伤害。树木是一种障碍。所以，要把它们移走。

但是这一推论存在误读，如果它被写进严格具体的规范，就成了毫无必要的专横指令。*树木并没有吸引失控车辆。车辆失控时选择的行驶路线在很大程度上取决于工程师们所遵循的地形和水系类型。如果路肩向下往沟渠方向倾斜，车辆很可能会在那里失控。如果这条路旁刚好有一棵树，车辆很有可能撞上它，这棵树实际上就是一个危险物。可是如果遇到一段上行的陡坡，重力会向相反的方向发挥作用，车辆绝不会撞到坡顶的任何一棵树。但是根据这项规定，道路外30英尺以内不应有树木。树木都要砍掉。

显然，一些弯道必须变成直道，树木一定要移走。但是旧路线自身的局限并不是没有安全保障。你会开得更慢一点，事实上，即使是每小 290
时30英里，你常常也会觉得你是在快速前行，因为沿途景观对你的视觉有影响。关于驾驶员反应的相关研究显示，距离路边越近，你会开得越慢，也会越注意路旁的状况。相反，随着道路不断拓宽，你的注意力集中在越远的地方，你的驾驶速度也就越快。

有两种方法可以有效利用这种心理效应。一是让驾驶员放轻松。在30年代后期，得克萨斯州公路部门的景观设计师刻意设计了“视觉上的瓶颈”，在非常接近道路的地方周期性地栽种树木。经过这里时，驾驶

* 这项规定是在美国各州公路工作者协会与公路局联合设立的交通安全特别委员会的报告中提出的。这项报告于1967年2月发布，它建议:“为了提高车辆离开路面时的安全性，应在乡村道路行驶区以外30英尺或更远的地方设置一个无障碍的恢复带。修正计划应立即执行……”这个报告将树木列在危险物品清单的首位。

但是该委员会自己的研究表明树木应该列在清单的末尾。它援引了507起车祸中被撞物体的研究结果。其中130起车祸是撞上了沟渠或堤岸，326起是因为这样或那样的公路结构。只有13起事故与树木有关，占总数的2.2%。

这项工作迫切需要重新考虑。如果公路局不做这个事情，观景道路建设对此也不予考虑。

员会本能地放松油门。

这种方法在今天已经很少见。对大运量高速公路的需求压倒一切，工程师们一直专注于使道路适应交通需求，而非交通需求适应道路。这对高速公路意义重大，对观景道路却不是这样。经验的作用最为重要，传统的高设计标准理念削弱了这一点。无论是新观景道路还是旧观景道路都需要更敏感的处理方式。如果没有经验，我们敢说，即使是最优秀的工程师能为观景道路做的也只有听之任之。

我们对设计标准做了最好的假设。另外还存在一个大问题：在哪里以及如何统一地加以应用？公路局想要一个系统。他们认为在道路的设计规范和廊道采用的景观标准方面，观光路线需要有统一标准。他们也想要长距离的线路。

公路局发布的《观景道路研究手册》特别强调路线的连续性，新旧道路一视同仁。引用其中一段话：

> 建议将景观廊道上的现有公路改造为观景路线，如果它长度的
> 291 90%以上符合观景路线开发标准的话。要么对其沿现有位置进行改造提升，要么重新选择较短的观景道路，以绕过高度开发或不美观的地区，这些地区的现有位置从经济角度而言并不适合开发。

长度也需要强调。手册建议最短的观景路线应为25英里，尽管边缘地区可以只有5英里。

对连续性的强调是有限制的。主导这项研究的大卫·莱文既无意设定强求一致的标准，也非常乐意看到由于地形及环境的原因导致的很多例外。各州公路部门是否能够灵活处理则另当别论。一旦标准确立，他们就能立即想出方法去加强。但就观景道路而言，很可能因为要遵循一系列的标准，而无法圆满完成当前最需要完成的工作。

在内地打造长距离观景线路并非难事，而在城市周边则极其困难。试问在哪个都市区域可以找到一条长达25英里没有衰败地段的连续道

路？恐怕五英里的道路都难找。好路段是间歇性的。沿途到处都会有公共开放空间、关键地形地貌、壮丽的桥梁、美化的机关用地，或者高尔夫球场等配套休闲设施。沿着这样的路段增加额外的缓冲区和景观美化工程，花费适中但效果显著。但是，也有不太理想的路段需要投入更多精力及金钱，这也非常值得。然而，路线的其他部分将无法提升至最低景区道路标准，除非有强大的资金支持。为什么要把钱花在这上面？强调连续性的规则并不适合城市现状。我们要么什么都别做，要么把大部分资金花在最不合适的地方。

如果能够放缓进程，将可用资金集中在它们能充分发挥杠杆作用的地方，情形会好很多。结果将是一系列反差。接下来人们会修建许多令
人愉快的路段，蓦地就出现了成片的已开发土地、企业和工厂。它们有 292
的看起来很有趣，有的却很糟糕。但这就是城市地区的特点。我们不能将乡村地区的连续性标准应用到城镇，因为这样就需要我们被迫付出不必要的努力来掩盖这一事实。正如凯文·林奇和劳伦斯·哈尔普林所指出，城市地区的观景廊道理应具城市特性——正如林奇所说的，“一系列的视觉活动”。的确到处都有风景展示，但真正的艺术是提升城市形象和展示城市内涵。

我们在乡村地区也要保证道路沿途风景的连续性。我们再回到密西西比河沿岸威斯康星州的大河路的话题。公路部门在获取沿河风景区的地役权过程中，并未试图买下城镇周边或城镇里的完全开发权。他们的精力集中在乡村地区。这样做主要是考虑经济原因。禁止开发城镇周边的地役权成本相当高，而沿开放空间的路段开发成本则相当低。

但是，经济上合算之事在美学方面就是合宜的。当你沿着大河路开车时，你不会觉得自己是在一条精心修整过的车道上行驶，而是经过真实的乡村。区别在于，现实中的城镇特色体现在外围的房屋上。大部分路段沿用了之前的旧道路。如果将其开发成高度美化的新线路，绕村庄而建，成本将更加高昂，驾驶乐趣也会大打折扣。

城市地区确实也有连续的观景道路建设的先例。如果把旧道路升

级为观景道路标准太困难，我们可以选择修建全新的道路。我们之前已经修建了城市公园道路这类道路，并取得了巨大成就。为什么修建更多这类道路呢？事实上，只有特定地区需要新建公园道路。可是总的来说，我认为城市公园道路是一个退化的概念。

这一概念非常适合某个特定时间的需求。20世纪20年代公园道路设计理念首次被提出来，其目的就是为了给城市居民提供愉快的驾驶体
293 验。公园道路不属于日常交通通道。公园道路本质上属于长条形公园，驾车穿过公园本身就是一种娱乐体验。商用车辆禁止通行。

第一条真正意义上的公园道路，布朗克斯河公园大道，是将填满垃圾的露天下水道改造成带状公园计划中的一部分。沿着公园的走向修建了一条公园大道。设计过程中，景观设计师吉尔摩·克拉克预见了现代高速公路的大多数原则。即公园道路应宽阔且风景美丽，顺应地形保留连续曲线路段，而不是按照传统将曲线取直。公园道路通过天桥和地下通道与地方道路隔开。这样建成的道路不仅景色优美，人们还能比在常规道路上行驶得更快，而且安全性也有极大提升。这一设计的成功推动罗伯特·摩西建成了纽约都市区的公园道路体系及其他城市相似的公园道路。

由于设计的通行效率很高，公园道路因而就成了另一回事。它们是人们周日悠闲开车的好地方，同时更适合周一至周六快速驾驶，这就是公园道路的应用模式。它们当属第一代现代化高速公路。

公园道路理念并未改变，但是其他一切都变了。大多数城市公园道路不再是休闲娱乐场所，而是通勤公路，是交通拥堵最为恐怖的地方。公园道路设计理念曾经非常先进，但是现在交通拥挤不堪，以至于平均速度——以及速度限制——实际上在许多路段比过去还要低。

究竟该怎么办呢？我们面临的艰难抉择说明，同时拥有两个独立的道路系统几乎不可能。很显然，旧的公园道路不可能保持一成不变，因为它们太危险了，所以有必要升级到现代标准。这项工作正在分阶段进行，公园道路将会成为更高效的运输大动脉。同时它们也会更接近其他新建道路的标准。让旧的公园道路变得错综复杂、具有吸引力的蜿蜒曲

线一去不复返。许多路段上栽种的既限制道路范围又提升了道路效果 294
的成排的树木也不复存在。* 公园道路与高速公路之间仅有的差别在于道路指示牌以及对商业车辆的持续禁行，因此才能吸引足够多的驾驶者来弥补不足。

但筑路者仍然喜欢城市公园道路理念。除了别的因素以外，它为本来不应该修建高速公路的地区提供了充分的修路理由。如果某一路线要经过公用场地，公园道路就可以作为公用场地的改造提升项目。再增添一些额外的景观、一些景区岔道和野餐区，整体就构成了一条公园道路。而一条六车道公路就是一条六车道公路，无论我们怎么称呼它。如果我们想要的是它的休闲娱乐功能，当然没有比这更昂贵的提供方式了，或者更确切地说，把它清除。

查看旧的都市区公园道路计划时，我们会有两种想法：(1) 公园道路既被森林环绕又不拥挤，这个假设有多乐观；(2) 有些公园道路没有修建，这样到底好不好。1932年费城三州交汇区的区域规划就是一个例子。当时，休闲娱乐型公园道路似乎即将出现，而开放空间计划的核心是让公园道路穿过乡村最受欢迎的溪谷，布兰迪万河就是这样。以“顺其自然”的方式开发公园，它们“将为驾驶者提供许多愉快的巡回线路，没有公路上拥堵的烦恼。驾驶人可以尽情穿梭于各个公园之间，频繁穿梭于当地的休闲公园之中，随意选择郊游地点”。

公园道路没有建成。后来，公路工程师利用河谷区域修建了高速公路——不是因为这片土地景色宜人，而是因为它既开放又便宜。但是大部分溪谷尚未进行提升改造，进入这些地区仍需通过支线公路或者县级 295
公路。保护它们的机会可能会被浪费，但我们仍有机会。

* 据《纽约时报》1967年10月25日报道：“在纽约州斯卡斯代尔的布朗克斯河公园大道，一个原始路段的现代化进程中，数百棵枝繁叶茂的林荫树被砍伐，优美的风景被毁坏殆尽，旧石桥被夷为平地……旧的公园道路包括四条狭窄、曲折的车道，偶尔出现抛锚的汽车，除了一小段路上有长满树木和灌木丛的美丽小岛，没有中央屏障。如果重建的话，公园道路将适度取直，有四条宽阔的车道，可容纳维修车辆停放的连续路肩，以及作为中间分隔的栅栏和小岛。驾驶者会产生如坐过山车般感觉的隆起路面将被彻底清除。”

为了证明新的休闲道路计划的合理性，户外休闲资源评估委员会(ORRRC)经过调查得出结论，即寻求驾驶乐趣是美国人最常见的休闲娱乐方式。很少有统计数据能被如此广泛地引用或误读。如果美国人认为驾驶是最重要的娱乐活动，可以进一步推断，如果美国开车的人次和频次都呈增长趋势，那么给人们提供更多娱乐的最好办法就是修建更多休闲道路。

实际情况并非如此。户外休闲资源评估委员会的调查结果意义重大，但不应过度演绎。简单说来，随机选择若干美国人为调查对象，当被问及对23项活动的喜爱顺序时，他们通常回答说“驾驶的乐趣”是他们最喜欢的休闲活动。他们没有说这是最重要的休闲活动，也没说为什么或者什么时候享受驾驶，以及他们喜欢什么样的道路。

关于观景道路计划，要回答这类定性的问题。有多少次驾驶本身就是一种休闲方式？有多少次它只是到达休闲场所的手段？这其中有很大区别。例如，在炎热的周日下午开车去海滩，这令人愉快吗？有些驾驶经历显然是休闲娱乐——落基山度假游以及沿蓝岭公路休闲游，有些驾驶经历明显是日常生活。然而，这两种驾驶经历都有乐趣。对于许多美国人来说，最愉快的驾驶经历可能是商务旅行的一部分，即使在沉闷的新泽西收费公路行驶一小段路程也可能重新有了娱乐休闲的心情。反过来，最伤脑筋和毫无乐趣可言的驾驶经历可能也是为了消遣——比如，开车带着妻子和孩子到避暑胜地。自相矛盾的例子比比皆是。关键是，开车是我们生活中不可或缺的一部分，我们要充分享受它带来的乐趣，而不是将它封装在专用设备中与之隔离。

296 展望未来，我们是否可以肯定汽车就是未来人们休闲娱乐的主要交通工具？*所有的预测确实表明，汽车的使用人数和汽车数量都在不断

* 户外游憩局的一项跟踪调查表明，休闲驾驶似乎越来越不受欢迎了。1967年4月户外游憩局发布的一份报告显示，1960年到1965年之间，夏季的休闲驾驶仅增加了约8%——仅与人口增长率保持一致。与此同时，休闲散步和游泳大幅增加——分别为82%和44%——超过休闲驾驶，位居夏日活动的第一和第二位。从全年来看，休闲驾驶仍排名第一，但根据户外游憩局的预测，休闲散步的受欢迎程度迅速逼近休闲驾驶。

然而，有人质疑发生显著转变的是人们的行为还是对他们行为的研究方法。(转下页)

增加。未来交通量估计通常会低于标准而不是超过标准。但是，我们应该密切关注今后几十年的情况。我们要记住，各种交通方式的受关注程度已经达到顶峰，它们的精良程度和细节都是时候该补充新类型了。高速帆船、20世纪有限公司、城际有轨电车、跨大西洋快速班轮——这并非完全不可想象，汽车也完全可能遵循这个进程。我并不是说汽车即将被淘汰，或者至少未来几十年道路工程不会减少。但是，现在为后代调整基于汽车驾驶的休闲娱乐计划为时已晚。 297

我们回到基本问题上：我们是否应该集中精力建设一个全新的观景道路体系——或者让已有的道路更加美观？如果仅仅是出于美学原因，后一种方案似乎是最好的选择。事实上，即使国会愿意资助所需的数十亿美元建成一个全新的观景道路体系，我们也宁愿他们不花这笔钱，那样我们的处境会更好。但事实是，国会根本不可能投这笔钱。鉴于国会对1965年《公路美化法案》提供资金支持的吝啬程度，它几乎不可能资助一个成本更高的项目。公众也不太可能要求它这么做。道路建设者可能会极力要求，然而环保和康乐组织已经对初步提案提出了种种疑虑，并表示不会给予太多支持。

但经济学是个不错的学科。就像大卫·莱文特别指出的那样，目前廊道改造是这个计划最重要的部分，同时也是所需资金最少的部分。40亿美元的预算中，只有4%用于廊道保护，3.8%用于环境美化，7.2%用于路旁设施。而剩余的85%将全部用于土地购置和公路建设。

为什么不把重点颠倒过来呢？我们不需要巨额资金进行施工建设。我们需要的是把适当的资金用在现有道路上。每年1.5亿美元的预算是效率极高的，这个数字十分合理，国会也许会批准，或者给予接近这个数

(接上页)户外休闲资源评估委员会的数据是根据四个季度的调查得出的。户外游憩局调查的是一个夏天——在温暖舒适的这几个月里，美国人可能更多地选择步行或游泳。户外游憩局因为缺乏进行全年研究的资金，因此不得不根据既有数据推测得出全年的情况。这是一项艰难的统计工作，休闲散步的数据可能还会有所增加。很难相信美国人的生活方式在短短五年之内有了质的飞跃。难道我们真的比之前多走了几乎两倍的路？

这些统计数据并不足以对休闲驾驶下任何结论。但是它的确证明，在调查问卷的反馈的基础上做出重大决策是可取的。

目的支持。

这实质上是一个补助金计划。其中一部分资金将用于国家公园道路建设，而大部分资金则会拨给各州。观景廊道改造是重点，但其中包括部分新的土地购置和建设项目。这项计划增加了对联邦资助修建的公路环境美化的拨款，也可以用于其他各类道路。各州倾向于将大部分资金用在一级公路和二级公路的建设上，但他们也有义务将部分资金拨给地方政府用于改造县乡公路。这样的道路通常很难进行简单的维护，但其中一些道路很可能会改造成最好的观景道路。

298 这类计划不应该只有公路人员参与。他们承担主要的运营责任，但基础规划应该由联合委员会完成，包括国家康乐、环保和规划等机构。受到影响的地方政府也应该有一定的发言权。

不应太过强调体系构建和标准统一。虽然这是全国性的计划，但与国家体系并不是一回事，更不是功能单一的道路系统。除了由联邦政府直接管理的几条公园道路以外，国内多数观景道路都属于常规道路，它们大都具有地方特色。这正是它们被称为观景道路的原因。这类联邦计划最大的作用是推动各州和地方对各类道路上的观景廊道进行改造。

我们不必等到新计划出台才开始建设观景道路。新的立法和资金的确有很大帮助，但也有许多我们早该做却还没有做的工作可以借助现有工具完成。例如，我们首先要找出最好的乡村小道，然后做识别标记，并制定出“避开高速公路”的线路，然后让人们了解它们。少数几个州已经行动了——比如，得克萨斯州建成了“得克萨斯游径”——而大多数州尚未有所作为。而这项工作的成本几乎可以忽略不计。

观景廊道的相关工作仍有许多计划需要推进。例如，各种联邦和州开放空间资助计划、联邦城市美化计划、农业部门农田退耕和土壤保护计划等。如果把所有计划整合为总体规划，将有助于整个项目有条不紊地推进，但这并不妨碍我们采取相关有效行动。独立要素已经存在，它
299 们带来的机遇会稍纵即逝。

第十八章　道路两侧

第一件事就是要撤掉广告牌。根本不需要提出太多的反对意见，广告牌本身就是对景观的一种亵渎，完全有理由撤掉它们。关键是美国人已经开始关注这一基本观点，法院也是如此。多年来，法院常常提出各种各样的理由，但最基本的是维护广告牌的规定。现在法院很坦诚。除了几个关键决定，他们依然坚持广告牌不应过多占用私人土地，而应设置在公路两旁，公众为此买单，它可以合理利用治安权防止非法侵入。当然，是否用它是另外一件事，州和地方立法机构对此仍举棋不定。尽管针对此还有很多争议，法律的基本观点已经建立，战略也已明确。

看来的确如此。可是，1965年的《公路美化法》暂时混淆了这个问题。这项法规有利有弊——利有二项，弊有一项。正如政府最初提议的那样，该法案要求国家对公路两侧660英尺范围内的广告牌进行管理。它还规定各州如果不采用令人满意的管理规定，它们的一部分公路基金将被收回。然而，当国会正准备增加费用时，随即受到双重阻挠。其中之一是允许各州工商业地区免责的条款。这是广告人的一个重要的让步，他们继续致力于让州立法机构通过大量的术语法规。如果有人想要商业或工业区域，任何地块都可以。例如，在怀俄明州，"商业"包括所有 300
农业用地，而在蒙大拿州，它包括乡镇10英里以内或道路交叉口5英里以内的任何地产。

另一个条款规定，拆除广告牌应该给予"合理的补偿"，联邦政府将承担75%的费用。这才是制胜法宝。作为一个辅助手段，这需要巨额的赎回基金。购买89.9万个要拆除的广告牌需要5.58亿美元，这显然比国会能提供的要多。毋庸置疑，广告人不想要赔偿，他们只想保住广告牌不被拆掉。补偿条款对他们的好处是，它威胁要破坏辛苦赢得的立法和法律判例，并利用治安权管理广告牌。

这项规定有些离谱，因而会削弱它的重要性。这不合常理。没有理由付钱给人们让他们放弃本来不该拥有的权利。他们当然没有权利在新创建的州际公路上设置广告牌。这个案例不太清晰，但是不得不承认，在主体系统的旧道路上，设置指示牌的权利凭借时效占有的形式，已经通过长期使用而建立。很多国会议员说，这些老商业区和小企业家的命运令人担忧，这一现实会促使他们给这项赔偿规定投赞成票。

但是除了支付巨额资金以外，还有办法解决这些问题。各州有权对没有补偿时的情况进行监管，他们也有义务这样做。实际上有一些州，甚至一些县，已经有了比《公路美化法》更严格的监管措施，并且已经开始奏效。他们不花钱去阻止新广告牌或者拆除旧广告牌。例如，在加利福尼亚州，当一个区域被划分为反对设置广告牌的区域时，该州不会以命令的方式一夜之间撤掉全部现有的广告牌。它为违规广告牌提供合理的摊销期限。当局对广告牌所有者全都一视同仁，当期限临近时，没
301 有理由发酬金奖励他们。

反对这些规定呼声最大的人通常是最恶劣的冒犯者——路边的经营者和汽车旅馆的工作人员。他们说，没有大招牌帮助驾车者找到他们的话，他们几乎快要破产了。他们正忙着挂起更大的“豪华巨制”，高悬在空中的大家伙。但是，如果他们全部处境相同的话——仅指楼宇招牌——驾驶者很可能仍然会光顾汽车旅馆，而汽车旅馆也可以把花在招牌上的钱用于更合适的促销活动。

佛蒙特州的情形可以证实这一点。实际上，风景观光是它的主要产业。为了避免虚假宣传，立法机构最近通过了最严厉的措施，禁止所有广告牌（除了楼宇招牌以外），严格规定广告牌的形状和大小。令人惊讶的是，大部分汽车旅馆和滑雪场经营者都支持这一措施。他们之间的招牌竞争已经失控，除了对风景造成影响，广告牌还耗费了大量钱财。有了这项法规，他们又身处同一境地。州公路部门将在主要线路各个站点

的信息中心设置招牌群。初始成本为50美元的商业招牌，后期的维护费每年为10到25美元。政府允许现有的一些广告牌保持一定的摊销期限，但对大多数开始拆除。对于未拆除或未经授权就挂起的广告牌，处罚可能包括三十天的监禁——非法招牌每多挂一天，都会被判定为单独的违规行为。

这种强硬态度可能有感染力。做一个大胆的猜测，经过大量的立法吸引和推动之后，越来越多的州将严格加强执法权，法院也允许他们这样做，而拆除广告牌的赔偿不会是强制性的。*当地政府也会加强相关规定。这种趋势往往是建立在自身的基础之上。随着越多的人亲眼看到 302
一些州道路两侧的情况，就会有更强的推动力使其他州也采取行动。

加速整个事件进程的一个因素是国内道路两侧委员会。到目前为止，各州道路两侧委员会已经采取了有力的行动争取有效的立法。他们表现得很出色。他们喜欢把自己想象成与巨大困难做斗争的弱势群体，但是在立法和法律上，他们与对手一样精明谨慎。他们没有那么多钱，但他们的热情取得了显著效果，正因为有了他们，全州最好的项目才得以通过。

但是没有全国道路两侧委员会，正因为如此，华盛顿的道路两侧工作人员效率不高。加利福尼亚州道路两侧委员会负责人海伦·雷诺兹，一位温文尔雅的战斗者，让她的组织成为本州各团体的信息交换所。宾夕法尼亚州道路两侧委员会的不屈不挠的希尔达·福克斯也在做着同样的事情。但是，仍然没有一个永久性机制能将所有团体聚集在一起组成一个共同阵线。也因为如此，施工者和广告牌工作人员都有一个更清晰的领域，《美化法案》的遭遇就是一个结果。所以急需一个更加强大的反游说团体。这需要花费少量的资金，却可能对公路基金的支出方式产生数亿美元的影响。† 303

* 一个先例是加利福尼亚立法机关1967年通过的《科利尔—茨伯格法案》。该法案授权地方政府采用比联邦计划要求更严格的广告牌法规，并且为加州提供避免广告牌拆除补偿的可能手段。

† 虽然我认为道路两侧委员会的“极端主义者”立场基本正确，但有一些敏感的人提出了一种不太好斗的观点。《景观》杂志的编辑J. B. 杰克逊热爱乡村，但喜欢嘲笑一些更纯粹的乡村捍卫者。他认为城市地区的标志确实有承认驾驶者存在感的优点，如果没有（转下页）

虽然可能有必要，但广告牌管控这一措施是消极的。美化道路上的风景的最好办法是拓宽风景走廊，通过购买既有通行权也有地役权的额外土地。这样做的一个好处就是防止广告牌出现，但补偿的目的不仅仅是为了这个好处，尽管广告牌所有者总是喜欢这样解释。建造更宽阔的走廊基本来说是一项积极的举措，这是一种保持景观生机的方式，同时也为小径、风景的拐弯处、休息站等预留了空间。在这方面，1965年的《公路美化法》取得了一项突破，它为这项工作提供了资金，而高速路工程师无法将这笔资金用于其他目的。

要了解保障措施的重要性，我们有必要回顾一下历史。早在1940年，国会就在公路法规中做了很适宜的规定。第319条规定，联邦公路资金可用于各州，其中3%可用于拓宽、美化并改善风景走廊。3%听起来虽然不是很多，但这确实是一大笔钱。公路基金每年有40亿至50亿美元，持续十余年的时间，3%将超过10亿美元。为了使这一规定更具吸引力，国会规定各州不必再提供任何配套资金。

州公路负责人普遍欢迎这一规定。这是他们推崇的“完美公路”的合乎逻辑的下一步。在年度会议上，他们经常一致通过决议，要求充分发挥第319条提及的资金的作用。

他们根本没动用一分钱。他们甚至都没有提出申请。第319条的问题是它是可选的。它使用的动词是“可能包含”。公路人员可以把这些钱用于景观美化、购买地役权，或者用来继续做他们正在做的事情。他们就是这样做的。他们把钱用在施工上。公路局不会无情地强迫他们去做别的事情。高层官员也称赞了第319条——没有任何一个局能有如此丰富的、开明的备忘录——但是在行政管理层级的某个地方，这个消

(接上页)这些标志，城市的景象会更加不受欢迎，并且毫无生气。一些观察者走得更远。他们说广告牌是“流行艺术”。不管后一种立场有什么好处，毕竟是极少数人的观点，显然一个人在这些事情上不应该太原始。广告牌确实有它们的用途。但是从实际的层面看，极端主义者的立场仍有他们的道理。不管道路两侧委员会多么顽固地开展他们的运动，还是有很多广告牌无法撤除。如果他们的态度过于温和，广告牌所有者就每次都会是胜利者。因为后者是极端主义者。

息丢失了。公路局的工程师和各州的同行一样，并不热衷于从他们眼前现实的业务转移资金的任何事情。他们甚至没有准备一份空白申请书 304
为自己的州申请319条的相关资金。

“自然之美”总统工作组在1964年的报告中严厉批评了官僚作风的破坏性，强烈建议应该为第319条提供更多的资金和人力资源。它建议，起码要将“可能”改为“应该”。

最终采纳的是1965年《美化法案》的第三条款。它向各州提供100%的款项，用于拓宽和优化风景走廊。这笔钱是建设资金的补充，不能挪作他用。第二条款的另一项规定鼓励各州屏蔽或拆除州际公路和主要公路沿线的汽车垃圾场。奖惩并用。如果各州在合理的时间内不采取行动，他们的常规公路基金将被削减10%。可以肯定的是，联邦政府将会拨付75%的垃圾场清除和筛选费用。

这两项规定是此项计划中争议最少的，国会投票筹集足够的资金来启动它们。1966年和1967年，国会每年拨款1 000万美元用于垃圾场和广告牌管控，而用于第三条款风景的款项约为6 000万美元。*

最初的效果十分鼓舞人心。许多州不允许公路部门购买超出正常需求的土地，或者花钱美化土地。为了获得第三条款的资金，各州一直在修改法规，赋予公路部门必要的权力。各州都用这笔钱取得了良好的效果，例如，新泽西州、纽约州、马里兰州、佛罗里达州、伊利诺伊州、肯塔 305
基州、明尼苏达州、加利福尼亚州、夏威夷州和华盛顿州等已经推出了广泛的地役权计划。还有许多州在效仿加利福尼亚州建立景区道路项目。华盛顿州立法机关已经通过了一个项目，并指定了25条一级和二级公路为核心。

对景观价值的关注几乎在每个州都以前所未有的方式进入官僚机构。它们对景观设计师的需求量越来越大，而不仅仅是让其附会工程师

* 1967年8月，第三条款的资金共1.22亿美元用于风景美化和提升。其中，大约一半用于道路两侧的休息区，其余则用于风景地役权和美化。汽车垃圾场控制项目收到920万美元，广告管理250万美元。在1968财年，参议院批准8 500万美元用于这三个项目，众议院工务委员会也持相同的意见。现在问题取决于众议院。

的计划。景观设计师对于该如何实施计划有更多话语权。

一些最具想象力的工作由地方政府完成。蒙特利县帮忙开启了整个加州的运动，并成功守护滨海一号高速公路的风景走廊，抵制商业掠夺。加州把它命名为第一条景观道路，并保护它不必升级为高速公路。蒙特利县正在以同样的方式处理其他道路。它沿道路的走向指定保护区，保护带的宽度依据地形而定。这并不排除开发的可能性——在必要的地方使用风景地役权——但它确实给该县带来强大的优势，并据此指导未来的发展。例如，加油站和道路两侧的服务设施都集中在少数几个地点，而不是乱七八糟地分散排列。该县鼓励在走廊上需要建立分区的地方进行集群设计，并要求开发商规划好开放空间，以便走廊沿线留有缓冲区。这一步骤对分区和道路都有利，开发商也非常合作。蒙特利县拥有一些其他县没有的优势。它风景优美，多年以来广告牌分区都十分严格，它有大量未开发的道路两侧土地需要保护。不过，基本技术在任何地方都能奏效，而且被越来越多的地方政府运用。

尽管它们很有价值，但是展示景观的措施只能作为补充。问题的核心是展示了什么，我们在这里遇到了一些困难。总的来说，我们美丽的
306 田园风光是农民创造的，但问题是他们已经不待在农场了。家庭农场要搬走了，随之而去的还有人们长久以来习以为常的田园风光。目前的趋势是生产单一产品的“工厂化”农场，它在更少的土地上进行更密集的生产。甚至连奶牛也逐渐消失。它们不再在山坡和草地上吃草，而是在流水线上进食。奶牛场的工人发现，使用进口饲料并将其储存在巨大的粮仓里更便宜。这一切排列在一起，看上去很像一个化工厂。都市区域仍然有很多靠近市场的农场，但是越来越采用高度专业化的经营方式，从美学角度而言，这并不令人感到愉悦。

最好的景观计划是家庭农场的回归。一些生态学家认为，无论如何这都不失为一个好主意。他们说，单一作物的大规模种植方式对我们的土壤不利，单从经济的角度来看，回归家庭式农场很有必要。但是，发生这种逆转的概率很小。政府一直付钱给农民让他们少种地，而且经济力

量一直把他们推向同一方向。*我们可以预料到在未来很多年里，城市周边地区的耕地将会持续减少，优质的土地也会用于开发，边缘土地也会经历二次增长。

我们能做些什么呢？答案是我们能做的并不多。我在第一章开放
空间评估中曾经指出，农民因为保护自己的土地不被开发可以享受低税 307
率，但是这种情形不会持久。无论如何都要开发，公众得到的只不过是一种短期的幻觉，他们以为开放空间得到了保留。随着开发的压力不断增加，保持农耕场景的唯一途径就是把农田买下来，用公共资金确保农田得以耕种。这在特殊情况下是可行的——例如，学校农场、实验农场、儿童自然中心等——而且这种投资非常值得。但这是特例，只要有利可图，位于边缘地带的大部分农田都会保持可利用状态，而保护这些场景所花费的资金也浪费了。

这并不是反对补贴。英国人利用补贴来维持景观，尽管农业收益有官方的理由，但他们非常清楚，他们花钱买的是景观。我们也应该同样坦诚。在维护乡村方面，农民提供了我们想要的东西，人们还可以达成多项协议。

只要我们继续付钱给农民让他们不耕种土地，我们不妨让他们做一些事情让耕地看起来更好，这也是交易的一部分。为此，农业部已经实施一定举措。根据新的《农田调整计划》，他们需要向农民支付未耕种农田保护成本的50%——比如修建池塘、种草、栽树和保护野生动植物等。作为援助的条件，农民签署协议确保这项工作持续五到十年。许多人也同意，允许公众在其中狩猎、钓鱼或远足。

虽然我们的目标不是更好的风景，但如果这些措施在全区域景观计

* 我们国家的政策在这个问题上前后矛盾。政府花大价钱让农民退还农田，同时又在水利工程上投入更多的钱，以便在西部开垦新农田。有人认为，如果彻底改变这一政策会更好。宾夕法尼亚州的森林和水资源部长莫里斯·戈达德博士在对一群西部居民的演讲中直率地说：“在我们看来，一直把东部的农田放在‘土地资源库’中，而通过资助水务开发，将更多的西部边缘土地投入生产，这似乎很荒谬。相反，为什么不把这些东部的土地，这个人们聚居的、有着充足降雨量的地方，投入生产呢？……你可以把许多废弃的东部农场重新投入生产，用于承担为西部土地供水的成本……我们已经资助你的梦想很久了——有太多西部项目是用东部的钱完成的，现在我们需要并且想得到我们应有的份额……”

划中协调一致的话，这很可能是结果的一部分。不幸的是，根本没有这样的计划。县农业技术推广员尽职尽责地在一个个农场开展工作，但是他们不负责起草区域景观计划，也没有别人做这项工作。大多数地方政府还没有意识到农业计划带来的风景改善机遇，而且资金已经到位。

风景空地就是一个例子。农场保护计划强调种植树木，但许多景观最需要的是选择性砍伐，以保持道路两侧通畅。相对较小的公共投资在
308 这种景观活动中非常有效。荆棘、毒藤和杂树形成的屏障挡住了人们的视线，它们没有很大的经济必要性。这些土地十分贫瘠，尤其是沿线的一些土地，除了丢弃，别无他用。但是在很多情况下，这是损益平衡的。农民在土地上割草或者放牧，不需要很费力气就可以扭转局势。

有很多方法可以做到这一点。其中一个方法是公共机构购买沿线的土地，然后租给农民，或者以足够优惠的条件给予他们使用许可，鼓励他们继续耕种土地。国家公园管理局已经成功地在一些公园道路沿线给予了农民使用许可。另一个方法是收购保护地役权，规定土地不得二次增长。第三种可能性是新的补贴，主要是针对农业用地。作为农田调整计划的一种变通方式，农民通过割草、放牧或种植农作物让一些田地和山坡保持开放，为此他们也会得到相应的报酬。

志愿者有兼职、周末和暑期工作的农民。志愿者人数在持续增长，农场面貌对他们来说意义非凡——这也是他们购买土地的原因之一。他们对草地保持开放表现出特别的兴趣，有些人从一开始就勇敢地尝试亲自做这项工作。但这个阶段没有持续太久。大多数人发现他们既没有时间，也没有足够的支持，要完成这项工作，他们自己提供了补贴计划。暑期工作的农民非常乐意让邻近的农民拥有土地上的草料，算是对他们割草的回报，如果这还不够的话，他有时也给农民一些报酬。问题是要找到邻近的农民。

另一个问题是缺乏配置机械设备的资金。有一种非常高效的割草机器，割草、捆草一气呵成。这种机器花费不菲，但是如果许多农场都可以使用，这种投资也是非常值得的。在有些地方，土地拥有者集资购买
309 这种机器，并发起社区割草行动。虽然他们的目的主要是基于美学考

虑，但是他们发现干草经济学也没有那么糟糕。同理，他们买下农场，越来越多的人开始喜欢骑马，因此对夏季干草的需求量也相应增加。

这是公众景观计划的一个线索。一个县或一个社区能够承担一台高效机器的资金成本，如果这个计划设想得很好，土地所有者支付的割草服务费用足够抵消运营成本，田野也将保持开放。

比割草机更好的是动物，尤其是羊。20世纪40年代，规划师罗兰·格里利向佛蒙特州提出，保持乡村开放的最好投资就是为养羊提供资助。当时佛蒙特州85%的土地处于开放状态，森林占15%。现在的比例刚好相反，该州正在急切寻找保持农场景观开放的方法。此外，他们正在考虑利用税收政策激励农场主保持道路两侧土地整洁。*

羊还是能帮上忙。除了增加田园气氛以外，它们还是非常高效的园丁，这一点在许多公园已经取得了良好效果。一项政府援助项目将羊群纳入景观规划，结果证明这很经济实惠。一群羊轮流啃食，可以在相当大面积的土地上放牧。和使用割草机一样，土地拥有者支付的费用足以抵消成本。在有些情况下，尤其是大面积公共区域需要维护时，需要组建市政羊群。一想到立法者提出这样的提案会引发怎样的笑料，难免会让人不寒而栗，但这个提案确实有道理。 310

森林也需要美化。许多森林和田野一样令人窒息。森林里树木太多，下层植被通常分布密集，那里光线黑暗，不仅不吸引人，有时还难以穿越。间伐的成本不低，但是它如果集中在公共道路上的关键点——例如，在河流交叉口——也可以转化。除草剂可能有用。最近的实验表明，通过有控制的喷洒除草剂，以相当低的成本就能减少公路两侧的林下植被。

---

* 艾伦·弗诺罗夫和小诺曼·威廉姆斯在《保护佛蒙特州道路两侧的风景》这篇优秀的报告中提出了各种策略，强调用技术打开人们的视野。他们说："第一步非常简单，但也可能是最重要的一步。在佛蒙特州的公路上，很多美丽的景色都被最近长大的树木遮挡了——主要是杨树、樱桃树和一些没有多大价值的树木。如果这些树木在公路通行权范围内，只需一把锯子就可以了。如果（通常情况下）这些树木长在私有土地上，获得砍伐许可也不那么困难，名义上给予一定补偿或者免费都可以。"验证这一想法的示范项目正在进行中。

另一个步骤是考虑景观价值的同时，进一步规划重新造林。传统的重新造林只包括一个树种，通常是松树，一排排种植，整齐划一，绵延数英里，就像一个巨大的圣诞树园，观赏效果单调乏味。这种严格控制并没有让维护和采伐工作变得容易，而且常常提及的木材价值的理由也不是很有说服力。其他方面的好处，诸如流域保护，则更为重要。而在我们的城市区域，休闲和美学价值则是重中之重。林业规划应该反映这一点。我们应该沿着森林的边缘和进入点种植多种多样的树木，包括硬木和软木，有些地点应该有意识地保持空置和开放。这样的森林要比单一树种种植更接近本地发展特色。如果精心设计景观规划，那么风景也会更加自然。

作为一种娱乐手段获得资金的小径开发也是景观规划的一部分。除了边缘地带以外，城市附近的森林对于大多数人来说是一个陌生的地域。必须以更具吸引力的、更巧妙的方式吸引人们，因为尽管已经修好了小径，他们却对入口在哪里知之甚少，也不感兴趣。骑行小径最具吸引力，我们可以抓住这个机会广而告之。东部地区的多数林地，无论是公共的还是私人的，到处都是废弃的林间道路。在职业介绍团的帮助
311 下，用适中的成本就可以开放数百英里的旧路，让人们在此骑行。

当我们移到郊区接近城市时，景观变得更加复杂。中高收入社区里林荫道两旁的树木都是自己维护，并且让人赏心悦目。然而，主要商业沿线的风景脱节了。我们在这里发现了郊区的碎石，一经对比则有更多反差——垃圾场、沙砾坑、20世纪20年代的破败工厂，投资者一定会开发但还没有开发的一块块空地。

明智的筛选会有所帮助。*但更大的机会是重新开垦，很有必要应用在许多不雅观的土地上。例如，采石场和沙砾坑是城市景观中最常见的地形特点，因为它们必须靠近市场，这些地方将来会得到更细致的挖

* 岩石和悬崖的表面剥蚀是一个特别需要美化的问题。幸亏有气溶胶涂料，这个问题对于兄弟会成员和其他喜欢做这些事情的人来说变得更容易了。一些公园工作人员在涂鸦上喷洒肥料，这样地衣就会生长。其他人则建议使用脱漆剂。

掘。但那也是优势，虽然它们很难看，却可以改头换面，就像那些童年时曾在旧采石场游过泳的人一样，它们为其提供了从未有过的快乐。

直到最近，采石场和矿坑的再度开发更像是幸福的插曲而不是事先安排好的。将老工作区重新分级需要花很多钱，经营者们觉得负担不起，社区也不会给他们施加压力。但是现在经营者们有了自己的想法。一方面，他们急需更融洽的公共关系。一个个社区一直利用分级壁垒反对他们，而他们也不能仅靠进一步向外拓展来逃离。与此同时，随着地价飙升，部分经营者发现再利用的高昂成本超过了在剩余土地上进行住宅开发的收益，而娱乐区域是送给社区的福利。矿坑和采石场可以被打造成湖泊，利用丰富的想象力改造土地能提供比原来更有趣的地形，特别是那些平坦的土地。（甚至油井经营商也顺着这样的思路思考。在 312
洛杉矶，经济压力迫使他们把吊杆清理干净，转向土地开发。他们把设备聚集到“钻井岛”，换一个角度钻孔，从而空出大部分处于中间地带的土地。）

再度开发的关键是开挖前确定最终的景观和再利用计划。这显然关乎运营者的自身利益，社区参与规划极具优势。与簇群开发一样，社区有很大影响力。无论商业再利用如何进行，分区调整都在所难免。作为交换，社区可以提议哪部分供公众使用，以及它们如何与整个景观和娱乐装置相契合。

卫生填土作业为再利用计划提供了另一个机遇。在许多情况下，地方政府就此并没有计划，垃圾被倾倒在承包商认为最方便的地方。横跨在旧金山南部的湾岸高速公路上的“垃圾门”就是一个特别令人讨厌的例子。但是，垃圾可以创造有价值的社区土地。随着“垃圾到公园”长程计划的实施，圣地亚哥将垃圾填进被破坏的溪谷，并建成公共高尔夫球场和娱乐区域，其中有一座城市苗圃，为美化其他地区提供苗木。

垃圾经济学中一个特别恰当的例子，是位于芝加哥西部25英里的杜帕奇县的森林保护区内在建的休闲中心。其主要特征是为滑雪和平底雪橇运动打造的一座“山”，完工后，它有130英尺高，基础部分的面积为39英亩。该项目主要依靠自筹资金。该县已经指定县垃圾处理点，承包

商为倾倒的垃圾埋单。垃圾堆旁边正在挖掘一个砾石坑。出售砾石可
以净赚收益。坑中挖掘出的泥土将层层覆盖山上的垃圾。坑挖好以后
313 将打造成一个75英亩的湖泊，人们可以在湖上划船、游泳和滑冰。

有垃圾的地方就有机会。这适用于城市景观的各个方面——持续
燃烧的垃圾堆，焚烧不彻底的城市垃圾焚烧炉，堆满了废旧汽车、炉子和
冰箱的地段，以及没有使用的空置地段。废物和真空结合是郊区和城市
边缘之间的灰色地带的典型特征——用德语单词“dreck”（垃圾）形容这
样的景观再合适不过。我们拥有的如此之多，真令人感到欣慰。这是这
314 个地区新生的机会。

第十九章　城市景观

现在我们应该接近城市的入口了。但是入口在哪里呢？美国城市最最令人沮丧的是进入它们，或者知道什么时候进入。郊区离我们远去，但风景依旧。旧停车场、小餐馆、硼砂家具店，还有加油站，一家又一家加油站。郊区的萎缩和漫无止境让它失去活力，小城市尤其如此，接近这些城市与接近它们的价值成反比。人们艰难地走过一英里又一英里，唯一有入口的迹象是标示基瓦尼俱乐部和扶轮社汇合点的标志牌。

城市进路整治计划是城市景观工作的重要组成部分，是能够得到广泛支持的高能见度的工作。首先要确保关键的开放空间，如果沿途有高尔夫球场、房地产或农场，应立即采取保护措施。在大多数情况下，它们会等到最后才开发。甚至一些机构，它们风景优美的土地被我们当成风景的永久组成部分，也得随时做好出售和搬迁的准备。无论是费用还是地役权方面，收购成本可能都非常高，但是这些空间所处位置的效益—成本比可以很好地弥补费用支出。

商业乱象可以大幅减少，这样做既是很好的商业行为，也是很好的美学体现。全新的公路建筑和升级项目为汽车旅馆等提供平行的临街道路——就像纽黑文市康涅狄格收费公路上那样——即使通行权、交通 315
和停车便利等方面都对此进行了屏蔽，这种搬迁安置也相当有利可图。同样地，如果在城市边缘的服务集群中将各种欢迎标志和指示标志分组，这样将会更加有效。机场之所以成为如此优秀的门户，是因为它将各种服务集中起来，为旅客提供一个休养生息的场所。小规模的公路口岸也是如此。（为什么不把机场的免费直连电话设施接入酒店和汽车旅馆呢？）

消除乱象之后，我们可以展示出城市之美。从远处看，它的景象引人入胜——透过棉花田看达拉斯市，在湖滨大道看芝加哥——但是从来没有比第一次在山顶或道路急转弯处看上去那么引人注目。正是在这些地方乱象最集中。事实上，广告牌位置勘查人员的工作就是找到这些关键的视角，以便抢先一步用标识占领先机。

许多公路已经无可救药，最好的方法就是重新建设，联邦公路项目为此提供了很好的第二次机会。有时候新景观几乎立即被征用了——例如，接近旧金山的到处都是标识的海湾高速公路——但在大多数情况下，是高速公路打开了人们的视野，它们的规模以及我们可以行驶的速度大大改善了来到城市的体验。

但是，我们可以做得更多。在许多情况下，工程师未能利用他们的工作创造出的新景观，有时他们故意将这些景观隐藏起来。对司机来说，最令人恼火的例子就是新泽西附近的林肯隧道。它具备一个伟大奇观的所有元素。首先，沿着被淹没的漫长山路驾驶，偶尔能看几眼帝国大厦的影子，预示着人们即将去往哪里。然后绕过山顶，沿着下坡路慢慢驶入隧道。有几秒钟的时间，眼前出现河流与曼哈顿下城的天际线。傍晚的阳光里高楼耸立，摄人心魄的美让人不敢相信自己的眼睛。

但是驶出隧道的司机根本看不到任何风景。坡道挡土墙的高度刚刚好——虽然只有几英寸——却足以遮挡住一切风景。旧金山海湾大
316 桥也让人感到沮丧。从远处看，它还算是一个伟大的景观，而一旦上桥，就很难看到任何风景，因为侧栏杆和交错的电缆遮挡了人的视线。*

城市的可见入口存在的一个问题是城市通常无法控制它们。州工程师关注公路设计，而位于入口的地方政府通常一心只想着开发。但是与供水一样，城市确实拥有在疆界以外的权利并且应该坚持维护自己的权利。城市应该在高速公路设计上投入更多。新高速公路最好的部分首先来自关于股票设计的争论。这样的争论不应该仅限于城市边界。

---

* 一个做法：乘公共汽车。在大多数城市地区，额外的几英尺高度使乘客来到妨碍了驾驶人视野的围墙、护栏和汽车之上。这有很大的区别。

城市面临着一个巨大的、稍纵即逝的开发滨水区的机遇。大多数滨水区已经过时了——堆满腐烂物的码头、旧仓库、废品堆放场和货运轨道等，将人们与水域隔离开来，发挥不了任何经济作用。一两个现代码头就能处理曾经需要整个海滨参与的海运。曾经提供服务的几英里货运轨道现在基本派不上用场。因为管道的高效率，位于河边的油罐储藏所也不像以前那么有必要了。

重新开发的压力已经积聚了很长一段时间，现在几乎所有的滨水区都需要大规模的清理和重建计划。有一些地区的重建工作已经顺利进行，而其他地区的计划仍然得不到落实。然而，不管好与坏，木已成舟。不管制定了还是没制定计划，接下来的几年将决定未来几十年我们城市的滨水区特色。

到目前为止发生的事情并不令人欢欣鼓舞。许多项目非但没有开放滨水区，反而比以往任何时候都更加封闭。滨河地区的住宅项目设计得和其他地方的住宅项目一样，没有吸引力，而且他们失去的风景根本无法弥补。沿江高速公路和其他高速公路一样，就像在林肯隧道附近，
巧妙地让司机看不到江河的风景。 317

太多项目都是单一目标项目。例如，沿着纽约市哈德逊河岸的延伸处将建一个巨大的污水处理厂。按照环卫工程师的规划，顶层将是几英亩毫无用处的混凝土。这是不可原谅的空间浪费，简直就是一个巨大的眼中钉。幸运的是，这个规划令人非常不满，还引起市民的强烈抗议，迫使市政府重新考虑。建筑师菲利普·约翰逊重新进行设计，所以顶部将建有巨大的灯光和喷泉。

在很多时候，想象力要发挥作用却为时已晚。这些项目不仅构思老套，而且没有考虑与其他项目、河流或者城市之间的关系。当务之急是要有一个统一的规划。指导原则应该是准入性，最大限度的视觉准入，还有最大限度的物理准入——不仅进入滨水区域，还要进入水域本身。尽管令人难以置信，但是我们可以预见，有一天污染治理项目会让河流又变得清澈，人们甚至可以在河里游泳，而且是在市中心区域的河里游泳。

每一个新的滨水项目，无论是公共项目还是私人项目，都应该有助于提高准入程度，城市应该尽早地、固执地强调这一点。水塔的这种特殊的结构安排会对景观产生什么影响？人们能够到达海滨公园，还是只有一个象征性的行人天桥？路面上的视角是怎样的？如果一定要有挡土墙的话，为什么要建得这么丑呢？

城市也应该以更富想象力的视角来看待滨水地区的老建筑。在决定将它们全部拆除之前，负责重建的官员应该到旧金山去考察一下。他们应该先去参观著名的渡轮塔，看看那里的整体景观是怎么被高架公路彻底搞砸的。然后再去北部的滨水地区。尽管没有城市重建援助，一些建筑师和企业家对老建筑和仓库进行了修复并取得良好的效果。最著名的例子是吉尔德利广场，一个由巧克力工厂改造而成的极具吸引力的
318 商店与餐馆综合体。这类项目在传统的重建规划中很少见，但是它们具有人们极力追寻的独特魅力，只需一两个此类项目就能振兴整个地区。

渔人码头是另一个可以借鉴的理念。几乎所有的滨水城市都有一个码头或近岸建筑，可以改造为餐馆和商店。已有先例证明它们极具吸引力。它们也有一定的欺骗性——海鲜通常从别的地方空运过来，而且烹调技术也一般——但是景色很美，人们也确实喜欢这类酒吧。每个滨水地区都应该有这些。

小河和小溪也有它们的乐趣，正如圣安东尼奥市所展示的那样，经过悉心照料，它们可以成为城市极好的便利设施。但这需要付出艰辛。看看你所在城市的旧地图。昔日的溪流在哪里？在地下。这正是许多现存溪流的去向，如果有人能够如愿以偿的话。联邦政府给河道防洪工程划拨了大量资金，而在“河道整治”过程中，工程师们用大型管道埋藏了很多东西，人们再也无法看见它们。如果这么做不行，他们就会改用混凝土槽，为了以防万一，他们甚至还用石头修筑基岸。规划师们认为，可以通过种草、灌木和喜水的树木（例如，美国梧桐和柳树等）来稳固河岸。但工程师们通常会起主导作用，他们为维护和安全问题已经做了大量工作，当然，还要承受资金问题带来的压力。

但是现在有了补偿性压力（countervailing pressure）——联邦政府为

种草栽树提供资金——并且小溪和河流也能得到解救。作为新美化项目的重要组成部分，城市应该启动河溪改善计划来保护还未用混凝土或者石头筑就的河岸。他们还应启动项目让已经用混凝土筑就的部分恢复生机。另一件值得探索的事情是挖掘溪流。

最简单的城市景观行动就是植树——大树——而且是成千上万棵树。这是最好的行动。我们城市的街道就以树木命名——胡桃、云杉、杨树和枫树——如果在不久的将来，这些名不副实的街道两旁都种上胡桃、云杉、杨树和枫树，那就太好了。 319

这很有可能。根据新的联邦美化计划，除了他们的常规植树计划之外，城市将付出50%的额外努力。各方的响应鼓舞人心。许多社区明显推进了它们的街道植树计划，在此过程中，它们也一直鼓励花园俱乐部、街区和社区协会、市中心团体以及在校学生承担大量的配合工作。植树活动具有感染性。一旦某个社区或街道开始植树，下一个街道的市民要求植树的压力就会升级，然后是下一个。

各种商业利益也因此受到激发。停车场经营者就是一个例子。可能没有法律规定，他们必须给自己的场地加上围挡或在上面种树，但一些城市发现，如果适当施压，停车场经营者还是能够理解这一做法。废料场和汽车墓地的所有者同样也会做到。许多城市要求他们设置栅栏，但这些栅栏看起来并不比隐藏其中的东西好看。用树木作屏障更有意义。如今，对严格立法高度敏感的废料场工作人员都很乐意配合。

开发商也能被说服。他们理所当然地在自己的地盘上栽种树苗。他们沿街道两旁种植的树木将会提供更多的便利，并且市政府也会将种植树木作为土地审批的条件。机场管理局也会被施压，不仅是种树能改善机场的外观，而且树木能够减少噪音。前联邦航空局局长尼尔·哈拉比建议我们考虑在所有机场周围打造“安静的公园”。

我们需要更多的树木，而且是更大的树。我们尤其要在市区栽种更大的树。树苗要经过很长时间才能长成大树，甚至在十年或十五年以后，它们也与周围环境不相称。很多外行都想知道，我们为什么不直接从森林里移栽大树，这样就不用等那么久了。有人告诉我们，我们的技术还没有先进到这个地步。苗圃工人解释说，移栽树木不仅成本高昂，
320 而且树木容易被晒伤，它们的根系也容易被破坏。

但是英国人做过尝试，并且成功了。几年前，国家煤炭委员会借助美国芝加哥莫顿植物园开发的一项技术来拯救露天开采土地上的树木。同样也是由美国研发的土方工程设备上有一个巨大的挖掘铲，它能在10分钟之内挖出一棵树及其巨大的根球，并将其运送到保存区。这些树可以保存好几个月而不受伤害。如果放回原处或移栽到新的地方，它也可以长得很好。有了这项技术，英国人如今就能将森林中的大树直接移栽到街道两旁了。

英国人惊讶于我们竟然没有这样做。我们的森林中生长着大量的优质硬木，而且距离大多数城市都很近。这里是我们的绿色银行，只要州政府发挥其主导作用，它们可以立即派上用场。各州可以通过林业部门发起补助计划，帮助当地政府增加树木保有量。而那些在森林中拥有广大流域土地的城市可以建立自己的绿色银行操作方式。（苗圃工人不应该对这种竞争感到大惊小怪，新的景观和城市景观项目应该带给他们比想象中更多的业务。）

我们必须采取更多措施来保护已有树木。我们的许多城市显得光秃秃而且单调，原因之一就是那里的树都被砍倒了。我的家乡曾因购物街两旁的枫树和橡树而闻名，如今它们却早已不见踪影。商家抱怨这些树木妨碍停车，使人行道通行不畅，还遮挡了他们的标志。这些树在一次市政改善运动中全部被砍倒了。有时候，一些狂想家和感伤主义者会竭力去阻止这种事情发生，但类似的改善计划已经在许多市区不断推进，在有些城市，商家从一开始就不允许栽种树木。

有些人就是不喜欢树。许多街道部门总是为了拓宽街道而砍伐树木，但有时候这会让人觉得他们拓宽街道是为了砍伐树木。大多数公用事业和电话维修人员都会小心修剪，但是如果没有树木与之竞争，也就
321 没有树木需要修剪，有些人会更高兴。为什么那些被任命为树木管理员的人总是喜欢砍树呢？有些管理员似乎总能发现，那些看上去很健康的

老树生了说不清楚的病，他们往往喜欢在冬天处理这些树木，那正是这些人没有太多其他工作要做的时候。

有这么多的义务看护员是好事——如果不是因为有花园俱乐部，我们许多社区早就被砍伐光了。但是，更为严格的政府保障措施也亟待出台。在有些情况下，纸面上的法律影响深远。例如，在马萨诸塞州，土地所有人在与公共道路比邻的区域砍伐树木就属犯罪行为。各地都应颁布类似的法规，并予以执行。公共机构和公用事业部门砍伐树木的行为也应该多一些书面立法。在砍树之前，他们必须证明自己的合理性，每次申请都必须充分遵循官方流程，并由其他所有机构进行审查，举行听证会，并要考虑可能的时间延迟。虽然这会使官员对真正生病的树木进行裁剪和移除时更加困难，但这是能够容忍的。以后再也不会有链锯砍树的噪声了。

还会有更多机遇：更好的“街头装饰”，更简单且具吸引力的路牌，更加多样的路面纹理，更具想象力的地铁空间处理，使用拱廊、月台和步行街——这样的议程我们想要多少就有多少。但是，如何将这些独立的项目联系在一起呢？谁又能将这些项目分出先后？基于什么理由？大多数项日本身就很值得实行，并且许多项目应该立即启动。然而，最终还是要有一个统一的规划。如果这意味着什么的话，那就一定是对社区的可见资产与负债进行一个相当全面且持续的分析。

这是新联邦美化补助金计划的基本思路。迄今为止，结果还算鼓舞人心。许多城市已经制定了长期规划，并且开始为此投入真金白银，而 322
不是只做一些零散的、一次性的社区形象研究。在城市规划中取得良好效果的城市也显示出了相当大的想象力，例如费城，还有一些县政府也是如此。到处都是有趣的示范项目：纽约市正在检验景观建筑师M.保罗·弗雷德贝格的“便携式公园”理念，旧金山湾区当局正在BART捷运系统的高架桥下建造一个2.7英里的带状公园。

但是，大部分美化项目都非常传统。大约70%的拨款用于公园改造。大多数情况下，长期规划项目都包括一个有着很多好点子的清单。很少有城市研发用以分析人们眼中的城市的技术。直到他们将此作为常规规划过程的一部分，他们的美化项目必然也只会抓住明显的一面。当然，任何新项目都不免会滞后。有太多东西值得感谢——尤其是那些新栽种的树木。尽管如此，缺乏想象力还是很令人沮丧。

当然，美是相当主观的。一些人眼中的维多利亚时代怪物对另一些人来说可能却是极具吸引力的建筑物，而一些最猛烈的市民纠纷甚至提议拆除另一些人心爱的眼中钉。纪念碑和公共雕像的设计往往能激起类似的热情。然而，人们往往会对自然景观和城市景观的主要元素产生相当类似的反应。我在康涅狄格州进行采访，让人们针对州保护计划应该包含的内容发表意见时，我惊讶地发现不同的人对此事的意见竟如此一致。无论他们的收入、职业和居住地如何，大多数人都提到了同样的目标，而且往往连顺序也相同（第一，拯救“自然”乡村），甚至他们谈话中用来例证的一些特定景观都一样。唯一的显著差别存在于当地居民和新移民之间，以及彼此的关心程度不同。新移民更关注自然景观，并且更热衷于保护这些景观。

一些有趣的实验研究表明，人们对一个场景的看法可以系统地绘制
323 出来，而且一旦绘制成图，这种强烈的一致性就会显而易见。在他关于城市形象的作品中，凯文·林奇绘制出了在人们的记忆中自己对城市部分地区的印象以及他们曾经留下足迹的截面图。再现图像表明，人们的地域感具有很强的一致性，特别是“节点”、中心和边缘。戈登·卡伦和伊恩·奈恩等英国人的作品也极负盛名。他们的方法更偏印象主义，但他们作品的实质是自然景观和城市景观的影响可以成为适用于任何国家的一般原则，并且就此而言，也适用于任何时代。通过简单的观察，外行人也可以自行检测这一说法。坐在公园的长椅上观察人们对空间的反应方式。无论是城市是大还是小，是东方还是西方，他们都会被容纳他们的狭小封闭空间所吸引。

人们的意见并不会一致到对任何自然景观或城市景观计划的品味没有一点争议。如果人们不能对某些景观有所体会，那会相当乏味。但比美学更棘手的问题就是成本和优先权。即使大家对每个项目都达成

一致意见，资金数量也是固定的。一旦越过了明显的优先权——比如植树——就会面临一些艰难选择。是否应该大范围推行成本相对低廉的项目？还是应该将精力集中于市内商业区？将资金投在交通流量大、成本高的位置会更好吗？但是应该以什么标准来评判它们？

公路工程师遭受到很多谩骂，因为他们在计算成本—收益比时只考虑定量数据。他们确实太过于强调容易衡量的数据，但是他们至少在最能为绝大多数人提供最好服务的基础上尽最大努力进行选择评估。开放空间和休闲项目规划师还有很多事情要做。多年来，开放空间的购买计划主要着眼于成本，这就过分地强调了乡村的廉价土地。一旦收益得到同等重视，则等式会对人多的高价土地更为有利。同样的平衡问题将是任何景观规划的核心。 324

计算成本相当容易，而估算收益则有一定难度。第一步是地区外观的详细目录，它不是一组静态的场景，而是一个动态的序列，记录人们驾车和步行体验社区的方式。一种方法是运用16毫米或35毫米的摄影机拍摄的一系列定格摄影记录。伴随着有点像音轨的画面会出现一个特定地点的平均交通流量的运行指数、平均车速等。注释很重要。我曾经花了大量时间拍摄切斯特县二级公路的俯视影像。作为曾经的记录，它可能具有一定的价值。但是我发现它会起到误导作用，因为它与许多人详细研究的景观没有关联。

凯文·林奇，唐纳德·爱普尔亚德和约翰·梅尔的作品具有高度启发性。在《路人眼中的景观》一书，他们绘制了驾驶员在高速公路上视觉体验，并且建立了一个速记符号系统，人们可以通过该系统对视觉体验进行评分。有些方法看似非常复杂，却蕴含着很多独创性。这一基本的方法应该得到广泛运用。

收益等式的另一部分是旁观者。有多少人看到了这里的风景？是一天当中的什么时候？在什么情况下？交通流量能帮上忙，但是每天有8 000人通过一个给定的点，这一事实不能为我们提供足够的信息。他们是谁？每个场景都有一组观众：丈夫在高峰期驱车回家途中所见跟妻子上午开车沿同一路线去超市，或者孩子乘校车去上学的途中看到的场景完全不同。我们必须考虑速度对规模的巨大影响。再回到我之前提到的沃林福德的例子，如果收费站被取消了，驾驶人就不必减速，那么田园风光就会全部消失不见。

行人的视角是另一个丰富的研究领域。到目前为止，几乎没有什么关于公路上驾驶人的出发地和目的地的研究，但是几项试验表明，还是存在一些有趣的模式值得研究。例如，如果人们能够看到自己所要前往的建筑物，就愿意徒步走过更多的路程。同样，行人交通和车辆交通似
325 乎也并不像人们想当然的那样互不相容。在市中心，行人占主导地位。同样，宽阔、并不拥挤的人行道的吸引力可能会被高估。行人吸引着行人，他们往往会选择狭窄而又拥挤的人行道，尽管在这里人们互相推撞，举步维艰，或者，也许它的确需要这样。

无论我们绘制出多好的视觉交通图，项目决策永远都是一个判断问题，不可避免地，也是一个政治问题。尽管如此，一个注释清晰的记录对于关键选择会有很大帮助。我所知道的一个城市的最明显的一个项目就是改善郊区河流两岸的交通，这在当地引起了很大的骚动。这是一个很有价值的项目，但它主要惠及与其毗邻的郊区富裕阶层，城市里的人并没有机会用到它。在城市入口附近两条二级公路交会处，有一个景色不是很美的地方，这里有一个更加重要的机遇。这是一个潜在的重要门户。这里有一个本该被屏蔽的垃圾场，一个废弃的加油站和一个小型车库。它们遮挡了小峡谷的美景，因此需要移除。附近还有一座精美的18世纪的老房子，只要将它移动400码就会有很好的效果。由于这里被划为商业区，成本将相当可观。但收益却会远高于此。这正是人们喜欢去的地方。

难道这一切不会有做表面文章的危险吗？不，的确有。危险在于，人们会担心这些表面文章而止步不前。有人担心这种元素和视觉吸引力的作用会偏离真正的城市规划任务，那些推动诸如植树和清理路边空地等日常事务的人必须做好准备，接受关于小型风景之危险的说教。美化不是解决问题的方法，有人指责道，花草树木解决不了基本问题。真正的美是完整的。

的确如此，的确如此。但是，我们扮演着什么样的角色呢？仅仅因为无法通过景观计划来解决城市发展的所有潜在问题这一点，我们就没有理由轻视景观计划。也没必要对表面文章表现得如此高傲——它们 326
确实有自己的用途。此外，仅有一小部分景观计划不得不做做表面文章，为了掩盖我们想要隐藏的现实意义。当然，强调表面文章、风景如画以及古香古色也会有缺陷。但这是说，糟糕的设计存在缺陷。

关于表面文章的争论推断出一种实际并不存在的冲突。在路边栽种一棵美丽的树并不要求我们低估道路本身设计的重要性，或者忽略一个良好环境的其他因素。当然，更多树木并不能解决基本问题。它们不会对种族歧视起什么作用，也不会阻止城市扩张。我们可以继续追问，却无法证实树木或自然界的其他方面会对人类产生如此大的积极影响。

我们就说树木是好东西。种植树木虽然不会带来影响深远的解决办法，但也不会阻碍它们出现。例如，汽车废弃场就是一大隐患，因为废料循环出了问题，任何根本的解决方案都必须是经济的。与此同时，如果我们用一些树木把最丑陋的东西隐藏起来，会不会造成伤害？这应该不构成对立。

通常反对美化的评论暗示那些对视觉美感兴趣的人组成了一个单独的类别，而且不是很有效的那种。“善意”这类短语突然蹦出来，但是，如果提到“花园俱乐部女士”，这个提法显然带有贬义。但这是否存在分歧？我发现那些对自己的景观有强烈感受的人，往往也是那些推动更好的综合规划、水资源项目以及大型风景的所有其他组成部分的人。正是景观左右着他们的情绪。

对当地景观的威胁比积极的规划建议能引起更多的激情，这很有道理。这有时是一种耻辱。激情往往被浪费在失败的事业上，并且总伴随着关于更大的共同体的排他性看法。但是，太过抽象或者轻视这方面的规划将会错过一个关键的激励因素。 327

任何长期的区域计划的景观要素都只是总体规划的一小部分，但是却比其他任何因素都更能获得个人参与。人们会受他们所看到的东西干扰。而他们是合理的。 328

设计和密度

第二十章　拥挤的案例

我一直在谈论的景观行动，实际上是我们将不得不采用更严格的空间和开发模式，我们的环境可能会因此变得更好。这个有点乐观的观点以人口密度增加，以及他们所做的并不完全是一件坏事为前提。这个前提会引起很多争论。我们的官方土地政策强烈反对更大的人口密度。它和大多数其他国家的官方政策一样，属于分散主义，其主要目标是鼓励人们向外推移，以减少人口密度，缓解都市人口压力，在都市边缘区域重建各个功能部分。

我认为这样做是行不通的。当然，人口向外推移的运动仍将继续。但是，如果我们的人口继续增长，那么适应人口增长的最佳方式应该是更加集中和有效地利用区域内的土地。大写的“如果”是指利用强度是否能与利用效率相结合。也许不能。但是也有可能。欧洲就是个例子。很多人问道，我们为什么不能像欧洲人那样对待景观，因为他们没有意识到，欧洲的城市和乡村景观每英亩容纳的人数都要比我们多得多。这种差距主要不是因为我们的平均水平被西部广阔的开放空间所加权。即使在我们大多数的城市州，都市地区的平均密度也要低于欧洲同类城市——甚至是一些欧洲国家。 331

人口密度更高的情况不能以土地短缺为理由。土地并不少。诚然，一流的农业用地正在为城市扩张所侵占，在合适位置的开放空间越来越难以保留。然而事实是，如果我们想继续走扩张路线，还有空间。只需要将都市区域的直径扩展几英里，就会有足够的土地来容纳大量的新增人口。这也许不是一个好方法，但也是一种选择。

我们的城市不会相互碰撞。虽然都市区域的联系更加紧密，但这与碰撞不是一回事。例如，考虑一下从波士顿到诺福克东海岸沿线的巨大城市带。我们现在更加关注这个人口稠密区的连续性，这是好事。让·戈特曼做得就很好，但是像许多人那样称它为“带状城市”是一种误导。

没有这样的城市，这个命题很容易验证。从波士顿飞往华盛顿的途中透过飞机窗户向外看，到处都是郊区的流溢现象，一个接一个——例如，从巴尔的摩到华盛顿之间——但是这些城市保持着自己的特色。这在晚上尤其明显，下面的灯光如此生动地简化了结构：市中心灯火通明，购物中心、立交桥以及连接这一切的高速公路的脊梁。然而，黑暗同样引人注目——马萨诸塞州和康涅狄格州的森林，新泽西州的松林，东海岸的农田，弗吉尼亚州的潮水等。沿着主要的城市线路绵延数英里，你向下看时，只能见到农场和小镇一些零星灯光。

全国其他地区的城市部分——洛杉矶除外——几乎有着同样的特征。它们是城市系统，由高速铁路和公路网连接，但是还没有凝聚成一个没有个体差异的团块。城市外围仍有扩张空间。城市内部也有空间。无论哪种方法更好，我们仍有选择的余地。

这绝不是非此即彼的选择，而是双向发展的两股力量。我们只能通过规划和公共政策并根据我们的喜好塑造这些力量。但是，两股力量之间的差异很重要。我们政府的交通运输、新住房和城市发展计划都有
332 很大的杠杆作用，而侧重点的转移在未来几年都会对都市产生相当大的影响。

分散还是集中？理想都市的大多数方案都倾向于分散化。都市扩张仍在继续，只有这次扩张将有序进行。新的开发方案应该用来规划新社区而不是分区扩张，用快速交通将它们连接，同时用绿化带将它们分隔。也有人提议将新社区集中在都市区之外。

很明显，郊区的范围在任何情况下都将会扩大，显然还会出现新的社区，但外围不是其关切所在。向外扩张看上去最容易，但在应对人口

增长方面却效率最低。随着开发不断从中心向四周延伸，收益不断递减，成本却在增加，而且呈现加速趋势。水资源分配就是一个例子。如果在特定区域内人口增加一倍，我们只需把现有管道系统的直径扩大就可以满足他们。但是，如果把区域面积扩大一倍来容纳新增人口，那么我们不仅要扩大现有的管道，还要铺设大量新管道。当它们深入到低密度地区时，成本会越来越高。新居民或许要支付额外的费用来弥补这些资金成本，但社区其他居民要承担绝大部分费用。

公共交通以及其他公共设施和服务也是如此。为了向外围低人口密度地区的居民提供城市服务，需要不成比例的资本投入。但是，由于这些服务的费率结构的原因，事实上，其他人不得不付出比他们应该付出的更多的成本来弥补差额。这里的其他人是指生活在高人口密度地区的人们，为他们提供服务最容易也最有利可图。我们已经成立了公用事业机构，经济学家梅森·加夫尼指出：“这是一个用中心支援边境的机构，从而弥补分散化的额外成本。” 333

集中才有效率，因此，它为人们获取所需提供了最佳通道。这就是城市的意义所在。人们都聚集在城市里，因为这是充分利用机会的最佳途径，越接近核心，可供选择的机会就越多，也更容易获得技能、专业化服务、商品以及就业机会。通过补贴新的高速公路和绕城公路，这便于人们在周边区域活动，但是充满活力的中心区域的重要性非但没有减少反而增强了，而分散其职能的决策也会失败。

商业和工业都在谈论分散化，但是当企业可能分散他们的生产单位时，他们的办公室和管理业务却比以前更集中了。正如我之前指出的，英国曾千方百计试图扭转这一趋势，阻止伦敦的商业增长，让它转移到别的地方发展。尽管困难重重，商业增长依旧强劲，壮观的办公楼繁荣景象应运而生。

我们也有过商业逃离的想法。战争刚结束时，人们普遍预测企业会把总部迁往郊区的园区式度假村，当时纽约有几家公司这样做了，还获得了不少有利的名声。据说，高管们会有更多想法，办公室离家更近、更宽敞，空间成本减少，周围的环境更加舒适宜人。但是这场运动还没有完全结束，有几家公司就悄悄地搬了回去。新办公大楼在市中心成本最高的土地上拔地而起。不久之后，集中化变得几近疯狂，派克大街上的整栋大楼被拆除，用来建造更大的建筑物。

事物的中心之所以吸引人就因为它是事物的中心。分散主义者想要做的是减少事物的数量，或者干脆把它们放到别处。他们支持城市更新，但是要大大降低人口密度。他们希望开放城市中心，尽可能分散其
334 功能，并在内地的次中心区域重新组合建一座小城，集中城市的所有优势——美术，音乐，商业，大学，城市里令人兴奋的事物——但不包含它的缺点。

那将是一个毫无生气的都市。这种分散化不仅不能很好地适应城市发展，而且与赋予都市活力的所有力量背道而驰。我们必须内外兼顾，看到都市的优点，寻求更为密集和高效的利用现有土地的方法，而不是去追求这种考虑不周的地方主义。

一种方法是提高住房密度——既可以在住宅开发的土地上安置更多人口，也可以利用荒废或未充分利用的土地。当然，密度是相对的。在郊区被认为是相当高的密度——每英亩20人——对核心区域来说算是低密度，而且随着与城市的距离的增加，这个密度可能会逐渐减小。然而，在任何地方提升人口密度的同时，我们可以不降低生活水平。在有些情况下，生活水平会因为人口密度增加而提高。

这在城市尤其如此。那些分散主义者哀叹城市的无情集中，仿佛在说城市不好，因为我们让越来越多的人涌入城市。但事实并非如此，我们的城市人口保持稳定或者有所减少。事实上，城市灰色地带的一个大问题是没有足够多的或多样化的人口来支持城市里服务与商店的集中。提高人口密度比进一步降低人口密度更有意义。

英国建筑师西奥·克罗斯比指出，人口密度高的城市才能提供高水平的舒适性，比如交通。克罗斯比说："典型的规划师的妥协——每英亩100到200人使得车辆—行人困境难以解决。只有达到合理的人口密度

时（每英亩最少200到300人），汽车才被认为是奢侈品。这样的密度下你可以选择使用汽车，但并不是非用不可。这样的密度也意味着公共交通网络是负担得起的，因为只有在高人口密度下，快速交通系统才有经 335
济意义。”

人口密度对社区的外观和感觉都有重要影响。城市就该有城市的样子。我们的大部分重建项目结构松散。如果能将项目规模收紧，城市看起来会更漂亮，而且更经济。即使是最好的项目，情况也是如此，例如，华盛顿的西南重建区。有些参与其中的建筑师认为，如果能把各部分建设得更紧凑，就会显得更具活力而且时尚。

这并不意味着把所有人都安置在高楼里。不幸的是，赞成和反对高人口密度的论点通常围绕高楼和其他东西展开——我们要么向周围展开，要么往空中发展。*但这是一个错误的选择。布局整齐的低矮建筑能容纳很多人，而且通常相当舒适。显然，高楼也可以做到这一点。在任意一英亩土地上，高楼尽可能容纳最多的人。但是其他土地也要计算在内。高楼像传统的城市项目那样一排一排地排列着，整个项目的密度指标低得惊人。

一般的重建或公共住房项目每英亩通常比社区所能容纳的人少，而那些社区已被拆除，来给新项目腾地方。这种设计方法需要更多的空间，几乎达到了郊区的规模，但重要的一点是建筑物本身占地面积很小。例如，纽约市公共房屋管理局的项目占地大约2 000英亩，几乎是曼哈顿 336
岛面积的1/7。房屋管理局自豪地指出，仅有16%的面积用于建筑。

人们得到了什么？据说是开放空间。但这些开放空间单调乏味，而且是公共机构性质的，其中大部分禁止人们涉足。开放空间是为建筑师

* 从哲学角度看，英国城乡规划委员会的低密度住房指数最具影响力。它将高密度住房项目与标准的高层建筑项目等同起来。委员会有充分的理由厌恶这些项目，并且一直谴责当局继续项目建设。委员会指出，人们既不喜欢住高楼，也不喜欢住多层住宅，他们尤其怀念自己的私人花园。这是一个强有力的例子。但是在讨论这个问题时，委员会对设计更人性化的低层住宅以达到更高密度的可能性不予考虑，并警告说，这样做会陷入一种错觉，“技能可以通过更巧妙的压缩创造一个新的乌托邦”。这使情况变得更糟糕。虽然没有乌托邦，但是在高密度高楼和低密度花园城镇之间确实有一个中间地带。那些只想建高楼的人喜欢看到争论的极端化。他们说，这就证明了他们别无合理的选择。

准备的，因此他们有足够的地方来建造高楼。但是，这么做到底为了什么？设计不符合逻辑。也许建高楼是为了密度——补足没有建在开放空间的住房。但是净密度仍然很低，而且不能以贫民窟标准来衡量。在那些标准公共住房项目里，每英亩容纳的人口数量低于许多三四层住房的人口数量。

这是对高成本土地的低效利用，我们如果想继续下去的话，就应该有一个充足的社会理由。目前的理由是低密度意味着更健康的生活，持这种说辞的规划师非常重视每英亩土地上的人口数量与贫民窟的犯罪率、患病率之间的关系。它们之间确实存在相关性，但这是因果关系吗？过度拥挤——每个房间居住的人口过多——与每英亩土地上容纳很多人之间是有区别的。过度拥挤确实会造成不健康的环境，而高密度可能会也可能不会令环境不健康。

最近，人们听到了很多关于城市里人们住得太近或者住在城里会造成心理影响之类的无稽之谈。许多批判都是旧瓶装新酒，换汤不换药，是一种神经症、紧张情绪、从众心理等等。但是，现在这些指责慢慢变得更加科学。人们目前正在进行大量研究，旨在揭示过度拥挤的不良后果。一切进展得顺利，但是只朝一个方向进行。那么人口稀疏会怎么样呢？研究人员如果能同样关注相对孤立和缺乏亲密接触的人可能受到的影响，他们的结论也会更加客观。也许他们研究的那些老鼠也会感到
337 孤独。*

如果研究人们的生活方式，我们会发现强有力的经验证据表明，人

---

* 他们可能会研究的一个现象是，人们为什么总在没有必要的时候挤成一团，比如鸡尾酒会。参加鸡尾酒会的人习惯性地抱怨那里的拥挤、嘈杂声和烟熏火燎。但是，注意看他们的表现。他们不喜欢太多的空间。他们聚集在一起直到聚会结束，都在一个空房间的角落里扎堆。

人们在户外的表现也大同小异。在对国家公园进行的一项切实有效的研究中，诺尔·艾可恩和弗兰克·弗雷泽·达林评论了露营场地的好奇心理机制："对我们中的一些人来说，[这是]一个非常令人困惑的现象。朗·加里森先生告诉我们，20世纪30年代他在约塞米蒂的研究中发现，很多人明显喜欢挤在营地里。至少在劳动节之后，当营区的占用密度下降时，外面的人大量往中心移动，使得中心能够保持高密度。"（《国家公园中的人与自然》，华盛顿，自然资源保护基金会，1967）

们可以在高密度地区生活得很好。这取决于一个地区的自身情况。在一些密度相对较低的社区患病率和犯罪率很高。相反，在一些密度较高的社区患病率和犯罪率却很低。显然，其他因素起着决定性作用（香港是世界上人口最密集的城市之一，每英亩高达2 800人，与美国人口稠密地区相比，患病率和犯罪率都较低）。

那么，为什么那么多高密度社区最受追捧呢？不仅是高层豪华公寓，还有纽约由四层和五层带有室内花园的褐色建筑组成的绿树成荫的街区，其人口密度高于附近的公共住房项目，平均每英亩约250人。改建后的褐色建筑区域人口密度从每英亩约180人增加到350人。

布鲁克林高地就是一个例子。那里漂亮的老房子（大约25英尺宽，50英尺深，再加上一个50英尺的花园）已经被精心改造成一个极具魅力的社区。但是人口密度很高。每英亩（包括街道）约有13栋房屋，平均有65个单元。单元平均人数在3至3.5人之间，总体密度约每英亩200人。不考虑舒适性的话，土地利用效率高于许多高层建筑集群。 338

在华盛顿、芝加哥、旧金山等许多其他城市也有具有引人注目的例子。城市里按照惯常标准规划的区域本来会面临无可救药的拥挤，却成为最令人愉快、最受追捧的地方。虽然不应该过多地强调这种关联性，但是要求密度标准与市场脱节的规划政策一定有问题。

这些标准是乌托邦概念的产物，而乌托邦概念从来都不针对城市。这是花园城市的理想之选：既难以在郊区实现，也完全不适用于城市。

在某些方面，原始模型的规范比当前的标准更切实际。埃比尼泽·霍华德的理想花园城市要求每英亩70至100人之间，这本应该是在乡下。为了重建我们的城市，一些规划标准要求密度不能太高——理想社区大约每英亩100人，很少超过150人。

为了消除拥挤，这些规划就要消除集中。但集中是城市的天性，是它存在的理由。城市不是需要更少的人，而是更多。如果这意味着人口密度更大，我们也无须对此感到内疚。实现更高密度的最终理由不是为了土地成本更高效，而是这样能让城市变得更好。

现有的原型可以证明这一点。多年来，很多人一直认为应该抛弃传统的高楼大厦和购物中心项目设计。他们提出用灵活的方法取而代之，将高层建筑和低层建筑结合起来，这类项目更适合现有的社区，更经济地提高人口密度，以阶梯式露台和封闭式花园的形式提高了舒适度——和隐私——这在低密度高楼项目中是没有的。这个理念没有什么特别新奇之处——它实质上是对住宅广场的现代化改造——却被认为是过于空想而遭到反对。住宅项目工作人员认为，即使这一方案可行，也不可能通过贷款机构和政府机构的资金来实现。但还是有少数项目做到
339 了——例如，华盛顿西南地区的重建项目——后来又有几个新项目。它们做到了，而且很经济，也受人们喜爱。最近，又出现了更具有想象力的方法——最著名的就是蒙特利尔的“栖息地67”的设计。我敢打赌，它们也会成功。

公共住宅项目工作人员正在测试新的方法。令当地人高兴的是，纽约市住房管理局在“样板城市”示范项目下委托了一系列“袖珍”项目，并选了一些非常优秀的建筑师负责设计。这些项目都很小——有的只占用街区的一部分——而且每个项目看起来都各不相同。大部分建筑都是四层左右的低层建筑。地表覆盖率高于传统的高楼项目，但是开放空间的比例小，因而使用效率更高。开放空间被建筑物包围，而不是分布在街道两侧，且主要集中在室内，为人们留下活动空间。

由于这些项目的规模如此人性化，因此有人猜测其人口密度必然很低，无法真正实现经济效益。事实并非如此。负责协调多位建筑师工作的建筑师诺瓦尔·怀特认为，**表面看来**其人口密度很低——就像布鲁克林高地的情况一样。但实际密度会很高，平均每英亩300人左右。

距离城市越远的地方，人口密度越低。在未来很多年里，郊区外围的大宗土地都将是这种情形。但是总的来说，在某一地区居住的人口数量肯定会增加，而且大部分人口增长会集中在高密度住宅区。

目前，簇群还没被用于提升人口密度，但是它每英亩可以容纳更多人的高效性促使它不可避免地将被用于这一目的。开发商已经想到了这一点，而地方政府则对此再清楚不过。大致说来，他们的密度分区条

例不再着意于密度。目前，开发商并没有付出太多努力提高允许的房屋 340
配额，他们从建筑储蓄金中获得了令人满意的回报。但是这种自身利益的巧合实在太过于可观，因而不会持久。开发商的下一个巨大推动力将是簇群和更多住房，如果人口持续增长，他们将会取得成功。

郊区涉及争议的另一个焦点是公寓。大多数郊区都不想建公寓，在重新分区听证会上，通常由城里最优秀的人士组成的反对派提供统计证据以证明，住在公寓里的人养育太多孩子，他们从社区得到的利益比他们缴纳的税额还要多，而且对社区忠诚度较低，通常也不受欢迎。但是公寓照样继续在建。太多人需要公寓，这种压力已经转化为强制性的土地价格。如果一块土地从原先的单户住宅重新划分为花园式公寓，每英亩土地的市场价格会立即上涨，但是如果改为高层建筑，涨幅则会高达每英亩25万美元。这种利润过剩的可能性让当地居民辩称，那些住公寓的人应该到别处去住，少生孩子，等孩子到了上学年龄再搬到房子里住，届时他们的教育程度和收入高于平均水平，各方面都非常不错。

但是分区差异几乎不可避免。尽管市场发出了明确警告，但是大部分郊区都不期待建公寓。它们的分区已经固定，如果不重新分区，就无法再建新的公寓。这种说法有点傲慢。会有变化，就像密度分区中的密度一样。总而言之，郊区分区委员会的日子不好过。

除了让每英亩土地容纳更多人以外，还有别的方法提高城市土地的承载力。我们可以增加有效英亩数，不必深入偏远的乡村就能做到。在都市区域内有相当数量的土地未被利用，还有数量惊人的土地被浪费。

停车位是最大的浪费。即使我们有了现在的技术，它还是相当落后，我们为停车分配的空间大大超过了实际所需。城市土地学会针对购 341
物中心横截面的一项研究表明，从纯经济学的角度来看，最好的经验法则是将每1 000英尺的购物空间划分为5.5个空间。大多数购物中心远远超过了这个平均值——高成本土地利用不足，这些土地如果用于任何其他用途，包括草坪，都会对环境更有用。

工业也恣意挥霍土地。一层的、平面的工厂的趋势背后有很充足的理由。从美学角度而言，新工厂的建设标准要比大多数新的住宅小区要高得多。但是，它们也占据了大量的空间，和购物中心一样将更多的空间用来停车，而不是主要活动。工业园区更有效地利用了空间，因为它不比一个独立的工厂需要更多的土地用于缓冲功能或园林绿化。如果工业继续扩张，土地成本不可避免地会导致更多的土地集中利用。但是，工厂的水平扩张趋势会出现逆转吗？十年之内，我们可能会听到工厂垂直叠加这一革命性的新概念，随着材料处理方式的改进，将有可能出现四五层高的工厂。*

公用事业用地也应该收紧。高压线如此不雅，我们也倾向于将其拆除，却很少有人意识到它把我们的城市土地分割成很多块。这种单一用途的土地利用是一种无谓的浪费，正如我前面提到的，公用事业用地可以用作很好的连接或休闲空间。

也不需要占用这么多土地。一个区域的公用设施图最惊人之处在于不同的公用事业用地上的重复劳动。输油管道、输水管道和电力线路等这样或那样地独立分布在公用事业用地上，只有在中心城市它们才被
342 迫共享路线。它们为什么不能合并到一起？铁路轨道上方架设了几条新的高压输电线路。像高速公路这类最占空间的公用事业也具有同样的潜力。纽约高速公路管理局正向公用事业用地沿线推销带状空间租赁的理念。宾夕法尼亚州出台了“公用事业走廊”法案，鼓励在任意一条新公路沿线进行联合经营。

桥梁也可以发挥更大的作用。公用事业部门可以在现有桥梁的下方铺设电线，甚至输油管道，而不用为新的过河通道建造巨塔。大多数桥梁都禁止这种用途，已经证明可以兼容的线路或管道除外。收益归桥梁管理部门所有，否则他们不会同意。由于不用建塔，公用事业部门可以节省大量费用，公众也不会看见它们。

---

* 另一种可能性是高层购物中心。它将分布在好几英亩土地上的店铺集中到1英亩的土地上。商品和服务将按类别分组，一层一层地叠在一起，垂直的交通系统与地下的公共交通相结合。不需要汽车或停车位。整个建筑群被封闭起来，保持恒定的温度和湿度。我们称之为百货公司。

重申一下，这样的效率产生了很好的美学效果。在有些情况下，审美观点扭转了局面。但最引人注目的因素还是经济方面，这也是为什么我们乐观地期待更多更好的土地利用措施。

有些土地利用不充分的问题不那么容易解决。对规划师而言，最令人沮丧的开放空间是城市墓地。它们占据了大量的空间——在有些地方，比如纽约皇后区——它们构成了城市开放空间的主要部分。许多规划师都曾考虑，如果可以搬迁的话，在这些土地上可以做很多很好的事情。那些明智的人把这个想法藏在心里。因为所有权问题困难重重，整个问题也是一枚政治炸弹。

私人和市政自来水公司的水库和流域土地，在许多州除了采集雨水外都被限制利用。用于休闲娱乐用途的压力越来越大——尤其是来自运动员的压力——随着时间的推移，这些土地将不可避免地向多种用途开放。然而，行动却被拖延，迟迟未能开展，从某一方面看，这是相当有益的。事实上，这些土地已经不可利用，因为可用的开放空间使得收购其他开放空间更容易获得公众支持。 343

在城市里，也许获得额外空间的最令人兴奋的潜力是使用空间所有权。铁路公司在释放空间方面非常有经验，始于1913年的纽约中央公园大道的运营仍是最好的例子。出于良好的经济原因，铁路公司最近做了很多工作，让他们的货场和轨道布满创收项目。芝加哥地区的铁路部门尤其活跃，那里许多引人注目的新建筑遍布轨道周围。

城市拥有的土地也有很大潜力。以纽约市为例，地铁货场和铁路货场共占地9 641英亩。这可能是城市里最荒凉的地方了，它们上方的发展可以大大改善城市的面貌和财政状况。一些工作已经开始了。地铁存车场上面正在新建两所公立学校。由于学校建筑通常是低矮且平顶的，有些情况下，它们可以更进一步，将学校上方的空间所有权租给别人用于修建其他建筑，这也是有意义的。在纽约的一所新中学建设项目中，一部分空间所有权被用于建造公寓楼。租金将支付学校建设债券的大部分利息。

城市水库也能派上用场。费城现在正考虑开发商的提议，在一座城市水库上方建一个商业和购物中心。城市规划师和工程师都支持这个想法。除了收益以外，在夏季，这种结构可以使太阳远离水面，蒸发损失也会小得多。

高速公路和街道将得到更有力的开发。早在1961年，纳尔逊·A.洛克菲勒州长的城市中等收入住房委员会提出了一项大型计划，要利用空间开发让纽约市容纳100万人口，许多项目甚至发展到街道上空。当时，这个提议被认为太不切实际，但是现在沿线的许多具体项目都得到认真对待。其中一个就是“带状城市”计划，它将沿着高速公路建造学
344 校、中低收入住房、商店以及私人和公共的社区设施。

当然，这种建设也存在问题。例如，几年前建成的曼哈顿通往乔治·华盛顿大桥的一个公寓项目，由于桥上高度集中的车辆带来的大量噪音和空气污染等问题日益严重而陷入困境。但是技术挑战难度不大。《纽约时报》的阿达·路易斯·赫克斯塔波尔指出，真正的问题在于政府。她说：“在城市里，市政通道里挤满了无法跨越申请障碍、审查和多部门管辖的简单项目。有关带状城市的范围和规模的提议必须通过所有城市部门和机构的审核。设计上的突破是不够的，行政上的突破同样有必要。”

但是总会有办法的。虽然要找到办法会有税收压力。公路部门就是一个例子。几年前，大多数人一想到公用事业用地上的建筑就会退缩。现在他们对这类项目变得非常开放，在某些情况下，还会伺机而动。纽约高速公路管理局给开发商分发一本题为《凭空创造你的未来》的小册子，列出了对商业开发非常有利的不同城市区域的面积。（在答复扬克斯城市的疑问时，它表示将免费为市政项目提供空间所有权。但是，如果有联邦政府的任何资金用于购买市政空间所有权的话，当局表示会收取费用。）马萨诸塞州收费公路局已经将波士顿地区的领空空间出租，用于建超市，同时推动其他区段的发展。种种迹象表明，全州将会出现更
345 多的双重发展，用于建设各种公路。*

* 收费公路部门由于免除了对常规公路项目的诸多限制，已经走在了前列，而且他们天生就有超强的推销头脑。但是现在，这条公路已经放开州际公路上的空间所有权开发。1961年的《联邦公路资助法》授权使用州际公路上方和地下的空间，可用于任何用途，只要不与公路发生冲突。

我们现在从压缩技术转到它是否合理的问题上来。为了说明土地的集约利用，我一直接受人口增长的事实。但是这不可避免吗？或者说这样好吗？许多生态学家和自然资源保护者不这么认为。他们对日益增长的人口吞噬着我们剩余资源这一幽灵感到恐惧。空间很有限，因此任何增长总有一天会填满这个空间。马尔萨斯主义者认为，我们已经非常接近这个时间了。他们认为，除非自然或者灾难介入，我们自己必须采取措施抑制人口增长。

他们甚至认为，更好地利用土地的规划措施存在危险。他们认为这仅仅是一种掩饰。地理学家乔治·马钦科在《科学》(1965年7月)上发表的文章描述道:“对空间的持续需求可以通过巧妙的空间分配来实现这个操作假设根本站不住脚，因为有限的空间要服从持续的需求。这种空间分配是拖延或无望取胜的行动，可以缓解最终的对抗。它不能‘解决问题’，而且从长远来看可能会起反作用。它表面看起来像是一种解决方案，因为它暂时隐藏了公众关注的最迫切的原因——开放土地实际上已经极度短缺这一事实。”

马尔萨斯主义者认为，规划师已经不能再制定明智的计划，除非他们正视人口控制问题，至少向公众展示他们的选择。他们指出，在几乎所有备选的区域设计计划中，都假定了人口增长，其中最糟糕的计划是“无计划增长”,“无计划”是一个不好的词。批评者质问，为什么不用“有计划的不增长”取而代之呢？规划师可以告诉人们：看，我们已经告诉你们可以用不同的方式来处理人口增长。现在我们想告诉你们，如果人口不增长，或者说如果我们想办法故意限制人口增长，我们该怎么做。马尔萨斯主义者毫不怀疑这是最好的选择。

我不知道。从表面来看，如果没有人口增长，或者最起码人口增长
非常少，这对土地规划师来说应对起来似乎更容易。但是这涉及一种挑 346
战和回应的平衡。当人口增长压力较小时，我们浪费并滥用土地。一旦稍有喘息之机，我们会和以前一样糟糕。当然，我们仍在大肆浪费，但是现在我们已经对这种行为感到愧疚，并开始尝试用一些方法来弥补。我

们被迫这样做，但如果没有人口增长的压力，我们现在能否采取更好的土地利用措施，这十分令人怀疑。

必须要牺牲这么多土地才迫使人们承认这一点，这是一种耻辱，但导致毁灭的因素似乎是一种必要的兴奋剂（加利福尼亚州率先尝试这么多新方法并非偶然）。我们必须自揭疮疤。像马尔萨斯主义者所希望的那样，无论这是否会引导我们进一步进行人口控制，现在我们正被驱使着更有效地利用空间，这个过程并非掩饰之举。

有这个必要。也许到时候人们生的孩子比现在少得多。他们一直在降低出生率，据我们估计，如果持续降低的话，到2000年可能会远远超过目标值。然而，在未来的几年里我们仍会拥有庞大的人口数量，基于已经出生、未来会做父母的人口数，至少在未来二十年，我们的房子里要容纳比现在更多的人。这意味着更高的人口密度，我们应该尽最大努力
347 去应对这个事实。

第二十一章　最后的景观

为了实现更高的密度，我有一个没说出来的论点：把更多的人安置在已开发的土地上，就会有更多的土地不必开发，也就是说，我们就会有更多的人口和更多开放空间。这个提法很诱人，并且理论上可能是真实的。从实际上来看，这种可能性似乎不大。我还是保持始终如一：如果我们想更加集约且有效地利用土地进行开发，我们应该对开放空间采用同样严格的标准。

我们将不得不这么做。即使出生率持续下降，我们仍将拥有更多的人口和更少的空间。充满活力的开放空间计划将有助于保持平衡，但是城市土地的压力如此之大，因此很难预测都市区域怎样才能拥有比现在更多的开放空间。按绝对值计算，开放空间只会越来越少，而人均空间的相对值将会更少。

这似乎是对开放空间前景进行总结的消极方式。但是，这些压力并不意味着更糟糕的环境。如果能保留大片土地和绿化带，我们确实可以拥有更好的环境，但在没有人提出切实可行的方案前，我们应该集中精力去保留那些能够保留的土地，这就要求我们更多地关注那些较小的空间。

指出小空间这种情况是有危险的，因为它很容易被那些只想拥有小空间的人滥用。因此，我重申一遍，如果我们在购置计划中必然会犯错误，那就让它面向更多的开放空间。我指责那些宏大的计划，不是因为 348
它们会获得太多开放空间，而是因为它们不切实际，最后只能得到很少的开放空间。

正当的理由并不能让我们免受竞争压力。主导潮流是更加集约的土地利用，这就是土地价格如此之高的原因，而不是因为投机者的阴谋诡计。这样的价格使购置更加困难，但这也是一种约束。它迫使开发商更加有效地利用土地，因此迫使规划师能够最有效地利用每英亩开放空间——实际上是每平方英尺空间。

我们必须让每个空间发挥双倍甚至三倍的作用，而且我们拥有必需的所有工具和先例。我们凭借独创性可以使小空间看上去更大，我们有办法将它们连接起来并凸显其连续性，使它们更容易被人们接受，即使不能吸引人们亲自前往，至少能让人们看见。这就是我们想要的开放空间的**效果**，而不仅是空间本身。用这种方法完全可以将一英亩开放空间塑造得更加赏心悦目、更实用，而且比传统风格下更大面积的土地看起来广阔。

可以说，我强调的是微观环境。这种规模非常适合地方和社区规划。有人可能认为，我们的重点应该是宏观环境，因为只有在宏观条件下——区域结构——开放空间才能最大限度地发挥作用。

但是，开放空间可以对都市进行重组吗？说得再直接一点，规划师能对都市进行重组吗？那些肩负区域设计重任的人把结构看成是重大的新挑战，而开放空间是主要的工具。开放空间能阻止结构在错误的地方发展，并把它引到正确的地方，从而为该区域提供形式和结构。

我认为他们的期望太高了。开放空间有助于人们感知结构，却不能重塑结构。很难理解为什么规划师对这件事感到如此烦恼。结构已经设定好了。为区域提供结构的地形和交通线路也早就定下来了。可以对它们进行改进、扩展和强化。但是，除非在非常特殊的情况下，它们真
349 的无法改变。

过去五十年的大部分增长都是某种模式的充实。第一波郊区扩张是沿着铁路线发展的——宾夕法尼亚州费城以西的主干线，纽约中部北至韦斯切斯特县，自旧金山沿半岛至南太平洋地区。这种趋势一旦确立就表现出了非凡的毅力，甚至对于特定切面的时尚程度也是一样。同样令人惊讶的是，在旧地图上早期的郊区扩张是如何发展到现在的极限

的(在旧时间表上,自那以后旅行时间没有多少改善)。随着电车路线与汽车的出现,铁路通道之间的空间也逐渐被填满。而且这一过程还在继续,大多数剩余开放空间的发展机遇就在这些地区。

战后的公路建设项目的基本模式没有改变。环形高速公路,如波士顿128号公路,已经按照这种模式建了新线路。新通道和高速交通延伸线加快了特定区域的发展。然而,交通规划师相对保守,在大多数情况下,新设定的法定道路服务于已经非常明显的趋势。事实上,选择路线的标准成本效益法则基本能确保这一点。运输要遵循运输规则。

新的公共交通系统也不可能改变这种模式。由于大量的政府资金将投入其中,可以想象政府会努力让一些公共交通项目逆潮流而动,以建立全新的发展走廊。然而,这将需要一大笔补贴。公共交通系统必须要承载很多人,铁路和公路都是如此。旧金山湾区的交通系统是一个大胆的尝试,它通过与汽车竞争来遏制城市扩张。值得注意的是,要做到这一点,法定道路与高密度中心紧密连接,或多或少与公路网中枢平行。这样的运输系统不会重塑这个结构,只会让它加强。 350

开放空间行动也应如此。提升未来都市结构的最好办法就是现在保留开放空间,以备将来之需。这些土地以后可能会有新的和不可预见的用途,但是我们不能把它交付第三方保管,保留开放空间储备,以后再决定它的功能。我们不可能以这种方式长期持有土地来对抗商业用途的竞争,或者“适宜”用途的竞争,如医院或政府设施。重申一点,要么利用它,要么失去它。

不一定非是休闲用途不可,尽管这至关重要。在少数情况下,土地的使用强度较低,就像自然保护区一样。但几乎在所有情况下,都将是最大的视觉效用。

连接是关键。我们都市地区的大多数大块土地要么已经得到保留,要么就已经失去。现在最迫切的需要是将许多看似不同的元素编织在一起——试验农场、私人高尔夫球场、地方公园、簇群分区空间,以及新高速公路的边缘。如果这些元素能够连接起来,那么每一块独立的土地都将获得更多的享用机会，它们加起来会构成一个非常有效的整体。

连接最重要的元素已经存在。大自然为溪流和山谷做了区域设计，提供了极好的天然连接，并延伸至城市的中心地带。在这里，连接的优先次序不言而喻。那些未受到开发防护的河滨地带土地要保护起来，那些连续性遭到破坏的零散地块要尽最大可能收回。

接下来，我们应该寻找人为连接。我们应该收回废弃铁路、未使用的沟渠，以及公用事业用地上的高压线下面的荒地的通行权。我们应该采取更多行动利用各种荒地的潜力——空地、公共工程项目剩下的土地、垃圾场、沙砾坑，以及卫生填埋场等。

这些零碎的土地不可能总是连接到一个统一的网络，有些仍然是零零碎碎的，但是它们也不能因此受到轻视。它们受到的保护越多，将来连接的机会就越大。这些开放空间要耗费金钱：多数情况下需要一大笔
351 钱，但是考虑到收益，这些花费还是很合理。

我们应该从开放空间的边缘寻求最佳效果。线性开放空间网络的一大优点是它的边界远远大于同样面积的大块土地。这是人们最常看到的，并且使用最集中的边界。如果布局得当，一个相对狭窄的地带也可以给人一种更像开放空间的感觉。

开放空间的视觉效果可能是最重要的，但是大多数开放空间的规划很少考虑人们（地面上或汽车里的人）怎么看待它。由于这个原因，开放空间收购和区域规划需要与景观处理的方法结合起来。如果我们要进行区域设计，至少要遵循好的设计原则。重要的设计不是土地利用图的宏观视图，这是规划师们应该注意的。大多数人不会这么看待这个区域。规划师应该和走路或开车的人以相同的眼光看待这个区域。这样一来，规模问题变得更加微妙。地图上看起来微不足道的空间在人们的体验中可以变得很大。同理，地图上的一些大空间实际上可能微不足道，因为很少有人曾经利用它们或者看到过它们。

我如此强调开放空间美学，是因为我相信这是所有好处中对人们最具吸引力的。虽然通常情况下，它极不受重视。大多数开放空间计划都得到了支持者的正名，他们主要考虑休闲活动和资源保护的实质效益。

我认为美学是主要驱动力。得到人们的支持并不是源于人们对开放空间的想法，而是人们的感受。

多年来，环保主义者一直试图唤醒公众对遭到破坏的沿海湿地的关注。他们强调生态理由 湿地作为鱼类和贝类的繁殖地、野生动物栖息地以及水流调节器等的重要性。现在，市民最终还是通过投票来通过拯救湿地计划。但是，我怀疑这些生态理由所起的决定性作用。滨海湿地恰好是我们海岸景观的主要组成部分，已经有大量的筑堤、填充和商业设施，这让人们意识到，如果破坏持续下去，他们的社区将变得多么 352
贫穷。

我们应该比以往更有力、更明确地推动美学案例。公众的态度已经发生了很大的转变，足以说明他们的坦诚，而新的压力很可能意味着未来几年的关键支持差数。环保主义者十分担忧人类对自然的不人道，我们感谢他们的存在。但是城市地区的人们更关心的是等式中的“人”的部分，具体来说，这对他来说意味着什么？当然，这有很多含义，但最基本的吸引力是美学的，我们应该充分利用这一点。

最后说一点，让我们带着所剩时光不多的紧迫感继续工作！让我们以迫切的需求为出发点，利用我们现有的工具，而不要过于担心公元2000年会发生什么事情。下一个千年是三十多年以后的事情，而现在就试图规划未来是一个有意思的智力活动，也是提前书写历史的一种努力，真的很有趣。

我曾听到一些人认真地讨论，根据现在的品味选择开放空间和规划景观是否正确。他们问道，我们可以不把今天的价值观强加给子孙后代吗——甚至更糟，今天的**中产阶级**价值观？有些人非常担心行动太快会令我们固守着过时的模式，会处于爆炸性的新时代边缘。

用我们当前的价值观来进行规划并不是一个坏主意。也许新的价值观会有所不同，但是我们不知道那会是什么样子。审美价值观会有很大变化吗？景观中有很多流行元素，例如正规的意大利学派，以及英国人的“自然”方法。虽然每一种观念都植根于一个特定的时期和人群，今天最好的例子仍能令人非常愉快。有些风格确实过时了——城市美化运动中十分浮夸的表现就是一个例子——但这确实说明，如果某件事在特定的时间和地点进展得很好的话，它能在未来很长一段时间内持续
353 发挥作用。

现在有力的行动不仅不会妨碍未来的选择，反而会为其提供更多的选择。我们不必去预言未来的适应情况。如果我们对今天的景观做了一流的研究工作，那么未来几代人都将沿用现在的空间模式。生活在2000年的人们也能从中受益。

那么，我们就开始吧！在过去这些年里，公众对开放空间和自然美的支持日益高涨，现在已经泛滥成灾。我们还能坚持多久？如果曾经在什么时间要求过仓促、迅速且不成熟的行动，现在正是时候。

我们的期权即将到期。就开放空间而言，当预计新增人口达到目标，或者是将他们安置在绿化很好的超级建筑还是带状城市里，还是别的什么地方，都没有太大区别。在未来几年里，需要保留的土地一定得保留。我们没有选择的余地。我们现在必须做出承诺，把这景观看作是
354 最后的景观。对我们来说，它确实是如此。

参考文献

CHAPTER 1

CHARLES ABRAMS, *The City is the Frontier.* (New York: Harper & Row, 1965).

Beauty for America, Proceedings of the White House Conference on Natural Beauty. (Washington: U. S. Government Printing Office, 1965).

HANS BLUMENFELD, "The Modern Metropolis." *Scientific American,* September 1965 (published in paperback; New York: Alfred A. Knopf, 1966).

F. FRASER DARLING and JOHN P. MILTON (ed.), *Future Environments of North America.* (Garden City, N.Y.: The Natural History Press, 1966).

H. WENTWORTH ELDREDGE (ed.), *Taming Megalopolis,* 2 vols. (Garden City, N.Y.: Doubleday Anchor Books, 1967).

WILLIAM R. EWALD, JR. (ed.), *Environment for Man—The Next Fifty Years.* First of three volumes sponsored by American Institute of Planners. (Bloomington: Indiana University Press, 1966).

The Editors of *Fortune, The Exploding Metropolis.* (New York: Doubleday Anchor Books, 1958).

JEAN GOTTMANN, *Megalopolis: The Urbanized Northeastern Seaboard of the United States.* (New York: Twentieth Century Fund, 1961).

—— and ROBERT A. HARPER (eds.), *Metropolis on the Move: Geographers Look at Urban Sprawl.* (New York: John Wiley & Sons, 1967).

JANE JACOBS, *The Death and Life of Great American Cities.* (New York: Random House, 1961).

LEWIS MUMFORD, *The City in History.* (New York: Harcourt, Brace and World, 1961).

Outdoor Recreation Resources Review Commission, *Outdoor Recreation for America.* (Washington: U. S. Government Printing Office, 1962).

Regional Plan Association, *Spread City.* (New York, 1962).

JOHN W. REPS, *The Making of Urban America: A History of City Planning in the United States.* (Princeton: Princeton University Press, 1965).

CHRISTOPHER TUNNARD and BORIS PUSHKAREV, *Man Made America: Chaos or Control.* (New Haven: Yale University Press, 1963).

STEWART L. UDALL, *The Quiet Crisis.* (New York: Holt, Rinehart & Winston, 1965).

RAYMOND VERNON, *The Myth and Reality of Our Urban Problems.* (Cambridge: Harvard University Press, 1962).

WILLIAM H. WHYTE, *Open Space Action.* Study Report 15: Outdoor Recreation Resources Review Commission. (Washington: Government Printing Office, 1962).

LOWDON WINGO, JR. (ed.), *Cities and Space: The Future Use of Urban Land.* (Baltimore: Johns Hopkins Press for Resources for the Future, 1963).

CHAPTER 2

Advisory Commission on Intergovernmental Relations. *The Role of the States in Strengthening the Property Tax*, 2 vols. (Washington: U. S. Government Printing Office, 1963).

MARION CLAWSON, "Suburban Development Districts." (*Journal of the American Institute of Planners*, May, 1960).

Metropolitan Communities: A Bibliography Supplement 1958–1964. Compiled by Barbara Hudson and Robert H. McDonald. (Chicago: Public Administration Service, 1967).

ANN LOUISE STRONG. "Factors Affecting Land Tenure in the Urban Fringe." (*Urban Land*, November, 1966).

WILLIAM L. C. WHEATON, "Form and Structure of the Metropolitan Area," in *Environment for Man—The Next Fifty Years*, William R. Ewald, Jr. (ed.). (Bloomington: University of Indiana Press, 1967).

SAMUEL E. WOOD and ALFRED E. HELLER. *California, Going, Going . . .* (Sacramento: California Tomorrow, 1962).

CHAPTER 3

RICHARD F. BABCOCK, *The Zoning Game.* (Madison: University of Wisconsin Press, 1966).

Berman v. *Parker*, 73 Sup. Ct. 98 (1954).

MARION CLAWSON, "Why Not Sell Zoning and Rezoning? (Legally, that is)" (*Cry California*, Winter 1966–67).

CHARLES HAAR, (ed.), *Law and Land; Anglo-American Planning Practice.* (Cambridge: Harvard University Press, 1964).

Regional Plan Association, *The Race for Open Space: Final Report of the*

Park, Recreation and Open Space Project. (New York, 1960).

JOHN W. REPS, "Requiem for Zoning." *Planning 1964.* (Chicago: American Society of Planning Officials, 1964).

ANN LOUISE STRONG, *Open Space for Urban America.* Prepared for Department of Housing and Urban Development. (Washington: U. S. Government Printing Office, 1965).

NORMAN WILLIAMS, JR., *The Structure of Urban Zoning.* (New York: Buttenheim, 1966).

CHAPTER 4

RUSSELL L. BRENNEMAN, *Private Approaches to the Preservation of Open Land.* (Waterford: Conservation and Research Foundation, 1966).

ARTHUR A. DAVIS, "The Uses and Values of Open Space." *A Place to Live: The Yearbook of Agriculture 1963.* (Washington: U. S. Government Printing Office, 1963).

Bureau of Outdoor Recreation, *Recreation Land Price Escalation.* (Washington, 1967).

National Park Service, *Report of the Land Acquisition Policy Task Force.* (Washington, 1965).

Open Space Action Committee, *Stewardship.* (New York, 1965).

SHIRLEY ADELSON SIEGEL, *The Law of Open Space:* legal aspects of acquiring or otherwise preserving open space in the tri-state New York Metropolitan Region. (New York: Regional Plan Association, 1960).

WILLIAM H. WHYTE, *Connecticut's Natural Resources: A Proposal for Action.* (Hartford: Department of Agriculture and Natural Resources, 1962).

NORMAN WILLIAMS, JR., *Land Acquisition for Outdoor Recreation—analysis of selected legal problems.* Study Report 16, Outdoor Recreation Resources Review Commission. (Washington: U. S. Government Printing Office, 1962).

CHAPTER 5

Department of Transportation of Wisconsin, *A Market Study of Properties Covered by Scenic Easements along the Great River Road in Vernon and Pierce Counties.* Special Report No. 5. (Madison, October, 1967).

ALLISON DUNHAM, *Preservation of Open Space Areas: A Study of the Non-governmental Role.* (Chicago: Welfare Council of Metropolitan Chicago, 1966).

HAROLD C. JORDAHL, JR., "Conservation and Scenic Easements," *Land Economics.* (November, 1963).

JAN KRASNOWIECKI and ANN LOUISE STRONG, "Compensable Regulations:

A Means of Controlling Urban Growth Through the Retention of Open Space," *Journal of The American Institute of Planners.* (Washington, May, 1963).

Scenic Easements in Action: Proceedings of Conference December 16–17, 1966. (Madison: University of Wisconsin Law School, 1967).

WILLIAM H. WHYTE, "Open Space and Retroactive Planning," in *Planning 1958.* (Chicago: American Society of Planning Officials, 1958).

—— *Conservation Easements.* (Washington: Urban Land Institute, 1959).

—— "Plan to Save The Vanishing Countryside," *Life.* (August 17, 1959).

HOWARD L. WILLIAMS and W. D. DAVIS, "Effect of Scenic Easements on the Market Value of Real Property," *Appraisal Journal.* (January, 1968).

CHAPTER 6

Council of State Governments, *Farmland Assessment Practices in the United States.* (Chicago, 1966).

PETER W. HOUSE, "Preferential Assessment of Farmland in the Rural-Urban Fringe of Maryland." (Washington: Economic Research Service, U. S. Department of Agriculture, 1961).

JAMES PICKFORD and JOHN SHANNON, "Metropolitan Zoning and Tax Equalization Reforms; Cushioning the Impact of the Divisive and Regressive Property Tax," *Planning Research 1966.* (Washington: American Institute of Planners, 1966).

WILLIAM H. WHYTE, "Tax Techniques on Open Space," *Timber Tax Journal,* Vol. IV, 1967.

ELLIS T. WILLIAMS, *Forest Taxation and the Preservation of Rural Values.* (Washington: Forest Service, U. S. Department of Agriculture, 1967).

CHAPTER 7

American Bar Association, *Junkyards, Geraniums and Jurisprudence: Aesthetics and the Law.* Proceedings of a two day National Institute, June 2–3, 1967, Chicago, Illinois.

LOIS FORER, "Preservation of America's Parklands: The Inadequacy of Existing Law," *New York University Law Review.* (December, 1966).

ROGER TIPPY, "Review of Route Selections for Federal Aid Highway Systems." *University of Montana Law Review.* (Spring, 1966).

SAMUEL E. WOOD and DARYL LEMBKE, *The Federal Threats to the California Landscape.* (Sacramento: California Tomorrow, 1967).

CHAPTER 8

Association of Bay Area Governments, *Preliminary Regional Plan for the San Francisco Bay Region.* (Berkeley, 1966).

Baltimore Regional Planning Council and Maryland State Planning Department, *Metrotowns for the Baltimore Region.* (Baltimore, 1962). *Futures for the Baltimore Region: Alternative Plans and Projections.* (Baltimore, 1965).

Capitol Region Planning Agency, *Regional Plan Alternatives.* (Hartford, Connecticut, 1961).

Connecticut Interregional Planning Program, *Connecticut: Choices for Action.* (Hartford, 1967).

CHARLES W. ELIOT, *Land Planning Considerations in the Washington Metropolitan Area.* Staff study for U. S. Congress. Joint Committee on Washington Metropolitan Problems, 1958.

JACK LESSINGER, "The Case for Scatteration: Some Reflections on the National Capital Region Plan for the Year 2000," *Journal of the American Institute of Planners.* (August, 1962).

Maryland-National-Capital Park and Planning Commission. *On Wedges and Corridors: A General Plan for the Maryland-Washington Regional District.* (Silver Spring, Maryland, 1962).

MARTIN MEYERSON, "The Utopian Tradition and the Planning of Cities," *Daedalus.* (Winter, 1960).

National Capital Planning Commission, National Capital Regional Planning Council, *A Policies Plan for the Year 2000.* (Washington, 1961).

Regional Plan Association, *The Region's Growth: A Report of the Second Regional Plan.* (New York, 1967).

JOHN H. RUBEL, "The Aerospace Project Approach Applied to Building New Cities," *Taming Megalopolis,* Vol. II, H. Wentworth Eldredge (ed.). (Garden City: Doubleday Anchor Books, 1967).

"Toward the Year 2000: Work in Progress," *Daedalus.* (Summer, 1967: single subject issue).

CHAPTER 9

J. T. COPPOCK and HUGH C. PRINCE (ed.), *Greater London.* (London: Faber & Faber, 1964).

DONALD FOLEY, *Controlling London's Growth: Planning the Great Wen 1940–1960.* (Berkeley: University of California Press, 1963).

BRANDON HOWELL, "Review of the South East Study," *Town and Country Planning.* (April 1966).

DANIEL R. MANDELKER, *Green Belts and Urban Growth: English Town and Country Planning in Action.* (Madison: University of Wisconsin

Press, 1962).

Ministry of Housing and Local Government. *The Green Belts.* (London: H. M. Stationery Office, 1962).

——, *The South East Study 1961–1981.* (London: H. M. Stationery Office, 1964).

GERALD SMART, "Green Belts—Is the Concept out of Date?" *Town and Country Planning.* (October, 1965).

CHAPTER 10

Civic Trust. *A Lea Valley Regional Park.* (London, 1964).

The Hudson: the Report of the Hudson River Valley Commission 1966. (New York, 1966).

Regional Plan Association, *The Lower Hudson.* (New York, 1966).

CHAPTER 11

The Conservation Foundation, *Three Approaches to Environmental Resource Analysis.* Study of the methods developed by G. Angus Hills, Philip H. Lewis, Jr., and Ian L. McHarg. (Washington 1967).

PHILIP H. LEWIS, JR., "Quality Corridors in Wisconsin." *Landscape Architecture.* (January, 1964).

A Comprehensive Highway Route Selection Method: Applied to I-95 between the Delaware and Raritan Rivers, New Jersey. Prepared by Wallace, McHarg, Roberts, and Todd. 1966.

IAN L. MC HARG, "Where Should Highways Go?" *Landscape Architecture.* (April, 1967).

—— and DAVID A. WALLACE, "Plan for the Valleys *vs.* Spectre of Uncontrolled Growth," *Landscape Architecture.* (April, 1965).

CHAPTER 12

Federal Housing Administration, *Planned Unit Development with a Homes Association.* (Washington: U. S. Government Printing Office, 1963. Revised 1964).

ANTHONY N. B. GARVAN, *Architecture and Town Planning in Colonial Connecticut.* (New Haven: Yale University Press, 1951).

JAN KRASNOWIECKI, *Legal Aspects of Planned Unit Development.* (Washington: Urban Land Institute, 1965).

CARL NORCROSS, *Open Space Communities in the Marketplace.* (Washington: Urban Land Institute, 1966).

SUMNER CHILTON POWELL, *Puritan Village.* (Middletown, Connecticut: Wesleyan University Press, 1963).

Urban Land Institute, *Homes Association Handbook.* (Study directed by

Byron R. Hanke, Washington, 1964. Revised 1966).
WILLIAM H. WHYTE, *Cluster Development.* (New York: American Conservation Association, 1964).

CHAPTER 13

EBENEZER HOWARD, *Garden Cities of Tomorrow.* New edition edited by F. J. Osborn with introductory essay by Lewis Mumford. (London: Faber & Faber, 1946).
MARSHALL KAPLAN, "The Roles of the Planner and Developer in the New Community," *Washington University Law Quarterly.* (February, 1965).
—— and EDWARD EICHLER, *The Community Builders.* (Berkeley: University of California Press, 1966).
HOWARD ORLANS, *Utopia Ltd.: The Story of the English New Town of Stevenage.* (New Haven: Yale University Press, 1953).
FREDERIC J. OSBORN, *Greenbelt Cities.* (London: Faber & Faber, 1946).
——, "Housing: Shortage and Standards," *Town and Country Planning.* (April, 1965).
—— and ARNOLD WHITTICK, *The New Towns.* (New York: McGraw-Hill, 1963).
HARVEY S. PERLOFF, "New Town in Town," *Journal of the American Institute of Planners.* (May, 1966).
GOREN SIDENBLAH, "Stockholm: A Planned City," *Scientific American.* (September, 1965).
CLARENCE S. STEIN, *Toward New Towns for America.* (New York: Reinhold, 1957).
ROBERT J. WEAVER, *Dilemmas of Urban America.* (Cambridge: Harvard University Press, 1965).

CHAPTER 14

NORMA EVENSON, *Chandigarh.* (Berkeley: University of California Press, 1966).
DAVID R. GODSCHALK, "Comparative New Community Design," *Journal of the American Institute of Planners.* (November, 1967).
MORTON HOPPENFELD, "A Sketch of the Planning-Building Process for Columbia, Maryland," *Journal of the American Institute of Planners.* (November, 1967).
ROBERT D. KATZ, *Design of the Housing Site—A Critique of American Practice.* (Urbana: University of Illinois, 1966).
DONALD J. OLSEN, *Town Planning in London—the Eighteenth and Nineteenth Centuries.* (New Haven: Yale University Press, 1964).
JOHN SUMMERSON, *Georgian London.* (Baltimore: Penguin Books, 1962).

——, *Heavenly Mansions and other Essays on Architecture.* (New York: W. W. Norton & Co., 1963).

ANTHONY WALMSEY, "Islamabad: Planning the Landscape of Pakistan's Capital," *Landscape Architecture.* (October, 1965).

CHAPTER 16

DONALD APPLEYARD, KEVIN LYNCH, and JOHN R. MYER, *The View from the Road.* (Cambridge: M.I.T. Press, 1964).

PETER BLAKE, *God's Own Junkyard: the planned deterioration of America's landscape.* (New York: Holt, Rinehart & Winston, 1963).

Center for Resource Studies, *The Maine Coast: Prospect and Perspective.* (Brunswick, Maine: Bowdoin College, 1967).

SYLVIA CROWE, *Tomorrow's Landscape.* (London: Architectural Press, 1956).

GYORGY KEPES, *The Education of Vision.* (New York: George Braziller, 1965).

DAVID LOWENTHAL, "The American Scene," *Geographical Review.* (January, 1968).

KEVIN LYNCH, *The Image of the City.* (Cambridge: M.I.T. Press, 1960).

IAN NAIRN, *The American Landscape: A Critical View.* (New York: Random House, 1965).

Citizens' Advisory Committee on Recreation and Natural Beauty, *Community Action for Natural Beauty.* (Washington: U. S. Government Printing Office, 1968).

JOHN ORMSBY SIMONDS, *Landscape Architecture, the Shaping of Man's Natural Environment.* (New York: F. W. Dodge Corp., 1961).

DOROTHY STROUD, *Capability Brown.* (London: Country Life Press, 1950).

——, *Humphry Ropton.* (London: Country Life Press, 1962).

SAMUEL E. WOOD and ALFRED HELLER, *California, Going, Going . . .* (Sacramento: California Tomorrow, 1962).

CHAPTER 17

Assembly Interim Committee on Natural Resources, Planning, and Public Works, Edwin L. Z'berg, Chairman, *Highway and Freeway Planning.* (Sacramento: California Assembly, 1965).

SYLVIA CROWE, *The Landscape of Roads.* (London: Architectural Press, 1960).

PAUL DAVIDSON, JOHN TOMER, and ALLEN WALDMAN, *The Economic Benefits Accruing from the Scenic Enhancement of Highways.* (New Brunswick: Bureau of Economic Research, Rutgers University, 1967).

LAWRENCE HALPRIN, *Freeways*. (New York: Reinhold, 1966).
Highway Design and Operational Practices Related to Highway Safety. (Washington: American Association of State Highway Officials, 1967).
California Transportation Agency, *The Scenic Route: A Guide for the Designation of an Official Scenic Highway*. (Sacramento, 1964).
U. S. Department of Commerce, *A Proposed Program for Scenic Roads and Parkways*. (Washington: U. S. Government Printing Office, 1966).

CHAPTER 18

Grady Clay, "The Woodland Scene: Time for Another Look," *Landscape Architecture*. (October, 1965).
CRAIG JOHNSON, *Practical Operating Procedures for Progressive Rehabilitation of Sand and Gravel Sites*. (Silver Spring, Maryland: National Sand and Gravel Association, 1966).
Landscape Reclamation issue, *Landscape Architecture*. (January, 1966).
Central Planning Office of Vermont, *Vermont Scenery Preservation*. (Montpelier, 1966).

CHAPTER 19

EDMUND N. BACON, *Design of Cities*. (New York: Viking Press, 1967).
California Roadside Council, *More Attractive Communities for California*. (San Francisco, 1961).
Catalog of Federal Programs for Individual and Community Improvement. (Washington: Office of Economic Opportunity, 1967).
GORDON CULLEN, *Townscape*. (New York: Reinhold, 1961).
GARRETT ECKBO, *Urban Landscape Design*. (New York: McGraw-Hill, 1964).
HENRY FAGIN and ROBERT WEINBERG (ed.), *Planning and Community Appearance*. (New York: Regional Plan Association, 1958).
VICTOR GRUEN, *The Heart of Our Cities—The Urban Crisis; Diagnosis and Cure*. (New York: Simon and Schuster, 1964).
MARTIN MEYERSON, with JAQUELINE TYRWHITT, BRIAN FALK, PATRICIA SEKLER, *Face of the Metropolis*. (New York: Random House, 1963).
ROBERT L. MORRIS and S. B. ZISMAN, "The Pedestrian, Downtown, and the Planner," *Journal of the American Institute of Planners*. (August, 1962).
The Threatened City: A Report on the Design of the City of New York by the Mayor's Task Force. (New York, 1966).
The Lower Manhattan Plan. Prepared for the New York City Planning Commission, 1966, by Wallace, McHarg, Roberts and Todd; Whit-

tlesey, Conklin and Rossant.

CHAPTER 20

MICHAEL M. BERNARD, *Airspace in Urban Development.* (Washington: Urban Land Institute, 1963).

THEO CROSBY, *Architecture: City Sense.* (New York: Reinhold, 1965).

PETER HALL, *The World Cities.* (New York: McGraw-Hill, 1966).

LESTER E. KLIMM, "The Empty Areas of the Northeastern U.S.," *Geographical Review,* Vol. XLIV, 1954.

DANA E. LOW, "Air Rights and Urban Expressways," *The Traffic Quarterly.* (October, 1966).

A Report of the Interdepartmental Task Force on the Delaware Expressway in Philadelphia, Pennsylvania. (Philadelphia, 1967).

FAIRFIELD OSBORN (ed.), *Our Crowded Planet.* (Garden City, N.Y.: Doubleday, 1962).

Research Group papers on Population Densities in Human Settlements. *Ekistics,* Vol. 22, Number 133. (December, 1966).

ARTHUR T. ROW, *A Reconnaissance of the Tri-State Area.* (New York: New York-New Jersey-Connecticut Tri-State Transportation Committee, 1965).

Parking Requirements for Shopping Centers. (Washington: Urban Land Institute, 1965).

索 引

(条目后的数字为原书页码,参见本书边码)